微波技术、测量与实验

严利华　姬宪法　王江燕　编著

航空工业出版社

北　京

内容提要

《微波技术、测量与实验》教材主要涵盖微波技术、微波测量和微波实验方面的教学内容。首先介绍了微波技术基础的相关知识和天线，包括微波的基本理论，微波传输线理论，微波器件和天线等；然后在讲述原理的的基础上，介绍了微波测量和微波实验，主要包括微波测量基本理论及常用微波测量仪器的使用方法。

本书适合航空雷达专业、导航工程专业、电子对抗专业及其他有关人员参考使用。

图书在版编目（CIP）数据

微波技术、测量与实验/严利华，姬宪法，王江燕

编著 . —北京：航空工业出版社，2019.8

ISBN 978-7-5165-1996-7

Ⅰ.①微… Ⅱ.①严…②姬…③王… Ⅲ.①微波技术—高等学校—教材 Ⅳ.①TN015

中国版本图书馆 CIP 数据核字（2019）第 171799 号

微波技术、测量与实验

Wei bo Jishu、Ce liang yu Shi yan

航空工业出版社出版发行

（北京市朝阳区北苑 2 号院　100012）

发行部电话：010-84936597　010-84936343

三河市华骏印务包装有限公司印刷　　　　　　　全国各地新华书店经售

2019 年 8 月第 1 版　　　　　　　　　　　　　2019 年 8 月第 1 次印刷

开本：787×1092　1/16　　　印张：19.5　　　　　　　　字数：441 千字

印数：1—2000　　　　　　　　　　　　　　　　　　定价：47.00 元

❮ 前 言 ❯

本书是根据职业教育的教学要求，结合编者的教学经验和职业教育的特色，编写的适合职业学院人才培养目标的《微波技术、测量与实验》教材。

本书根据职业教育的需求，精选教学内容，强调三个基本：基本概念、基本原理、基本方法，弱化繁琐的理论推导，突出理论联系实际的工程特点。

本书共分两部分：

第一部分介绍微波技术的基本知识和天线。主要包括微波的基本理论、微波传输线理论（含双线传输线、同轴传输线、带状线、微带线、槽线和共面线、波导等）、微波元器件、微波铁氧体器件和天线的原理及运用。

第二部分介绍微波测量基本理论，包括微波功率测量、微波频率测量、驻波测量、衰减量测量，以及频谱分析与微波频谱仪的使用；给出了一些典型的微波实验内容和微波常用测量仪器的使用方法。

本书的修订工作得到了航空工业出版社以及使用该教材的老师们的大力支持和帮助，编者在此一并致以谢意。

限于编者水平，书中难免有不妥或错误之处，谨请读者给予批评指正。

目录

第1章 概　述

英国物理学家 J.C.（麦克斯韦 Maxwell，1831—1879）于 1862 年提出了位移电流的概念，并提出了"光与电磁现象有联系"的推断。1865 年，Maxwell 在其论文中第一次使用了"电磁场"（ElectrorzyneticField）一词，并提出了电磁场方程组，推演了波动方程，还论证了光是电磁波的一种。一百多年来的事实证明，建立在电磁场理论基础上的微波科学技术，对人类生活产生了极其巨大的影响。微波技术已有几十年的发展历史，现已成为一门比较成熟的学科。在雷达、通信、导航、遥感、电子对抗和科学研究等方面，微波技术都得到了广泛的应用。微波技术是无线电电子学门类中一门相当重要的学科，对科学技术的发展起着重要的作用。

1.1　微波及其特点

1.1.1　微波的含义

微波是频率非常高，而波长非常短的无线电波。由于这种电磁波的波长非常短，而称微波（Microwave）。

电磁波的传播速度 v 与其频率 f、波长 λ 满足下列关系

$$f\lambda = v \tag{1-1}$$

若电磁波是在真空中传播，则速度为 $v = c = 3 \times 10^8$ m/s，c 为光速。

微波一般指频率从 $3 \times 10^8 \sim 3 \times 10^{12}$ Hz，对应的波长从 1m～0.1mm 范围的电磁波。

微波在整个电磁波谱中的位置如图 1-1 所示。

微波频率的低端与普通无线电波的"超短波"波段相连接，其高端则与红外线的"远红外"区相衔接。微波所占频率范围几乎是所有低频频率范围之和的 1000 倍（即在 300 MHz～3000 GHz 的范围可包含 1 000 个所有长、中、短波波段的频率范围之和）。

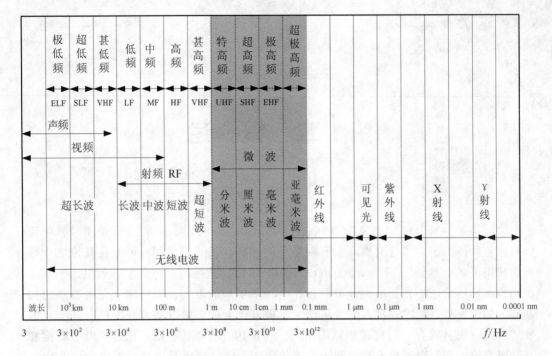

图 1-1　电磁波频谱及相关波段表

频率为 30kHz～300MHz 的范围称为射频（Radio Frequency，RF）。射频有时也指微波的低端频率范围，是当前无线通信领域最活跃的波段。

根据频率的高低，在微波波段范围内，还可分为分米（dm）波、厘米（cm）波、毫米（mm）波及亚毫米波等波段。做更详细的划分，厘米波又可分为 10cm 波段、5cm 波段、3cm 波段及 1.25cm 波段等；毫米波可细分为 8mm、6mm、4mm 及 2mm 波段等。

实际工程中常用拉丁字母代表微波波段的名称。例如，S、C、X 分别代表 10cm 波段、5cm 波段和 3cm 波段；Ka、U、F 分别代表 8mm 波段、6mm 波段和 3mm 波段等，如表 1-1 所示。

表 1-1　微波频段的划分

波段	频率范围/GHz	波段	频率范围/GHz
UHF	0.30～1.12	Ka	26.50～40.00
L	1.12～1.70	Q	33.00～50.00
LS	1.70～2.60	U	40.00～60.00
S	2.60～3.95	M	50.00～75.00
C	3.95～5.85	E	60.00～90.00
XC	5.85～8.20	F	90.00～140.00
X	8.20～12.40	G	140.00～220.00

表 1-1（续）

波段	频率范围/GHz	波段	频率范围/GHz
Ku	12.40～18.00	R	220.00～325.00
K	18.00～26.00		

1.1.2 微波的特点

微波之所以作为一个相对独立的学科来加以研究，是因为它具有下列独特性质。

（1）频率极高

由于微波频率极高，故它的实际可用频带很宽，可达 10^9 Hz 数量级，是低频无线电波无法比拟的。频带宽意味着信息容量大，这就使微波得到了更广泛的应用。

（2）波长极短

a. 微波的波长比地球上的宏观物体（如飞机、舰船、导弹、卫星、建筑物等）的几何尺寸小得多，故当微波照射到这些物体上时将产生强烈的反射。雷达就是根据微波的这个原理工作的。这种直线传播的特点与几何光学相似，故微波具有"似光特性"。利用这一特性，可以制成体积小、方向性很强的天线系统，可以接收到由地面或宇宙空间物体反射回来的微弱信号，从而增加雷达的作用距离并使定位精确。

b. 微波的波长与普通电路或实验设备（比如波导、微带、谐振腔和其他微波元件）的尺寸相比在同数量级，使得电磁能量分布于整个微波电路之中，形成所谓"分布参数"系统，线路上各点电压、电流不能认为是同时建立的，各点电压、电流的相位和振幅也都不同。这与低频电路有原则区别，因为低频时电场和磁场能量是分别集中于所谓"集总参数"的各个元件中。

（3）可穿透电离层

低频无线电波由于频率低，所以当它射向电离层时，其一部分被吸收，另一部分被反射回来。对低频电磁波来说，电离层形成一个屏蔽层，低频电磁波是无法穿过它的。而微波的频率很高，可以穿透电离层，从而成为人类探测外层空间的"宇宙之窗"。这样，不仅可以利用微波进行卫星通信和宇航通信，也为射电天文学等学科的研究开拓了广阔前程。

（4）量子特性

根据量子理论，电磁辐射的能量不是连续的，而是由一个个的"光量子"所组成。单个量子的能量与其频率的关系为

$$\varepsilon = hf \tag{1-2}$$

式中：$h = 4 \times 10^{-15}$ eV·s——普朗克常数，eV 为电子伏［特］，s 为秒。

由于低频电波的频率很低，量子能量很小，故量子特性不明显。微波波段的电磁波，单个量子的能量为（$10^{-6} \sim 10^{-3}$）eV。而一般顺磁物质在外磁场中所产生的能级间的能量差额介于（$10^{-5} \sim 10^{-4}$）eV 之间，电子在这些能级间跃迁时所释放或吸收的量子的频率是属于微波范畴的，因此，微波可用来研究分子和原子的精细结构。同样地，在超低温时物体吸收一个微波量子也可产生显著反应。上述两点对近代尖端科学，

如微波波谱学、量子无线电物理的发展都起着重要作用。

1.2 微波的应用

微波技术是研究微波信号的产生、放大、传输、发射、接收和测量的学科，它是近代科学技术的重大成就之一。

从物理学的角度讲，微波技术所研究的主要是微波产生的机理，它在各种特定的边界条件下的存在特性，以及微波与物质的作用。

从工程技术角度讲，微波技术所研究的主要是具备各种不同功能的微波元器件（包括传输线）的设计，以及这些微波元器件的合理组合应用。

综上所述，微波技术的应用范围和包含的内容相当广泛，但是本书主要讨论研究微波传输方面的基本理论。具体讲是传输线问题，它是研究微波技术中其他问题的基础。例如，在当前时钟频率超过数百兆赫［兹］的微处理器芯片，及其构成的高速数字电路布线等都需要利用微波的基本原理才能实现正确的设计。因此，微波技术是从事当今电子与信息学科研究人员必不可少的基础知识。

微波技术的发展是和它的应用紧密联系在一起的。微波的实际应用极为广泛，下面就几个重要方面加以介绍。

1.2.1 通信方面

由于微波的可用频带宽、信息容量大，所以一些传送大信息量的远程设备都采用微波作为载体。微波多路通信是利用微波中继站来实现高效率、大容量的远程通信的。由于微波的传播只在视距内有效，所以，这种接力通信方式是把人造卫星作为微波接力站。美国在 1962 年 7 月发射的第一个卫星微波接力站——Telstar 卫星，首次把现场的电视图像由美国传送到欧洲。这种卫星的直径只有 88 cm。因而，有效的天线系统只可能在微波波段，利用互成 120° 角的三个定点赤道轨道同步卫星，可以实现全球性的电视转播和通信联络。由平均分布在围绕地球的 6 个圆形轨道上的 24 颗人造地球卫星（即导航卫星）所组成的全球定位系统（GPS），如今已经成为当今世界上最实用、也是应用最广泛的全球精密导航、指挥和调度系统。目前，无线通信如移动通信中的手机、Bluetooth、无线接入、非接触式射频识别卡等新技术都典型地代表了当今微波技术与微电子技术发展的结合所形成的微波集成电路技术。这些都是微波技术成功应用的事例。

1.2.2 雷达方面

雷达是微波技术最先得到应用的典型例子。在第二次世界大战期间，敌对双方开始了迅速准确地发现敌人的飞机和舰船的踪迹，继而又为了指引飞机或火炮准确地攻击目标，发明了可以进行探测、导航和定位的装置——雷达。事实上，正是由于第二次世界大战期间对于雷达的急需，微波技术才迅速发展起来。现代雷达多数是微波雷达。迄今为止，各种类型的雷达，例如，导弹跟踪雷达、火炮瞄准雷达、导弹制导雷达、地面警戒雷达，乃至大型国土管制相控阵雷达等，仍然代表微波技术的主要应用。这主要是由于这些雷达要求它所用的天线能像光探照灯那样，把发射机的功率基本上全部集中于一个窄波束内辐射出去。但天线的辐射能力受绕射效应的限制，而绕射效应又取决于辐射器口径尺寸相对于波长的比值 D/λ_0，其中 D 是辐射器口径面线长度，λ_0 是工作波长。抛物面天线的主波束波瓣宽度 $2\theta_0$ 可用下式计算

$$2\theta_0 = k\lambda_0/D \tag{1-3}$$

其中，k 是用度表示的常系数，视抛物面口径面张角 Ψ 的不同而异。例如，当 $\Psi=90°$ 时，$k=81.84°$。于是一个直径 $D=90$ cm 的抛物面，在波长 $\lambda_0=3$ cm（即频率为 10 GHz）工作时，可以产生 2.73° 的波束。这样窄的波束可以相当精确地给出雷达观察的目标的位置。但频率为 10^8 Hz 时，欲达到与上述情况可相比拟的性能，则需要口径达 90 m 的抛物面，这样大的天线显然不现实。

除军事用途之外，还发展了多种民用雷达，如气象探测雷达、高速公路测速雷达、汽车防撞雷达、测距雷达，以及机场交通管理雷达等。这些雷达也多是利用微波频率。

飞行体的雷达可检测性是用 RCS（Radar Cross Section，雷达截面积）这个指标表示的。美国 B-52 远程战略轰炸机的 RCS 约 100 m^2，B-1 轰炸机的 RCS 约 10 m^2。改进后的 B1-B 型仅有 1 m^2。在海湾战争中大显身手的 F-117A 隐身战斗机的 RCS 竟低到 0.01 m^2 以下，它的隐身奥秘有三个方面，首先是采用多平面多角体结构，角形平滑面向各个方向散射掉入射波波束；其次是大量使用轻质复合吸波材料及防护涂层；最后是严密屏蔽飞机自身的波辐射。因此，雷达很难发现 F-117A 飞机。对电磁波隐身的飞机，设计制造的关键是它的形状和所用微波吸收材料。此外，隐身舰船和隐身坦克也在研究中。

近年来，高功率微波（High Power Microwave，HPM）作为一种定向能武器新技术而受到关注，它是指工作频率为（1～300）GHz，输出功率超过 100 MW 的微波器件与设备。所谓定向能武器，其攻击效果取决于能量的大小，而不像常规武器那样依赖于弹壳爆炸碎片的杀伤力。通常，微波炸弹由巡航导弹携带，一旦抵达目标，可在瞬间释放出巨大的能量。导弹在接近目标时，弹上电容器发出的电磁脉冲将以光速传播，而且不受恶劣天气影响。电磁脉冲将沿着通风管道、水管和天线深入地下掩体。微波炸弹可以烧毁电脑和电子元件。这种利用单一、强大微波脉冲摧毁敌方电子系统的方式，可以使敌方失去通信联络与控制能力、雷达失灵、导弹失效、计算机误码，是非常独特的作战方式。其次，它的进攻速度近于光速，敌方根本没有拦截时间。

1984 年美国国防部的定向能发展计划，包括了高能激光、粒子束和高功率微波三个方面。为了获得 HPM，采用了相对论电子束产生大功率微波振荡或放大，主要的高功率微波源有回旋管、自由电子激光器、回旋自谐振脉冲（CARM）、相对论返波管、行波管、速调管、磁控管和虚阴极振荡器等。美国、俄罗斯在 HPM 方面的研究正在突破 100 GW 水平。

1.2.3 微波武器

　　微波武器是利用高功率微波束毁坏敌方电子设备和杀伤作战人员的一种定向能武器。用作武器的微波波长通常在30～3厘米、频率为1～30吉赫、输出脉冲功率在吉瓦级。目前，美、俄、英、法等国研制的微波武器主要分为两大类：一类是高功率微波波束武器，另一类是微波炸弹。微波武器的杀伤机理是基于微波与被照射物之间分子相互作用，将电磁能转变为热能而产生的微波效应，就其物理机制来讲，主要有以下三种效应：电效应、热效应和生物效应。

　　基于这种原理，微波武器利用高增益定向天线，将强微波发生器输出的微波能量汇聚在窄波束内，从而辐射出强大的微波射束（频率为1～300GHz的电磁波），直接毁伤目标或杀伤人员，由于微波武器是靠射频电磁波能量打击目标，所以又称"射频武器"。高功率微波武器的关键设备有两个，即高功率微波发生器和高增益天线。高功率微波发生器的作用是将初级能源（电能或化学能）经能量转换装置（强流加速器等）转变成高功率强脉冲电子束，再使电子束与电磁场相互作用而产生高功率电磁波。这种强微波将经高增益天线发射，其能量汇聚在窄波束内，以极高的强微波波束（其能量要比雷达波的能量大几个数量级）辐射和轰击目标、杀伤人员和破坏武器系统。

　　与常规武器、激光武器等相比，微波武器并不是直接破坏和摧毁武器设备，而是通过强大的微波束，破坏它们内部的电子设备。实现这种目的途径有两条：其一是通过强微波辐射形成瞬变电磁场，从而使各种金属目标产生感应电流和电荷，感应电流可以通过各种入口（如天线、导线、电缆和密封性差的部位）进入导弹、卫星、飞机、坦克等武器系统内部电路。当感应电流较低时，会使电路功能混乱，如出现误码、抹掉记忆或逻辑等；当感应电流较高时，则会造成电子系统内的一些敏感部件如芯片等被烧毁，从而使整个武器系统失效。这种效应与核爆炸产生的电磁脉冲效应相似，所以又称非核爆炸电磁脉冲效应；其二是强微波束直接使工作于微波波段的雷达、通信、导航、侦察等电子设备因过载而失效或烧毁。因此，微波武器又被认为是现代武器电子设备的克星。所以有人说，核武器是人类20世纪最大的杰作，而微波武器则是人类兵器研究的最大突破，在21世纪，它拥有的地位将可能仅次于20世纪的核武器。

小　结

　　1. 微波频率范围通常为 $3 \times 10^8 \sim 3 \times 10^{12}$ Hz，对应的波长范围为 1 m～0.1 mm。

　　2. 微波波段可分为分米波、厘米波、毫米波及亚毫米波波段。

　　3. 微波特点：波长极短（频率极高），具有似光特性，能穿透电离层及量子特性。由于微波所具有的这些独特的特点，使微波的应用范围、研究方法、传输系统、微波元件和器件，以及测量方法都与普通的无线电波不同，因此需要将微波从普通无线电波中单独划分出来专门加以研究。

　　4. 微波与低频电路不同，在微波中，电流、电压不具有明确的物理意义，需要用电磁场和电磁波的概念和方法来完全描述。

5. 微波技术是研究微波信号的产生、放大、传输、发射、接收和测量的学科，也是当今从事电子与信息学科研究所必备的基础知识。

6. 微波除军事用途之外，在工农业、医学等科学研究方面得到广泛应用，特别是通信领域。

第 2 章　传输线基本理论

2.1　传输线的基本概念

2.1.1　传输线的种类

用来传输电磁能量的线路称为传输系统，由传输系统引导向一定方向传播的电磁波称为导行波或导波（guided wave）。

和低频段不同，微波传输线的种类繁多。图 2-1 给出了微波传输系统中各类传输线结构的横截面图。它们可以分为两大类：

（1）传统的传输线，如平行双线、同轴线、矩形波导、圆形波导、椭圆波导及脊波导等。

（2）集成电路传输线，如微带线、带状线、介质波导、镜像线、共面线、槽线及鳍线等等。

微波传输线不仅能将电磁能量由一处传送到另一处，还可以构成各种各样的微波元件和电路或子系统，这与低频传输线截然不同。不同的频段，可以选不同类型的传输线。对传输线的选择要综合电气和机械特性，电气参数包括损耗、色散、高次模、工作频率与带宽、功率容量、元件或器件的适用性。机械特性包括加工容差与简易性，可靠、灵活、重量[①]和尺寸。在许多应用中，成本也是一项重要考虑因素。

2.1.2　传输线的分布参数及等效电路

（1）传输线的分布参数

传输线的分布参数是指分布在整个线上的电阻、电感、电容和电导。

因为一般电路中的电阻、电感、电容和电导是指集中在电阻器、线圈、电容器上

---

① 本书"重量"是"质量"（mass）概念，其法定计量单位为千克（kg）。

的参数，所以可称为集总参数电路。而传输线的这些参数是分布在整个线上，所以称为分布参数，传输线又可以称为分布参数电路。分布参数的大小通常以单位长度（1 m）传输线具有的参数来表示。

a. 分布电阻

任何一段导线，它本身总是具有一定的电阻，所以传输线上沿线分布的电阻，称为分布电阻。通常以 R_1 表示单位长度传输线上为分布电阻值，单位为欧［姆］/米（Ω/m）。

分布电阻的大小与导线的直径、材料和线上传输的电波频率有关。导线愈粗或导电系数愈大，分布电阻愈小；线上传输的电波频率愈高，电流的趋肤效应愈显著，分布电阻愈大。

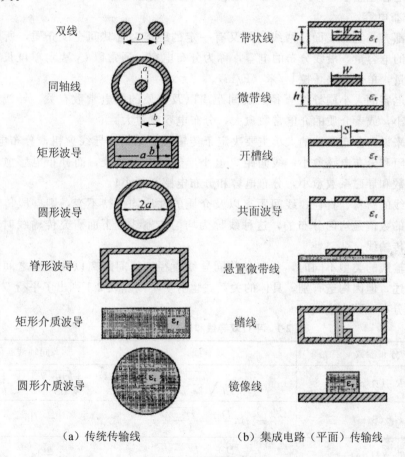

双线　　同轴线　　矩形波导　　圆形波导　　脊形波导　　矩形介质波导　　圆形介质波导

带状线　　微带线　　开槽线　　共面波导　　悬置微带线　　鳍线　　镜像线

（a）传统传输线　　　　　　　（b）集成电路（平面）传输线

图 2-1　各种传输线结构

b. 分布漏电导

导线之间电阻为无穷大的绝缘介质是不存在的，当导线间有电位差时，就会产生漏电流，也就是说导线间处处有漏电阻，漏电阻的倒数，就是漏电导，所以传输线上沿线分布的漏电导，称为分布漏电导。通常以 G_1 表示单位长度传输线上的分布漏电导值，单位为西［门子］/米（S/m）。

分布漏电导的大小与导线之间的介质及传输的电波频率有关。频率升高时，介质内的极化损耗增加，相当于漏电阻减小即分布漏电导增大。

c. 分布电感

当电流流过导线时，在导线周围产生磁场同导线相匝连，因此传输线上有电感存在，沿线分布的电感，称为分布电感。通常以 L_1 表示单位长度线上的分布电感量，单位为亨［利］/米（H/m）。

分布电感的大小同两根导线之间的距离、导线的直径以及介质的导磁系数有关。导线之间的距离减小时，由于两根导线上方向相反的电流所产生的磁通将被抵消得多一些，故分布电感减小；若导线的距离不变，导线愈粗，则线间的实际距离也相对减小，分布电感也愈小；介质的导磁系数愈小，分布电感也愈小。

d. 分布电容

导线都有一定的表面，两线之间又有一定的距离，且其间充满介质，所以两线之间有一定的电容量，沿线分布的电容，称为分布电容。通常以 C_1 表示单位长度线上的分布电容量，单位为法［拉］/米（F/m）。

分布电容的大小同导线直径、线间距离以及介质的介电常数有关。导线愈粗、线间距离愈小，或者介质的介电常数愈大，分布电容就愈大。

概括来说，分布参数的大小主要决定于传输线的结构。导线愈粗，分布电容愈大，而分布电阻和分布电感愈小；线间距离愈小，分布电容愈大，而分布电感愈小，介质的介电常数和导磁系数愈小，分布电容和分布电感都愈小。

若导线的材料、直径、线间距离以及介质的性质均保持不变，则整段传输线上的分布参数的数值是均匀分布的，这种线称为均匀传输线。下面研究传输线时，一般都指的均匀传输线。

当传输线的类型不同时，分布参数同导线直径、线间距离以及介质之间的关系虽然仍如上述，但因构造有别，具体的关系式也有所不同。表 2-1 列出了平行双导线和同轴线的各分布参数表达式。

表 2-1 平行双导线和同轴线的分布参数

分布参数	双导线	同轴线
R_1（Ω/m）	$\dfrac{2}{\pi d}\sqrt{\dfrac{\omega\mu_1}{2\sigma_2}}$	$\sqrt{\dfrac{f\mu_1}{4\pi\sigma_2}\left(\dfrac{1}{a}+\dfrac{1}{b}\right)}$
G_1（S/m）	$\pi\sigma_1/\ln\dfrac{D+\sqrt{D^2-d^2}}{d}$	$2\pi\sigma_1/\ln\dfrac{b}{a}$
L_1（H/m）	$\dfrac{\mu_1}{\pi}\ln\dfrac{D+\sqrt{D^2-d^2}}{d}$	$\dfrac{\mu_1}{2\pi}\ln\dfrac{b}{a}$
C_1（F/m）	$\pi\varepsilon_1/\ln\dfrac{D+\sqrt{D^2-d^2}}{d}$	$2\pi\varepsilon_1/\ln\dfrac{b}{a}$

注：σ_1 为导体是介质不理想的漏电电导率；σ_2 为导体的电导率，单位为 S/m；μ_1 为磁导率；ε_1 为介质介电常数。

（2）传输线的等效电路

由于分布电容和分布电感中的电磁场是分布在整个导线的周围的，这就无法分出哪部分起电容作用，哪部分起电感作用（电阻和漏电导亦然），这就很难用集总参数来看待；但是就非常小的一段传输线（Δl）来看，在这个线段上分布的电阻、电感、电容和电导也可以认为它们是集中的，因此可以把传输线画成如图 2-2（b）所示的等效电路。

图中传输线被等效成为许多相同回路组成的网路，每一回路代表非常小的一段传输线 Δl，如图 2-2（a）所示，R_1、L_1、C_1、G_1 分别表示每一小段传输线的分布电阻、分布电感、分布电容和分布电导（图中两导线上的电阻和电感集中画在上面导线上），如果 Δl 取得愈短，就愈接近于分布参数电路，等效电路也愈能精确地代表传输线的特性。于是，整个传输线就可看成是由许多相同线元的四端网络级联而成的电路，如图 2-2（b）所示。

当电波在线上传输时，因分布电阻和分布漏电导的存在，会造成电磁能量的损耗，这种传输线称为有耗传输线，简称有耗线。图 2-2（b）就是有耗线的等效电路。

实际上用的传输线是由导电良好的导线组成，绝缘也很可靠，在传输高频电磁能时，其分布电阻远小于分布感抗（$R_1 \ll \omega L_1$），分布漏电导远小于分布容纳（$G_1 \ll \omega C_1$），所以在分析传输线的特性时，一般可以认为它是无耗传输线，简称无耗线。等效电路如图 2-2（c）所示。

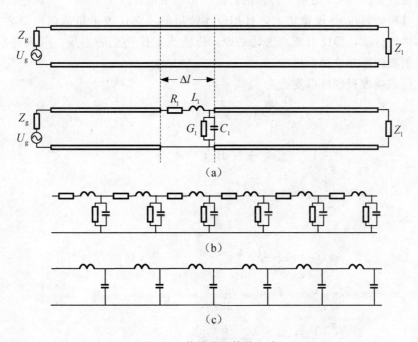

图 2-2 传输线的等效电路

实验和理论证明，只要电波的波长与传输线的长度相近似，分布参数的影响就不能忽略。本章就是研究传输线在这种条件下的工作特性。

2.1.3 传输线方程

表征传输线上电压和电流关系的数学表达式称为传输线方程。传输线上电压和电流瞬时值的数学表达式为

$$u(z,t) = \frac{\sqrt{2}}{2} A e^{-\alpha z} e^{j(\omega t - \beta z)} + \frac{\sqrt{2}}{2} B e^{\alpha z} e^{j(\omega t + \beta z)} \tag{2-1a}$$

$$i(z,t) = \frac{\sqrt{2}}{2} \frac{A}{Z_0} e^{-\alpha z} e^{j(\omega t - \beta z)} - \frac{\sqrt{2}}{2} \frac{B}{Z_0} e^{\alpha z} e^{j(\omega t + \beta z)} \tag{2-1b}$$

式中：A，B——积分常数（由传输线的边界条件确定）；

$\alpha = \dfrac{R_1}{2} \sqrt{\dfrac{C_1}{L_1}} + \dfrac{G_1}{2} \sqrt{\dfrac{L_1}{C_1}}$——衰减常数；

$\beta = \omega \sqrt{L_1 C_1}$——相位常数；

$Z_0 = \sqrt{Z_1/Y_1}$，（$Z_1 = R_1 + j\omega L_1$　$Y_1 = G_1 + j\omega C_1$）——特性阻抗。

由上式可见，传输线上任一点的电压、电流均包含两部分：第一项包含因子 $e^{-\alpha z}$ $e^{j(\omega t - \beta z)}$，它表示随着 z 的增大，其振幅将按 $e^{-\alpha z}$ 规律减小，且相位连续滞后。它代表由电源向负载方向（$+z$ 方向）传播的行波；第二项包含因子 $e^{\alpha z} e^{j(\omega t + \beta z)}$，它表示随着 z 的增大，其振幅将按 $e^{\alpha z}$ 规律增大，且相位连续超前。它代表由负载向电源方向（$-z$ 方向）传播的行波，即反射波。这就是说，传输线上任一点的电压、电流通常都由入射波和反射波两部分叠加而成的。

因此传输线方程也可以变换为

$$u(z,t) = \frac{\sqrt{2}}{2} A e^{-\alpha z} e^{j(\omega t - \beta z)} + \frac{\sqrt{2}}{2} B e^{\alpha z} e^{j(\omega t + \beta z)} =$$

$$\frac{\sqrt{2}}{2} A e^{-(\alpha + j\beta)z} e^{j\omega t} + \frac{\sqrt{2}}{2} B e^{(\alpha + j\beta)z} e^{j\omega t} = \tag{2-2a}$$

$$\frac{\sqrt{2}}{2} A e^{-\gamma z} e^{j\omega t} + \frac{\sqrt{2}}{2} B e^{\gamma z} e^{j\omega t} =$$

$$u^+ + u^-$$

$$i(z,t) = \frac{\sqrt{2}}{2} \frac{A}{Z_0} e^{-\alpha z} e^{j(\omega t - \beta z)} - \frac{\sqrt{2}}{2} \frac{B}{Z_0} e^{\alpha z} e^{j(\omega t + \beta z)} =$$

$$\frac{\sqrt{2}}{2} \frac{A}{Z_0} e^{-(\alpha + j\beta)z} e^{j\omega t} - \frac{\sqrt{2}}{2} \frac{B}{Z_0} e^{(\alpha + j\beta)z} e^{j\omega t} = \tag{2-2b}$$

$$\frac{\sqrt{2}}{2} \frac{A}{Z_0} e^{-\gamma z} e^{j\omega t} - \frac{\sqrt{2}}{2} \frac{B}{Z_0} e^{\gamma z} e^{j\omega t} =$$

$$i^+ + i^-$$

式中：$\gamma = \alpha + j\beta = \sqrt{(R_1 + j\omega L_1)(G_1 + j\omega C_1)}$——传播常数；

u^+，u^-——表示传输线上电压的入射波和反射波；

i^+，i^-——表示传输线上电流的入射波和反射波。

对无损耗传输线来讲，由于 $R=0$、$G=0$，所以 $\alpha=0$，因此无损耗传输线方程为

$$u(z,t) = \frac{\sqrt{2}}{2}A\mathrm{e}^{\mathrm{j}(\omega t - \beta z)} + \frac{\sqrt{2}}{2}B\mathrm{e}^{\mathrm{j}(\omega t + \beta z)} =$$

$$\frac{\sqrt{2}}{2}A\mathrm{e}^{-\mathrm{j}\beta z}\,\mathrm{e}^{\mathrm{j}\omega t} + \frac{\sqrt{2}}{2}B\mathrm{e}^{\mathrm{j}\beta z}\,\mathrm{e}^{\mathrm{j}\omega t} = \qquad\text{(2-3a)}$$

$$u^+ + u^-$$

$$i(z,t) = \frac{\sqrt{2}}{2}\frac{A}{Z_0}\mathrm{e}^{\mathrm{j}(\omega t - \beta z)} - \frac{\sqrt{2}}{2}\frac{B}{Z_0}\mathrm{e}^{\mathrm{j}(\omega t + \beta z)} =$$

$$\frac{\sqrt{2}}{2}\frac{A}{Z_0}\mathrm{e}^{-\mathrm{j}\beta z}\,\mathrm{e}^{\mathrm{j}\omega t} - \frac{\sqrt{2}}{2}\frac{B}{Z_0}\mathrm{e}^{\mathrm{j}\beta z}\,\mathrm{e}^{\mathrm{j}\omega t} = \qquad\text{(2-3b)}$$

$$i^+ + i^-$$

从传输线的等效电路可以看出，如果在输入端接上高频信号电源后，电流通过分布电感逐次向分布电容充电形成向负载传输的电压波和电流波。这就是说，电压和电流是以波的形式在传输线上传输并将能量从电源传至负载。

传输线上的电磁能就是以波动的形式——即电磁波的形式向前传输的，当电磁波从电源端沿传输线传向末端时，如果到达末端后，能量不能被负载全部吸收，就会产生波的反射，这与水波遇到障碍物产生反射的现象相似。根据能量是否被反射以及反射程度的不同，电磁波沿传输线的运动形式有三种，即行波、驻波和复合波。电磁波在传输过程中，如果不被反射，而一直向前，或者是全部被负载吸收，这就是行波，若能量被全部反射，则形成驻波；若能量部分被吸收、部分被反射，以致线上既有行波、又有驻波，这就是复合波。

对应于电波沿线运动的三种形式，传输线也具有三种不同的工作状态，即行波工作状态、驻波工作状态和复合波工作状态。

2.2　无损耗传输线上的行波

2.2.1　行波的传输过程

传输线上的行波是以一定速度沿线向前传输的电磁波。在研究超高频交流电沿线的传输之前，为了便于建立无耗传输线上行波的基本概念，我们首先说明直流电沿线的传输。

（1）直流电的传输

为了便于理解，我们利用传输线的等效电路来说明传输线接到直流电源时电磁能的传输情况，如图 2-3 所示。

在接通电源以前，整个传输线上的电压为零。接通电源后，电源通过电感依次向各个电容器充电，电容器上的电压很快升高到 U。分布电感中电流的建立和布电容上电压的建立虽然很快，但仍需要一定时间，所以在电压 U 的作用下，通过电感向后一个电容器的充电将比前一个电容器要迟后一些，其余依次类推。这样，电压和电流就以一定的速度 V 不断沿线向前推进。经过时间 t_1 时，电压和电流在线上前进的距离为 z_1，小于 z_1 的距离上，线上电压处处为 U，线上电流处处为 I，大于 z_1 的距离上，线上电压、电流则仍为零，如图 2-3（b）所示。

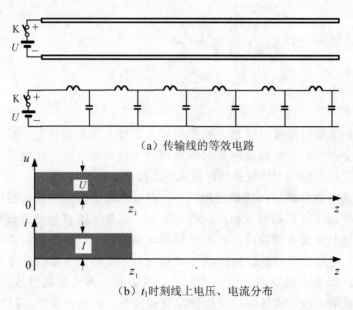

（a）传输线的等效电路

（b）t_1 时刻线上电压、电流分布

图 2-3　传输线上直流电的传输

由此可见，随着对各个电容器的充电，电压就不断向前传送，与此同时，相应的电流也向前传送。这样就在线上形成以一定速度向前运动的电压波和电流波，分别称为行波电压和行波电流，简称行波。

行波电压和行波电流沿线传输过程中，电压在导线周围建立起电场，电流在导线周围建立起磁场，如图 2-4 所示。电场、磁场和电压、电流一起以同样的速度向前传输，所以也是行波。同时可以看出电磁能是在传输线周围的介质中传输的（对同轴线来说，电磁能则是在内外导体之间的介质中传输的），传输线则起了引导电磁能向前传输的作用。

从图 2-4 中可以看出：空间任意一点，电场 E 磁场 H 和电磁能的传输方向 S，三者之间互相垂直，其方向有一定的规律。

根据电场和磁场的方向，可用右手螺旋定则确定电磁能的传输方向。将右手伸直，使拇指与四指相垂直，用四指指向电场 E 的方向，然后将四指再向磁场 H 方向弯转，则拇指所指方向就是电磁能传输的方向，如图 2-5 所示。

如果线上电压、电流减小，传输线周围的电磁场也都相应减小；若传输线与电源极性的连接改变，传输线周围的电场和磁场方向也相反，但运用右手螺旋定则判断，电磁能的传输方向仍然保持不变。

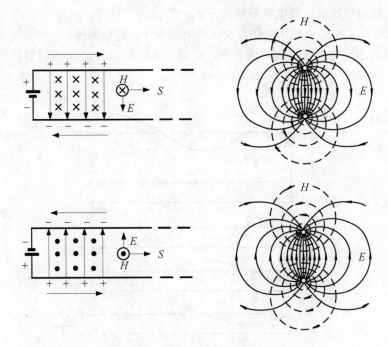

图 2-4 传输线周围电磁场的分布

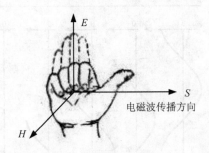

图 2-5 右手螺旋定则

（2）交流电的传输

当传输线的始端接上交流电源时，则线上就有交变的行波传输。因为交流电源的电压随时间有大小、正负的变化，而这种变化，可以看成直流电源的电压一会儿降低（或升高），则线上传输的电压也降低（或升高）；直流电源电压一会儿极性相反，则线上传输的电压也反相，所以沿线传输的电压也有大小、正负的变化。由此可见，交流电的传输过程与直流电的传输过程是基本相似的。但是交流电毕竟有其自身的变化规律，比如，交流电沿线传输时电压（电流）是随时间变化的，就某一瞬间来看，沿线各点电压（电流）的分布（即在空间的分布）也不同。因此，在研究交流电沿线传输时，既要看到它与直流电的联系，又要着眼于交流电在传输中所表现出的特点。由于线上的交流电不仅随时间而变，也还随空间（线上的不同位置）而变，为了便于分析起见，我们先研究各个瞬间电压和电流沿线的分布，再研究线上各点电压和电流随时间的变化。

a. 各个瞬间行波电压和电流沿线的分布

设电源电压 u 按正弦规律变化，变化的周期为 T，起始瞬间（$t=0$）为正的最大值 U_m，其随时间的变化规律，如图 2-6（a）所示。图 2-6（b）表示不同瞬间沿线电压分布的规律。

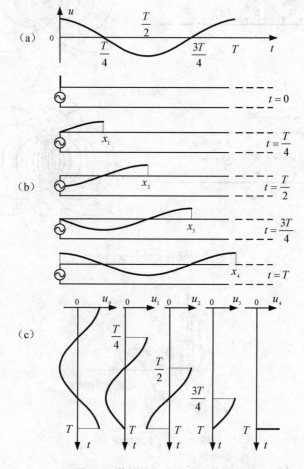

图 2-6　传输线上交流电的传输

在起始瞬间（$t=0$），传输线输入端的电压为正的最大值，线上其他点的电压均为零，如图 2-6（b）中 $t=0$ 瞬间的情况。

随着时间的推移，这个最大值的正电压，逐渐向前传输，但由于电源电压随时间的推迟是减小的，所以紧跟在最大值电压后面的电压也是逐渐减小的。在四分之一周期的瞬间（$t=T/4$），输入端的电压变化到零，而正最大值的电压已沿线传输了 x_1 的距离，比 x_1 更远的各点，电压仍为零，如图 2-6（b）中 $t=T/4$ 瞬间的波形。

随着时间的继续推移，线上的电压继续向前传输，而电源电压向负值变化。在二分之一周期的瞬间（$t=T/2$），输入端的电压变化到负最大值。这时，正最大值电压传输到线上的 x_2 处，离 x_2 更远的各点，电压还是为零，如图 2-6（b）中 $t=T/2$ 瞬间的波形。

依次类推，可以得出如图 2-6（b）中所示的其他瞬间的电压波形。由图可以看出，电波的波形是沿线平行移动，并按正弦规律分布。

与行波电压沿线传输的同时，在线上也有行波电流传输，电压大时，电流也大，电压方向改变时，电流方向也随之改变，所以沿线行波电流的波形与行波电压的波形完全相同，也按正弦规律分布。

b. 线上各点行波电压、行波电流随时间变化的规律

线上输入交流电时，沿线各点的电压和电流是随时间变化的，如图 2-6（c）所示各点电压随时间变化的规律。

在始端（$t=0$），显然该点电压随时间的变化，与电源电压相同，即按正弦规律变化。

在距始端为 x＝x_1 处，由于行波电压需经过 $T/4$ 的时间才传到该处，因此在 $0\sim T/4$ 的时间内，这一点电压为零，而从 $T/4$ 开始，则随时间按正弦规律变化，其振幅为 U_m，但电压的变化在时间上落后于电源电压 $T/4$，相当于相位滞后 $\pi/2$（90°）。

在距始端为 x＝x_2 处，行波电压需经过 $T/2$ 的时间才传到此处，因此在 $0\sim T/2$ 时间内，这一点电压为零，在 $t=T/2$ 以后，电压才随时间按正弦规律变化，其振幅仍为 U_m，但相位滞后于电源电压 πrad（180°）。

依此类推，可得到 x＝x_3，x_4…等处电压随时间变化的曲线。

根据图 2-6（c）的波形可以看出，线上任一点电压随时间变化的规律，都与电源电压相同。由于无耗线上没有能量损耗，因此各点电压的振幅相等，但其相位皆滞后于电源电压，距始端越远，相位越滞后。

由于电压传到线上任一位置的时候，都有相应电流的伴随，电压高时，电流大，电压变负，电流也为负；并且又以同一速度向前传输，所以各点电流与该点电压的相位相同。

由上分析可见，交流电在向前传输的过程中，不仅线上各点的电压和电流随时间发生变化，而且全线电压、电流的瞬时分布也不相同，并随时间向前平移。与此同时，电场和磁场的强弱程度分别同电压和电流的大小成正比，所以线上电场和磁场沿线的分布，同电压和电流的分布规律相同。图 2-7 表示某一瞬间传输线上电磁场的分布情况，由于行波电压和电流同相，因此线上电场强的地方，磁场也强，电场方向改变时，磁场方向也改变。不论电场、磁场发生怎样变化，但能量的传输方向，根据右手定则判断，总是由左向右传输，如图 2-7（c）所示。

从图 2-7（d）电磁场的分布图中可以看出，电场和磁场在空间是互相垂直的，并且都垂直于传输方向。按这种型式向前传输的电磁波，称为横电磁波（Transverse Electric and Magnetic，TEM）。

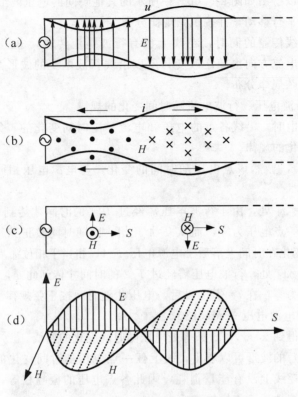

图 2-7　某一瞬间电磁场沿线分布的情况

2.2.2　行波方程

（1）传输线处于行波工作状态的条件

行波工作状态指的是电磁波沿线一直向前传输而不产生反射。如果传输线是无限长的，则电波沿线一直向前传输，传输线就处于行波工作状态。但是无限长的传输线是不现实的，传输线总有一定的长度，总要把能量传输给负载才有意义。在这种情况下，要使电波一直向前传输而不产生反射，就需要传输线末端的负载将传输线传输过来的入射能量全部吸收而无反射。

传输线末端的负载将传输线传输过来的能量全部吸收的条件是：负载阻抗等于传输线特性阻抗 $Z_1 = Z_0$。下面我们就来说明这个问题。

如图 2-8 所示传输线线路，线长为 l，输入信号源 U_g，内阻为 Z_g，终端接负载阻抗为 Z_1。

在线路始端，$z = 0$，电压、电流分别为 U_0、I_0，则依据传输线方程有

$$U_0 = A + B \tag{2-4a}$$

$$I_0 = (A - B)/Z_0 \tag{2-4b}$$

在线路终端，$z = l$，电压、电流分别为 U_1、I_1，则依据传输线方程有

$$U_1 = A e^{-\varkappa} + B e^{\varkappa} \tag{2-5a}$$

$$I_1 = Ae^{-\gamma l} - Be^{\gamma l}/Z_0 \qquad (2\text{-}5b)$$

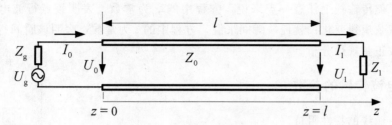

图 2-8 有限长传输线电路

根据基尔霍夫（Kirchhoff，1824—1887）定律，信号源和负载端的电压可分别表示为

$$U_g = Z_g I_0 + U_0 \qquad (2\text{-}6a)$$

$$U_1 = Z_1 I_1 \qquad (2\text{-}6b)$$

以上 6 个方程式中共有 6 个未知数，因此可以完全求解。

对于微波传输线，当损耗可以忽略时，其特性阻抗为一实数（纯阻），传输常数 $\gamma = j\beta$，电源与线路的匹配条件为 $Z_g = Z_0$。于是上面 6 个方程式的解为

$$A = U_g/2 \qquad (2\text{-}7)$$

$$B = \frac{U_g}{2} \cdot \frac{Z_1 - Z_0}{Z_1 + Z_0} e^{-j2\beta l} \qquad (2\text{-}8)$$

由上式可知，当终端所接负载阻抗 Z_1 等于传输线的特性阻抗 Z_0 时，$B = 0$。这就是说，当传输线与终端负载匹配（$Z_1 = Z_0$）时，传输线上只有入射的行波，而无反射波。

（2）行波方程

在行波状态下，传输线上只有入射的行波，而无反射波，因此在线路始端，积分常数

$$A = U_0 = \frac{Z_0 U_g}{Z_0 + Z_g} \qquad (2\text{-}9)$$

所以，在行波状态下，传输线上电压和电流关系的数学表达式（瞬时值），即行波方程为

$$u(z,t) = u^+ = \frac{\sqrt{2}}{2} \frac{Z_0 U_g}{Z_0 + Z_g} e^{-(\alpha + j\beta)z} e^{j\omega t} \qquad (2\text{-}10a)$$

$$i(z,t) = i^+ = \frac{\sqrt{2}}{2} \frac{U_g}{Z_0 + Z_g} e^{-(\alpha + j\beta)z} e^{j\omega t} \qquad (2\text{-}10b)$$

如果忽略损耗（$R=0$、$G=0$），则 $\alpha = 0$，因此可得到无耗传输线上电压和电流关系的数学表达式

$$u(z,t) = u^+ = \frac{\sqrt{2}}{2} \frac{Z_0 U_g}{Z_0 + Z_g} e^{j\beta z} e^{j\omega t} = \frac{\sqrt{2}}{2} \frac{Z_0 U_g}{Z_0 + Z_g} e^{j(\omega t - \beta z)} \qquad (2\text{-}11a)$$

$$i(z,t) = i^+ = \frac{\sqrt{2}}{2} \frac{U_g}{Z_0 + Z_g} e^{-j\beta z} e^{j\omega t} = \frac{\sqrt{2}}{2} \frac{U_g}{Z_0 + Z_g} e^{j(\omega t - \beta z)} \qquad (2\text{-}11b)$$

上述的行波方程，既可表明线上任意一点、又可表明任一瞬间行波电压和电流的变化规律。就传输线上任意一点来说，方程中的 z 为常数，表明该点行波电压和电流随时间按正弦规律变化；就任一瞬间来说，方程中的 t 为常数，表明该瞬间行波电压和电流沿线按正弦规律分布。

2.2.3　电波传输的参数

（1）传输线的特性阻抗

传输线接通电源后，就有行波电压和行波电流通过分布电感和分布电容逐渐向末端传输，传输线结构一定时，线上电压与电流的振幅（或有效值）就有一定的关系，电压增高，电流增大，电压降低，电流随之减小，这说明传输线呈现一定的阻抗。

传输线对行波传输所呈现的阻抗，称为传输线的特性阻抗。它可以通过行波电压与行波电流的比值来反映出它的大小，常以 Z_0 表示。

从行波传输的分析中可知，在行波电压一定的条件下，如果传输线的分布电感增大，则阻止电流变化的作用增大，行波电流就要减小，特性阻抗就会变大；若分布电容增大，则对电容充电的电流增大，行波电流就会增大，特性阻抗就会减小。因此传输线的特性阻抗的大小，是由它的分布电感和分布电容决定的。即

$$Z_0 = \sqrt{Z_1/Y_1} = \sqrt{\frac{R_1 + j\omega L_1}{G_1 + j\omega C_1}} \tag{2-12}$$

对于微波传输线，由于 $R_1 \ll \omega L_1$、$G_1 \ll \omega C_1$，则可认为是无耗传输线（$R_1 = 0$、$G_1 = 0$），所以

$$Z_0 = \sqrt{L_1/C_1} \tag{2-13}$$

因为 L_1 的单位是 H/m，C_1 的单位是 F/m，所以 Z_0 的单位是 Ω。

传输线单位长度的分布电感 L_1 和分布电容 C_1 的大小决定于传输线的结构。例如，平行传输线的导线愈粗，则 C_1 愈大，L_1 愈小，Z_0 也愈小；线间距离愈大，C_1 愈小，L_1 愈大，Z_0 也愈大。

传输线介质的介电系数和导磁系数不同时，C_1 和 L_1 的值也不同，Z_0 也不一样。例如，一般用塑料做介质的传输线，因介质的介电常数比空气的介电常数大，所以分布电容 C_1 比较大，Z_0 就比较小。

需要指出，特性阻抗的大小只与传输线的粗细、导线间的距离、介质材料和结构形式有关，而与传输线的长度无关。因为行波电压和行波电流沿线是依次逐点地向前传输的，不会因为线长的不同，而影响行波电压和行波电流的大小，所以也不会影响特性阻抗的大小。另外，特性阻抗与负载和电源也无关。负载改变不会影响分布参数的大小；电源电压升高，线上行波电压与行波电流，虽会相应增大，但其比值不会变；电源频率改变，只影响电波沿线分布的情况，而行波电压、行波电流的振幅值（或有效值）都不会改变，所以对特性阻抗是没有影响的。

由于行波电流和行波电压在各点是同相的，因此传输线的特性阻抗具有纯电阻的特性。不能认为特性阻抗的大小由分布电感和分布电容决定，就把它看成是呈电抗性的。既然特性阻抗是电阻性的，但为什么又不吸收能量呢？这个问题可以这样来解释：

传输线对电源来说，电源把能量源源不断地送给传输线，这相当于是一个吸收能量的"电阻"，而传输线把传输过来的能量又继续不断地往后传输，送给负载，所以它并不消耗能量，只起传输作用。

特性阻抗是传输线的重要参数，不同类型的传输线，具有不同的分布参数，因此各种不同类型传输线的特性阻抗值不同。在多数情况下高频同轴线做成标准的特性阻抗 50Ω 或 75Ω。在实际应用馈线时要注意各种馈线特性阻抗的大小。

（2）电波的传输速度（相速）

沿传输线传播的电磁波的等相位点所构成的面称为波阵面或波前，波阵面移动的速度称为相位速度，简称相速或相速度。相速是电磁波沿某一方向传播的行波前进的速度，用 v_p 表示。

电波沿线传输的速度与分布电感、分布电容的大小有关。传输线的分布电感和分布电容愈小，则电源通过电感向电容充电过程所需的时间愈短，电波传输一定距离所需要的时间愈短，则传输速度愈大；反之，传输速度就愈小。根据线上电压、电流建立过程中电量和磁通的变化情形，可以导出传输速度的表达式。

设行波电压 u、行波电流 i 由很短的线段 Δl 的左端传至右端所需时间为 Δt；线段 Δl 的电感量为

$$\Delta L = L_1 \Delta l$$

电容量为

$$\Delta C = C_1 \Delta l$$

当电压 u 由线段的左端传至右端时，线段的分布电容上充得的电量为

$$\Delta q = u\Delta C = uC_1 \Delta l$$

而 Δq 又是电流 i 在时间 Δt 内向线段充电所建立起来的，故

$$\Delta q = i\Delta t$$

由此可得

$$uC_1 \Delta l = i\Delta t \tag{2-14}$$

当电流 i 在时间 Δt 内流过线段 Δl 时，在此线段的两导线间产生磁通 $\Delta \Phi$，其大小为

$$\Delta \Phi = i\Delta L = iL_1 \Delta l$$

伴随着磁通 $\Delta \Phi$ 的建立，在线段的两导线间产生的感应电动势 e 为

$$e = -\Delta \Phi / \Delta t$$

它和行波电压大小相等、方向相反，即

$$u = -e = \Delta \Phi / \Delta t$$

变换后

$$\Delta \Phi = u\Delta t$$

这样可得

$$iL_1 \Delta l = u\Delta t \tag{2-15}$$

将公式（2-14）与公式（2-15）联立可求得

$$\Delta t = \sqrt{L_1 C_1}\, \Delta l$$

故电波沿线传输的速度为

$$v_p = \frac{\Delta l}{\Delta t} = \frac{1}{\sqrt{L_1 C_1}} \tag{2-16}$$

将表 2-1 中平行线或同轴线的 L_1 和 C_1 代入公式（2-16）可得另一种形式的表达式

$$v_p = \frac{1}{\sqrt{\mu_1 \varepsilon_1}} = \frac{1}{\sqrt{\mu_0 \mu_r \cdot \varepsilon_0 \varepsilon_r}} = \frac{1}{\sqrt{\mu_0 \varepsilon_0}} \cdot \frac{1}{\sqrt{\mu_r \varepsilon_r}} = c \cdot \frac{1}{\sqrt{\mu_r \varepsilon_r}} = \frac{c}{\sqrt{\varepsilon_r}} \tag{2-17}$$

式中：$c = 1\sqrt{\mu_0 \varepsilon_0}$——光速；

ε_0，μ_0——真空介质的介电常数和导磁系数；

ε_r，μ_r——介质相对于真空介质的相对介电常数和相对导磁系数，通常 $\mu_r = 1$。

若传输线间介质为空气，$\varepsilon_r = 1$，则 $v_p = c = 1/\sqrt{\mu_0 \varepsilon_0} = 3 \times 10^8 \, \text{m/s}$，即以空气为介质的微波传输线上波的相速等于光速。否则，波的传播速度将为光速的 $1/\sqrt{\varepsilon_r}$。

（3）电波的波长

微波交流信号在传输线上传输时，不仅随时间作周期性的变化，并且沿线按正弦规律分布。因此，在一个周期时间内，电波以一定速度所前进的距离，就称为波长；或者是同一瞬间沿传输线分布的交流波形上相邻两个等相位点的间距，也即同一瞬时相位差为 2 的两点间的距离，就称为波长，用 λ 表示。

波长的公式为

$$\lambda = v_p T = \frac{v_p}{f} = \frac{c}{f} \cdot \frac{1}{\sqrt{\varepsilon_r}} = \frac{\lambda_0}{\sqrt{\varepsilon_r}} \tag{2-18}$$

式中：$\lambda_0 = c/f$——真空中的波长。

上式说明，传输线上波的波长与其周围填充的介质有关：当介质为空气时，$\varepsilon_r = 1$ 则 $\lambda = \lambda_0$；否则波长将相差 $1/\sqrt{\varepsilon_r}$ 倍。

另外，相位常数 β 可用波长来表示

$$\beta = \omega \sqrt{L_1 C_1} = \omega \sqrt{\mu_0 \varepsilon_0 \mu_r \varepsilon_r} = \frac{\omega \sqrt{\varepsilon_r}}{c} = \frac{2\pi f \sqrt{\varepsilon_r}}{c} = \frac{2\pi}{\lambda_0 / \sqrt{\varepsilon_r}} = \frac{2\pi}{\lambda} \tag{2-19}$$

2.2.4 行波工作状态时传输线的输入阻抗

由传输线上某点向末端看去对电波所呈现的阻抗称为该点的输入阻抗，用 Z_{in} 表示，它等于该点电压与电流的比值，即

$$Z_{in} = \frac{u}{i} = \frac{A e^{-j\beta z} + B e^{j\beta z}}{\dfrac{A}{Z_0} e^{-j\beta z} - \dfrac{B}{Z_0} e^{j\beta z}} \tag{2-20}$$

将公式（2-7）、公式（2-8）代入公式（2-20）中，加以整理可得

$$Z_{in} = Z_0 \frac{Z_1 + j Z_0 \tan\beta(l - z)}{Z_0 + j Z_1 \tan\beta(l - z)} \tag{2-21}$$

当 $z = 0$ 时，可得传输线输入端的阻抗

$$Z_{in} = Z_0 \frac{Z_1 + j Z_0 \tan\beta l}{Z_0 + j Z_1 \tan\beta l} \tag{2-22}$$

当 $z=l$ 时，可得传输线终端的阻抗为

$$Z_{in} = Z_1 \tag{2-23}$$

在行波工作状态下，将 $Z_1 = Z_0$ 代入输入阻抗公式（2-21），得到

$$Z_{in} = Z_0 \tag{2-24}$$

这说明在行波工作状态下，传输线上任意点的输入阻抗 Z_{in} 都等于特性阻抗 Z_0，并呈电阻性，而与电波的波长及传输线的长度无关。

2.3　无损耗传输线上的驻波

2.3.1　驻波的概念

驻波是指传输线上全反射的情况。我们知道，当负载不匹配时，传输线上存在反射波。当传输线的终端开路、短路或接纯电抗负载时，将会产生全反射，此时传输线工作于驻波状态。

驻波是波动中常见的一种运动形式。例如，将弦线的一端固定，另一端与音叉相连，当弦线随着音叉振动时，弦线上某些点振动的振幅始终最大（这些点称为波腹或腹点），另一些点振动的振幅始终为零（这些点称为波节或节点），而且弦线振动的波形并不沿线移动，腹点和节点的位置不变，如图 2-9 所示。这就是机械的驻波现象。

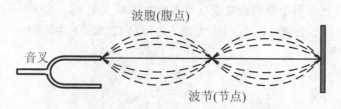

图 2-9　弦线上的驻波

在传输线上也有类似的现象。例如在如图 2-10 所示的实验中，当传输线末端断开时，我们可以能看到，沿线不同位置上灯泡的亮度也不一样，某些点始终最亮，另一些点始终不亮，而且这些亮点和暗点也不沿线移动，这就是传输线上电的驻波现象。线上灯泡最亮的地方，表明两线间的电压最大，灯泡不亮的地方，表明两线间的电压为零，因此，根据灯泡亮暗程度的不同，可以画出线上电压驻波的分布情况。

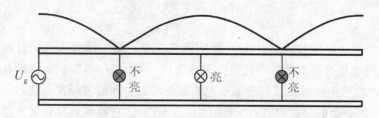

图 2-10　开路线上电压驻波的分布情况

同理，当传输线末端短路，或接纯电抗性的负载时，线上也出现驻波，只是波腹与波节点的位置与末端开路时不同。

传输线上为什么会出现电的驻波现象，它是怎样形成的呢？我们还是先从日常生活现象谈起。大家知道，当声波遇到障碍物时就会出现回声，表明有声波的反射；当水波遇到障碍物时，也会出现回波，表明有水波的反射。在音叉和弦线的振动实验中，弦线的波动传到末端后，弦线被固定住了，波动的能量不能继续往前传输，能量又没有被吸收和损耗，因此，必然产生反射，出现了反射波，这时，线上同时存在着既有将能量传输给末端的入射波，又有将能量送回振动源的反射波，这两个幅度相等而相对行进的振动波，在线上合成的结果，就形成了机械的驻波振动。

与上相似，传输线上的驻波现象也是这样形成的。在末端开路、短路或接纯电抗元件的传输线上，当电源输送的电波沿线传到末端后，末端不吸收能量，电波又不能继续前进，必然全部反射回来，线上出现反射波。因此，线上同时存在着既有将能量传输给末端的入射波，又有将能量送回电源的反射波，这两个振幅相等而又相对行进的行波，在线上合成的结果就形成驻波，以下将细致的分析传输线末端在不同条件下驻波的形成、特点和输入阻抗的变化情况。

2.3.2 末端反射系数

（1）反射系数

传输线上某点的反射电压和入射电压之比，称为该点的反射系数，以 Γ 表示。即

$$\Gamma = u^- / u^+ = -i^- / i^+ \tag{2-25}$$

下面我们求出反射系数与传输线电路参数的关系。

将公式（2-7）、公式（2-8）代入无耗传输线公式（2-3）中，得

$$u(z,t) = \frac{\sqrt{2}}{2} A e^{j(\omega t - \beta z)} + \frac{\sqrt{2}}{2} B e^{j(\omega t + \beta z)} =$$

$$\frac{\sqrt{2}}{2} \left(\frac{U_g}{2} e^{-j\beta z} + \frac{U_g}{2} \frac{Z_1 - Z_0}{Z_1 + Z_0} e^{-j2\beta l} e^{j\beta z} \right) e^{j\omega t} = \tag{2-26a}$$

$$\frac{\sqrt{2}}{2} \left(\frac{U_g}{2} e^{-j\beta z} + \frac{U_g}{2} \frac{Z_1 - Z_0}{Z_1 + Z_0} e^{-j2\beta l} e^{-j\beta(l-z)} \right) e^{j\omega t} =$$

$$u^+ + u^-$$

$$i(z,t) = \frac{\sqrt{2}}{2} \frac{A}{Z_0} e^{j(\omega t - \beta z)} - \frac{\sqrt{2}}{2} \frac{B}{Z_0} e^{j(\omega t + \beta z)} =$$

$$\frac{\sqrt{2}}{2} \left(\frac{U_g}{2Z_0} e^{-j\beta z} - \frac{U_g}{2Z_0} \frac{Z_1 - Z_0}{Z_1 + Z_0} e^{-j2\beta l} e^{-j\beta(l-z)} \right) e^{j\omega t} = \tag{2-26b}$$

$$i^+ + i^-$$

上面传输线上电压公式（2-26a）的物理意义是：第一项代表入射波电压，其振幅 A 等于信号源电压之半。第二项代表反射波电压，其中 $U_g/2$ 表示被激励起的入射波电压振幅，$e^{-j\beta l}$ 表示由电源传至负载端引起的相位滞后。入射波传至负载，一部分能量被负载 Z_1 吸收，剩余部分即为 $(Z_1 - Z_0)/(Z_1 + Z_0)$，它被负载反射回来沿传输线向电

源方向传播，返回到研究点（观测点）时相位又滞后一个角度为 $e^{-j\beta(l-z)}$。一般情况下，传输线路上总有入射波和反射波同时存在的。传输线上某点位置上总电压、总电流是由入射波和反射波的电压、电流叠加而得。反射现象是微波传输线上的最基本的物理现象，反射系数就是用来表征反射大小的一个参数。因此

$$\Gamma = u^- / u^+ = \frac{Z_1 - Z_0}{Z_1 + Z_0} \cdot \frac{e^{-j\beta l} e^{-j\beta(l-z)}}{e^{-j\beta z}} =$$

$$\frac{Z_1 - Z_0}{Z_1 + Z_0} e^{-2j\beta(l-z)} =$$

$$\frac{Z_1 - Z_0}{Z_1 + Z_0} e^{-2j\beta z'} \tag{2-27}$$

由公式（2-27）可见，反射系数是位置 z' 的函数。

（2）末端（终端）反射系数

当 $z=l$ 时，为末端（终端）反射系数，用 Γ_1 表示。则

$$\Gamma_1 = \frac{Z_1 - Z_0}{Z_1 + Z_0} = \left| \frac{Z_1 - Z_0}{Z_1 + Z_0} \right| e^{j\varphi_1} = |\Gamma_1| e^{j\varphi_1} \tag{2-28}$$

其中

$$|\Gamma_1| = \left| \frac{Z_1 - Z_0}{Z_1 + Z_0} \right| \tag{2-29}$$

$$\varphi_1 = \arg\left[\frac{Z_1 - Z_0}{Z_1 + Z_0} \right] \tag{2-30}$$

反射系数 Γ 也可以用终端反射系数来表示，即

$$\Gamma = |\Gamma_1| e^{j\varphi_1} e^{-j2\beta z'} = |\Gamma_1| e^{j[\varphi_1 - 2\beta z']} \tag{2-31}$$

从末端（终端）反射系数的公式（2-28）可以看出，随着终端负载阻抗 Z_1 的性质不同，传输线上将有如下三种不同的工作状态：

a. 当 $Z_1 = Z_0$ 时，$\Gamma_1 = 0$，传输线上无反射，称为行波工作状态。

b. 当 $Z_1 = \infty$（终端开路）时，$\Gamma_1 = 1$；

当 $Z_1 = 0$（终端短路）时，$\Gamma_1 = -1$；

当 $Z_1 = \pm jX_1$（终端接纯电抗）时，$|\Gamma_1| = 1$。

这三种情况传输线上均产生全反射，称为驻波工作状态。

c. 当 $Z_1 = R_1 \pm jX_1$ 时，$|\Gamma_1| < 1$，传输线上产生部分反射，称为行驻波（复合波）工作状态。

2.3.3　终端开路线上的驻波工作状态

末端开路（即负载阻抗为无穷大，$Z_1 = \infty$）的无损耗传输线，简称开路线。

（1）开路线形成驻波的末端条件

为了说明驻波是怎样形成的，就要先了解反射波与入射波的关系。由于入射波传到了末端才可能产生反射，所以末端的反射情况是驻波形成的关键。为此，从这以后，传输线的电长度，也从末端开始算起。

由于传输线的末端开路，不吸收能量，当入射波传到末端后，必然全部反射回来，

形成反射波。设：入射波的功率为 P^+，反射波的功率为 P^-，由于能量的全反射，P^- 和 P^+ 必然是大小相等、传输方向相反，所以

$$P^- = -P^+$$

由于末端开路，$Z_1 = \infty$，所以末端电流应为零，即合成电流为零，则根据传输线方程可知：在传输线的末端反射电流与入射电流大小相等、相位相反，反射电压与入射电压大小相等，相位相同。

（2）开路线上驻波的形成与驻波方程

a. 波形分析

（a）反射波的形成

根据开路线末端的反射电压与入射电压、反射电流与入射电流的大小和相位关系，就可以依据入射波求出任一瞬时反射波沿线传输的情况，如图 2-11 所示。

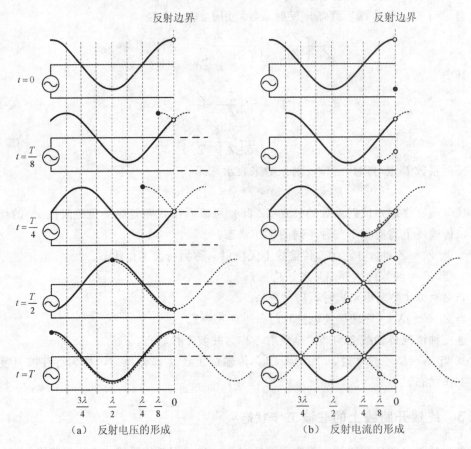

图 2-11　开路线上反射波的形成

图 2-11（a）画出了反射电压的形成过程。设起始瞬间（$t=0$），入射电压的最大值刚好传到末端，这时只有末端有反射波，反射电压与入射电压大小相等，相位相同，用黑点来表示。经过 $T/8$ 时间，入射电压向右前进了 $\lambda/8$（即 $t=0$ 瞬间的电压波向右平移了 $\lambda/8$），反射电压也从末端向始端行进了 $\lambda/8$（即反射电压的最大值——黑点向左

平移了 $\lambda/8$），这时末端的反射电压与入射电压仍保持大小相等、相位相同（图中用小圈来表示），整个线上的反射电压波形如虚线所示。

上述传输情况，可以这样来进行分析，即当入射波传到末端后，认为传输线"没有中断"，电波继续向后传输（在图中用虚线表示），然后再将虚线画的入射电压，以末端为基准，反转回始端方向，这就是线上传输的电压反射波。采用同样的方法，就可以得到其他瞬间（$T/4$、$T/2$…）线上反射电压的波形。

图 2-11（b）画出了反射电流的形成过程。因为入射波是行波，入射电流与入射电压是同相的，所以图中入射电流沿线分布的波形与入射电压相同。起始瞬间（$t=0$），入射电流的最大值也刚好到达末端，这时只有末端有反射波，由于反射电流与入射电流大小相等、正负相反，用黑点表示的反射电流，应画在横坐标的下方，大小与正值对应。经过 $T/8$，入射电流向右传输了 $\lambda/8$，反射电流由末端向左也行进了 $\lambda/8$，这时末端的反射电流与入射电流仍保持大小相等、正负相反（图中也用小圈来表示）。整个线上的反射电流波形如虚线所示。

其他瞬间的反射电流波形，也可以采用上述类似的方法，将入射电流的延伸部分（末端以后用虚线表示的部分），以末端为基准反转到始端方向，但是由于末端的反射电流与入射电流大小相等、相位相反，所以，还要以横坐标为基准，再反转 $180°$，才符合反射电流实际的传输情况，如图 2-11（b）中 $t=T/4$、$T/2$…时的反射电流波形。

比较同一瞬间的反射电流与反射电压波形，可以看出，它们的相位相反。因为反射波也是行波，反射电流与反射电压的相位相反，表明反射波的传输方向与入射波的传输方向是相反的。

（b）反射波与入射波迭加形成驻波

当反射波由末端传到始端后，全线既有入射波，又有反射波。将全线某一瞬间的入射波和反射波叠加起来，就得到该瞬间的合成波。图 2-12（a）和（b）画出了不同瞬间的电压和电流的入射波（用细线表示）、反射波（用虚线表示）和合成波（用粗线表示）。

以图 2-11 最后一瞬时的电波分布，作为图 2-12 起始瞬间（$t=0$）的传输情况。此时全线各点的反射电压与相应的入射电压大小相等、正负相同，而各点的反射电流与相应的入射电流大小相等、正负相反；因此叠加后，各点的合成电压均为同一点入射电压的两倍，并按余弦规律分布，而各点的合成电流均为零值。

在 $t=T/8$ 的瞬间，入射波和反射波分别向各自的末端行进了 $\lambda/8$ 的距离。这时合成电压波的瞬时值都比 $t=0$ 的瞬时值要小（零点除外），但分布状态与上相似；这时，反射电流与入射电流不完全抵消，而出现合成电流波，并按正弦规律分布。

在 $t=2T/8$ 的瞬间，入射波和反射波又分别向各自的末端行进了 $\lambda/8$ 的距离，此时全线各点的反射电压与入射电压大小相等、正负相反，而各点的反射电流与入射电流大小相等、正负相同，因此叠加后，沿线各点的合成电压波均为零值，而各点的合成电流等于同一点入射电流的两倍，沿线仍按正弦规律分布。

依次类推，可以得出其他瞬间（$t=3T/8$、$4T/8$…）的合成波波形。

如果将不同瞬间的合成波形归并到一个图上来表示，就得到图 2-12 最下面的两个波形图。可以看出，电压合成波每一瞬间沿线都按余弦规律分布，每一点（零点除外）都随时间按余弦规律变化；而电流合成波每一瞬间沿线都按正弦规律分布，每一点（零点除外）都随时间按正弦规律变化。同时还可以看出，合成波的振幅（最大的瞬时值）沿线也是不一样的，电压波振幅在 $z=0$、$\lambda/2\cdots n\lambda/2$ （$n=0$，1，2，…后同）等处为最大，在 $z=\lambda/4$、$3\lambda/4\cdots$ （$2n+1$）$\lambda/4$ 等处等于零；而电流波振幅在 $z=0$、$\lambda/2\cdots$ $n\lambda/2$ 等处等于零，在 $z=\lambda/4$、$3\lambda/4\cdots$ （$2n+1$）$\lambda/4$ 等处为最大。

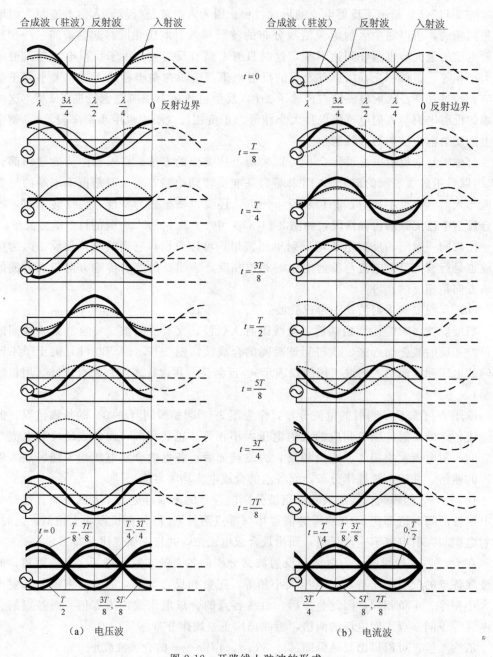

图 2-12　开路线上驻波的形成

振幅最大的地方，叫作波腹（或腹点），振幅为零的地方，叫作波节（或节点）。波腹和波节不随时间沿线移动。所以合成电压波和合成电流波就是线上的电压驻波和电流驻波。

通过波形分析，可以比较清楚地弄懂驻波的形成、瞬时分布、瞬时变化以及电压驻波与电流驻波的相位关系。

b. 驻波方程

电压、电流驻波随时间的变化和沿线的分布规律，还可以用驻波方程来表示。因为驻波是线上入射波同反射波合成的结果，所以将入射波和反射波的方程相加，就得到驻波方程。

由于末端开路，$Z_1 = \infty$，$\Gamma_1 = 1$，代入无损耗传输线公式（2-26），得末端开路无耗传输线方程为

$$u(z,t) = \frac{\sqrt{2}}{2}\left(\frac{U_g}{2}e^{-j\beta z} + \frac{U_g}{2}\frac{Z_1 - Z_0}{Z_1 + Z_0}e^{-j2\beta l}e^{j\beta z}\right)e^{j\omega t} =$$

$$\frac{\sqrt{2}U_g}{4}e^{-j\beta l}(e^{j\beta(l-z)} + e^{-j\beta(l-z)})e^{j\omega t} = \frac{\sqrt{2}U_g}{2}\cos(l-z)e^{-j\beta l}e^{j\omega t} = \tag{2-32a}$$

$$\frac{\sqrt{2}U_g}{2}\cos(z')e^{-j\beta l}e^{j\omega t}$$

$$i(z,t) = \frac{\sqrt{2}}{2}\left(\frac{U_g}{2Z_0}e^{-j\beta z} + \frac{U_g}{2Z_0}\frac{Z_1 - Z_0}{Z_1 + Z_0}e^{-j\beta l}e^{-j\beta(l-z)}\right)e^{j\beta z} =$$

$$\frac{\sqrt{2}U_g}{4Z_0}e^{-j\beta l}(e^{j\beta(l-z)} - e^{-j\beta(l-z)})e^{j\omega t} = \frac{\sqrt{2}U_g}{2Z_0}\cdot 2j\sin(l-z)e^{-j\beta l}e^{j\omega t} = \tag{2-32b}$$

$$\frac{\sqrt{2}U_g}{2Z_0}\sin(l-z)e^{-j\beta l}e^{j(\omega t+\pi/2)} =$$

$$\frac{\sqrt{2}U_g}{2Z_0}\sin(z')e^{-j\beta l}e^{j(\omega t+\pi/2)}$$

公式（2-32）为传输线终端开路状态下电压和电流的驻波方程。根据开路线驻波方程，若以距离 z、或时间 t 为常数，就能求出电压、电流驻波随时间或空间变化的规律。

（3）开路线上驻波的特点

从开路线驻波方程可以看出：

a. 开路线上沿线各点的电压、电流驻波的振幅是变化的。从末端开始，电压振幅沿线按余弦规律分布；电流振幅沿线按正弦规律分布。在末端以及距末端 $\lambda/4$ 偶数倍（$l-z = n\lambda/2$，$n = 0, 1, 2, \cdots$）的各点，为电压波腹和电流波节；距末端 $\lambda/4$ 奇数倍（$l-z = (2n+1)\lambda/4$，$n = 0, 1, 2, \cdots$）的各点，则是电压波节和电流波腹。

b. 沿线各点电压驻波达最大值时，电流驻波为零（如 $t = 0$、$T/2 \cdots$ 时），反之，当电流驻波达最大值时，电压驻波为零（如 $t = T/4$、$3T/4 \cdots$ 时），这说明在同一点上（腹点和节点除外），电压驻波与电流驻波的相位相差 $\pi/2$。在 $0 \sim \lambda/4$ 线段内，电流导前电压 $\pi/2$，在 $\lambda/4 \sim \lambda/2$ 线段内，电流滞后电压 $\pi/2$；以后，每隔 $\lambda/4$，电流与电压的

相位关系，重复地交替变换。

　　c. 在相邻两个节点之间，线上各处的电压或电流同时增大、同时减小、同时改变方向，即它们的相位相同；而在每个节点的两侧，则它们的相位相反。

　　d. 当电源频率一定时，线上的波腹和波节不再沿线移动。

　　由电压、电流驻波的特点表明：在开路线上，电磁能量是不能沿线传输的。因为，在电压驻波和电流驻波的每一波节上，电压和电流分别等于零，因而电磁能量不能越过波节，只能在两波节之间的四分之一波长区域内振荡，时而集中在电场中，时而集中在磁场中。这与单振荡回路的谐振现象非常相似。因此常将工作于驻波状态的传输线叫作谐振线，而将工作于行波状态的传输线叫作非谐振线。

　　（4）开路线的输入阻抗

　　将 $Z_1 = \infty$ 代入输入阻抗公式中经变换得

$$Z_{in} = Z_0 \frac{Z_1 + jZ_0 \tan\beta(l-z)}{Z_0 + jZ_1 \tan\beta(l-z)} \approx Z_0 \frac{Z_1}{jZ_1 \tan\beta(l-z)} =$$

$$Z_0 \frac{1}{j\tan\beta(l-z)} = -jZ_0 \cot\beta(l-z) = \tag{2-33}$$

$$-jZ_0 \cot\beta(z')$$

　　公式（2-33）即为开路传输线输入阻抗的表达式。从中可以看出，开路线的输入阻抗为纯电抗，其大小和性质随传输线的长度按余切规律变化，如图 2-13（c）所示，图中横坐标表示开路线上某点离开末端的距离，纵坐标表示阻抗的性质与大小。图 2-13（d）是各点输入阻抗的等效电路。为了便于说明各点输入阻抗的大小和性质，图 2-13（a）、（b）中分别画出了电压、电流驻波的振幅和相位沿线变化的情况。

　　在末端（$z' = 0$），电压最大，电流为零，输入阻抗最大，等于无穷大（$Z_{in} = \infty$）。

　　线长 z' 在 $0 \sim \lambda/4$ 之间，驻波电压减小，驻波电流增大，输入阻抗减小，z' 愈接近 $\lambda/4$，输入阻抗愈小；由于在这一范围内，电流超前电压 $\pi/2$（90°），故输入阻抗皆呈电容性。

　　$z' = \lambda/4$ 处，驻波电压减为零值，而驻波电流增至最大，输入阻抗最小，等于零；由于这一线段是由分布电容和分布电感组成的复杂网路，所以可等效为一理想的串联谐振回路。

　　线长 z' 在 $\lambda/4 \sim \lambda/2$ 之间，驻波电压增大，驻波电流减小，输入阻抗增大，z' 愈接近 $\lambda/2$，输入阻抗愈大；由于在这一范围内，电压超前电流 $\pi/2$（90°），故输入阻抗皆呈电感性。

　　在 $z' = \lambda/2$ 处，电压增至最大而电流减为零值，输入阻抗最大，等于无穷大，由分布电容和分布电感组成复杂网路的这一线段，可以等效为理想的并联谐振回路。

　　当 z' 继续增长时，将重复上述变化。

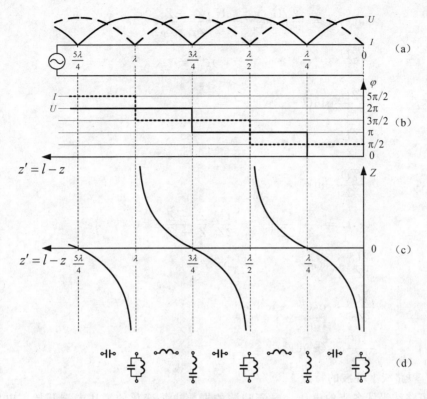

图 2-13 开路线的输入阻抗

2.3.4 终端短路线上的驻波工作状态

末端短路（即负载阻抗为零，$Z_1 = 0$）的无损耗传输线，简称短路线。

（1）短路线形成驻波的末端条件

短路线与开路线一样，也不吸收能量，当入射波传到末端后，依然全部反射回来，形成反射波。

由于短路线的末端负载阻抗为零（$Z_1 = 0$），所以末端的电压也为零，即合成电压为零。则根据传输线方程可知：

在传输线的末端反射电压与入射电压大小相等、相位相反；反射电流与入射电流大小相等、相位相同。

（2）短路线上驻波的形成与驻波方程

因为短路线与开路线的末端条件相反，所以，短路线上的电压驻波相当于开路线上的电流驻波，短路线上的电流驻波相当于开路线上的电压驻波。因此，只要将图 2-12 的波形，把电流改成电压，把电压改成电流，即成为短路线的电压、电流驻波的空间分布和随时间变化的规律。

由于末端短路，$Z_1 = 0$，$\Gamma_1 = -1$，所以末端短路无耗传输线（$\alpha = 0$）方程为

$$u(z,t) = \frac{\sqrt{2}}{2}\left(\frac{U_g}{2}e^{-j\beta z} + \frac{U_g}{2}\frac{Z_1 - Z_0}{Z_1 + Z_0}e^{-j2\beta l}e^{j\beta z}\right)e^{j\omega t} =$$

$$\frac{\sqrt{2}U_g}{4}e^{-j\beta l}(e^{j\beta(l-z)} - e^{-j\beta(l-z)})e^{j\omega t} =$$

$$\frac{\sqrt{2}U_g}{2}j\sin(l-z)e^{-j\beta l}e^{j\omega t} = \tag{2-34a}$$

$$\frac{\sqrt{2}U_g}{2}\sin(l-z)e^{-j\beta l}e^{j(\omega t + \pi/2)} =$$

$$\frac{\sqrt{2}U_g}{2}\sin(z')e^{-j\beta l}e^{j(\omega t + \pi/2)}$$

$$i(z,t) = \frac{\sqrt{2}}{2}\left(\frac{U_g}{2Z_0}e^{-j\beta z} - \frac{U_g}{2Z_0}\frac{Z_1 - Z_0}{Z_1 + Z_0}e^{-j\beta l}e^{-j\beta(l-z)}\right)e^{j\beta z} =$$

$$\frac{\sqrt{2}U_g}{4Z_0}e^{-j\beta l}(e^{j\beta(l-z)} + e^{-j\beta(l-z)})e^{j\omega t} =$$

$$\frac{\sqrt{2}U_g}{2Z_0}\cdot\cos(l-z)e^{-j\beta l}e^{j\omega t} = \tag{2-34b}$$

$$\frac{\sqrt{2}U_g}{2Z_0}\cos(z')e^{-j\beta l}e^{j\omega t}$$

（3）短路线上驻波的特点

a. 短路线沿线各点的电压、电流驻波的振幅也是变化的。从末端开始，电压振幅沿线按正弦规律分布，电流振幅沿线按余弦规律分布。在末端以及距末端 $\lambda/4$ 偶数倍的各点，为电压波节和电流波腹，距末端 $\lambda/4$ 奇数倍的各点，则是电压波腹和电流波节。

b. 沿线各点电流驻波达最大值时，电压驻波为零（如 $t=0$、$T/2\cdots$时），反之，当电压驻波达最大值时，电流驻波为零（如 $t=T/4$、$3T/4\cdots$时），这说明在同一点上（腹点和节点除外）电压驻波与电流驻波的相位相差 $\pi/2$（90°），在 $0\sim\lambda/4$ 线段内，电压导前电流 $\pi/2$，在 $\lambda/4\sim\lambda/2$ 线段内，电压滞后电流 $\pi/2$，以后，每隔 $\lambda/4$，电压与电流的相位关系，重复地交替变换。

c. 在相邻两个节点之间，线上各处的电流或电压相位相同；而在每个节点的两侧，则相位相反。

d. 当电源频率一定时，线上的波腹和波节不再沿线移动。

（4）短路线的输入阻抗

将 $Z_1 = 0$ 代入输入阻抗公式中，经变换得

$$Z_{in} = Z_0\frac{Z_1 + jZ_0\tan\beta(l-z)}{Z_0 + jZ_1\tan\beta(l-z)} =$$

$$jZ_0\tan\beta(l-z) =$$

$$jZ_0\tan\beta(z') \tag{2-35}$$

上式即为短路传输线输入阻抗的表达式。从公式（2-35）可以看出，短路线的输入阻抗为纯电抗，其大小和性质随传输线的长度按正切规律变化，如图 2-14（c）所示，

图中横坐标表示短路线上某点离开末端的距离，纵坐标表示阻抗的性质与大小。图 2-13（d）是各点输入阻抗的等效电路。图 2-14（a）、（b）中分别画出了电压、电流驻波的振幅和相位沿线变化的情况。

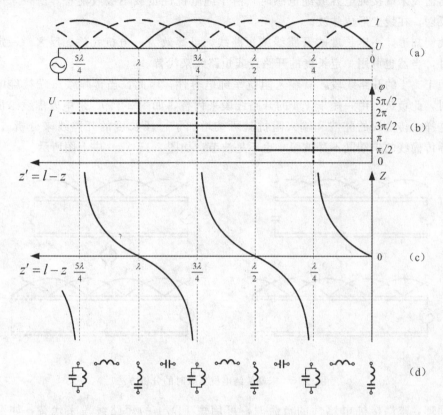

图 2-14　短路线的输入阻抗

从图 2-13 和图 2-14 中可以看出，开路线和短路线上驻波电压、驻波电流和输入阻抗沿线变化的规律，正好相差四分之一波长的距离，只要将开路线的曲线中靠近末端四分之一波长的部分截去，就是短路线的曲线。

短路线输入阻抗的基本概念与开路线一样。但是由于短路线末端条件不同，因此，线上电压、电流驻波的振幅分布、相位关系和输入阻抗沿线的变化规律也是不一样的。其主要不同点如表 2-2 所示。

表 2-2　不同末端条件下，开路线和短路线输入阻抗比较

距末端的距离	开路线的输入阻抗	短路线的输入阻抗
$z'=0$	$Z_{in}=\infty$	$Z_{in}=0$
$0<z'<\lambda/4$	Z_{in} 为纯电容性	Z_{in} 为纯电感性
$z'=\lambda/4$	$Z_{in}=0$ 理想串联谐振	$Z_{in}=\infty$ 理想并联谐振
$\lambda/4<z'<\lambda/2$	Z_{in} 为纯电感性	Z_{in} 为纯电容性
$z'=\lambda/2$	$Z_{in}=\infty$ 理想并联谐振	$Z_{in}=0$ 理想串联谐振

2.3.5 末端接纯电抗负载时线上的驻波

传输线末端接纯电容或纯电感时，由于纯电抗性负载不吸收能量，所以末端也产生全反射，在线上形成驻波。

我们知道，一定长度的开路线或短路线，可等效为一电抗元件。反之，一定的电抗元件，当然也可用一定长度的开路线或短路线来代替。

短于 $\lambda/4$ 的开路线段，其输入阻抗呈纯电容性，因此，当传输线末端接纯电容性负载时，此负载可由一短于 $\lambda/4$ 的开路线段来代替，如图 2-15（a）中以虚线绘出的线段。这样，传输线的驻波和输入阻抗就可按增加了一段长度的开路线来分析。但是，在实际传输线的末端既不是波腹，也不是波节，如图 2-15（a）中上图所示。

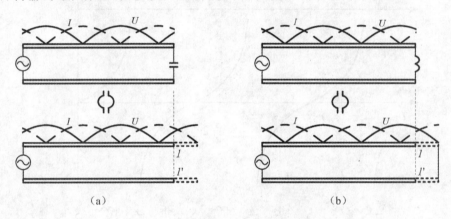

（a）   （b）

图 2-15　末端接纯电抗负载时的分析方法

同理，末端接纯电感性的负载时，可用短于 $\lambda/4$ 的短路线段来代替，如图 2-15（b）中的虚线所示，然后按增加了一段长度的短路线来分析。同样，在实际传输线的末端也不是波腹和波节，如图 2-15（b）中的上图所示。

对比图 2-15 中的上、下两图，可以引出一个有用的概念：即传输线上一定点的输入阻抗可以看成是从该点至电源的传输线段的负载阻抗。如图 2-15 中的下图中 $11'$ 的输入阻抗，就等于上图中的末端的负载阻抗；所以下图中该点的输入阻抗，对从该点至电源的线段来说相当是负载阻抗。需要明确，该点的输入阻抗是传输线在该点向末端负载方向看，对电波呈现的阻抗，它包含了该点到末端传输线的分布参数的阻抗和末端的负载阻抗，它不等于末端的负载阻抗，但对前段的传输线来说相当于是负载阻抗，这是两个不同的含意，两者是不矛盾的。

传输线的输入阻抗是随线长而改变的，所以末端接电容器或电感器可以改变输入阻抗。

例 1　具有特性阻抗 $Z_0 = 450\,\Omega$ 的开路线，当其长度 l 分别为 2 m、2.5 m、4 m、5 m，当线上的电波波长 $\lambda = 10$ m 时，计算其输入阻抗各为多少？

解　根据开路线的输入阻抗公式

$$Z_{\text{in}} = -\mathrm{j}Z_0 \cot\beta(l-z) = -\mathrm{j}Z_0 \cot\beta l = -\mathrm{j}Z_0 \cot\frac{2\pi}{\lambda}l \quad (z=0)$$

a. 当 $l=2$ m 时，$Z_{in}=-j450\cot\dfrac{2\pi}{10}\times2=-j450\cot\dfrac{2\pi}{5}=-j146.3\Omega$

Z_{in} 呈电容性。

b. 当 $l=2.5$ m 时，$Z_{in}=-j450\cot\left(\dfrac{2\pi}{10}\times2.5\right)=0\Omega$

输入阻抗 Z_{in} 为零，相当于理想的串联谐振。

c. 当 $l=4$ m 时，$Z_{in}=-j450\cot\left(\dfrac{2\pi}{10}\times4\right)=j620\Omega$

输入阻抗 Z_{in} 呈电感性。

d. 当 $l=5$ m 时，$Z_{in}=-j450\cot\left(\dfrac{2\pi}{10}\times5\right)=\infty$

输入阻抗 Z_{in} 为无穷大，呈理想的并联谐振。

例 2　具有特性阻抗 $Z_0=505\Omega$ 的短路线，线长为 3.5 m（介质为空气），线上的电波波长 λ 为 5 m，试求其输入阻抗和等效电路元件的数值。

解　根据短路线输入阻抗公式

$$Z_{in}=-jZ_0\tan\beta(l-z)=-jZ_0\tan\beta l=-jZ_0\tan\dfrac{2\pi}{\lambda}l\quad(z=0)$$

将上述数值代入输入阻抗公式得

$$Z_{in}=-jZ_0\tan\dfrac{2\pi}{\lambda}l=j505\tan\left(\dfrac{2\pi}{5}\times3.5\right)=j1554\ \Omega$$

其等效电路为纯电感电路，即 $X_L=1\,554\ \Omega$。

根据 $X_L=\omega L$，可以求出其电感量

$$L=X_L/\omega=X_L/2\pi f=\dfrac{X_L}{2\pi c/\lambda}=1554/\left(2\pi\times\dfrac{3\times10^8}{5}\right)=4.12\mu H$$

所以，短路线输入阻抗为 1554 Ω，等效电路为纯电感电路，其电感量为 $4.12\mu H$。

例 3　有一以空气为介质的传输线，特性阻抗为 600 Ω，线长为 1 m，末端接一电容负载为 800 Ω，电源频率 $f=10^8$ Hz，试求其输入阻抗？

解　为了便于解题，先根据题意画成简图如图 2-16（a）所示。从图中看出，如果直接计算其 Z_{in} 是不好下手的，为此，将电容性负载用一等效的开路线来代替，并计算出它的长度 l_2，然后根据总长度 $l=l_1+l_2$ 直接用输入阻抗公式求解。

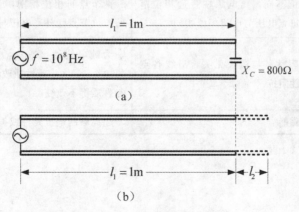

图 2-16　电抗性负载时，Z_{in} 的求法

a. 求 λ 和 l_2

$$\lambda = c/f = 3 \times 10^8 / 10^8 = 3 \text{ m}$$

短于 $\lambda/4$ 的开路线段 l_2，其输入阻抗呈纯电容性

$$Z_{in} = -jZ_0 \cot \frac{2\pi}{\lambda} l_2 = -jX_C$$

所以

$$\cot \frac{2\pi}{\lambda} l_2 = \frac{X_C}{Z_0} = \frac{800}{600} = 1.333$$

$$l_2 \approx 0.308 \text{ m}$$

b. 根据总长度 $l = l_1 + l_2 = 1 + 0.308 = 1.308$ m，求 Z_{in}

$$Z_{in} = -jZ_0 \cot \frac{2\pi}{\lambda} l = -j600 \cot \left(\frac{2\pi}{3} \times 1.308 \right) = j1413.6 \ \Omega$$

故输入阻抗约 1 414 Ω，呈电感性。

通过本节的讨论可知，工作于驻波状态的传输线是不能用来传输电磁能的。但是，由于驻波状态的许多特性，这种特性的传输线被广泛地运用于天线设备和超高频电路中。例如，长度不等于四分之一波长整数倍的短路线段，呈现一定的电抗，可用作电抗元件；长度等于四分之一波长整数倍的短路线段，可用作振荡回路。此外，长度等于四分之一波长的短路线段，其输入阻抗为无限大，可作为金属绝缘支架，用以固定空气绝缘平行线或固定硬同轴线中的内导体。

行波工作状态和驻波工作状态比较如表 2-3 所示。

表 2-3　行波工作状态和驻波工作状态比较

	行波工作状态	驻波工作状态
形成条件 反射情况	末端负载阻抗等于特性阻抗的纯电阻，入射电磁波能量全部被吸收，没有反射	末端开路、短路、纯电抗负载，入射电磁波能量全部被反射
在空间的 变化规律	沿线振幅相等，不同瞬时波形沿线间前平移，电压与电流波形沿线分布相同	沿线振幅不等，波节为零，波腹为入射波的两倍，波腹、波节不沿线移动；不同瞬时波形在原处波动；电压振幅与电流振幅沿线分布不同，两者相差 $\lambda/4$
随时间的 变化规律	各点相位不同，离电源端愈远相位落后愈多；每点电压与电流相位相同	两节点间相位相同，节点两边相位相反；每点（节点除外）电压与电流相位差 90°
输入阻抗	为纯电阻性；与线长无关，沿线各点均等于特性阻抗	为纯电抗性（0～∞）并随线长而改变，每隔 $\lambda/4$，大小或性质改变，每隔 $\lambda/2$，大小与性质都不改变
用途	传输电磁能	超高频的电抗元件或振荡回路

2.4 无损耗传输线上的复合波

复合波是传输线上产生部分反射的状态。当终端接任意负载时，由于 $Z_1 \neq Z_0$，所以终端将产生部分反射。即在传输线路中由入射波和部分反射波相干叠加而形成的驻波，这就是传输线的复合波工作状态，又称行驻波工作状态。

由于 $Z_1 \neq Z_0$，无耗传输线方程可用反射系数来表示，代入公式（2-27）、公式（2-28）和公式（2-31），则

$$u(z,t) = u^+ + u^- =$$
$$u^+ \left(1 + \frac{u^-}{u^+}\right) = u^+ \left(1 + \Gamma\right) =$$
$$u^+ \left(1 + \frac{Z_1 - Z_0}{Z_1 + Z_0} e^{-2j\beta(l-z)}\right) = \tag{2-36a}$$
$$u^+ \left(1 + \Gamma_1 e^{-2j\beta(l-z)}\right) = u^+ \left(1 + |\Gamma_1| e^{j\varphi_1} e^{-2j\beta z'}\right) =$$
$$u^+ \left(1 + |\Gamma_1| e^{j(\varphi_1 - 2\beta z')}\right) =$$
$$u^+ e^{j\varphi} \sqrt{1 + |\Gamma_1|^2 + 2|\Gamma_1| \cos(2\beta z' - \varphi_1)}$$

$$i(z,t) = i^+ + i^- =$$
$$i^+ \left[1 - \left(-\frac{i^-}{i^+}\right)\right] = i^+ \left(1 - \Gamma\right) =$$
$$i^+ \left(1 - \frac{Z_1 - Z_0}{Z_1 + Z_0} e^{-2j\beta(l-z)}\right) = \tag{2-36b}$$
$$i^+ \left(1 - \Gamma_1 e^{-2j\beta(l-z)}\right) = i^+ \left(1 - |\Gamma_1| e^{j\varphi_1} e^{-2j\beta z'}\right) =$$
$$i^+ \left(1 - |\Gamma_1| e^{j(\varphi_1 - 2\beta z')}\right) =$$
$$i^+ e^{j\varphi} \sqrt{1 + |\Gamma_1|^2 - 2|\Gamma_1| \cos(2\beta z' - \varphi_1)}$$

从上面的表达式可以看出，传输线上电压和电流的振幅值为

$$U = U^+ \sqrt{1 + |\Gamma_1|^2 - 2|\Gamma_1| \cos(2\beta z' - \varphi_1)} \tag{2-37a}$$

$$I = I^+ \sqrt{1 + |\Gamma_1|^2 - 2|\Gamma_1| \cos(2\beta z' - \varphi_1)} \tag{2-37b}$$

根据传输线上电压和电流的振幅值的表达式，我们来研究传输线在 $Z_1 \neq Z_0$ 的情况下，线上电压、电流的分布情况。

2.4.1 沿线电压、电流的分布

为形象描绘行驻波状态下沿线驻波的分布特性，必须知道波的腹点和节点的大小及其位置。

（1）波腹点和波节点的大小

当 $\cos(2\beta z' - \varphi_1) = 1$ 时，出现电压腹点、电流节点，且

$$U_{\max} = U^+ \sqrt{1+|\varGamma_1|^2 - 2|\varGamma_1|} = U^+ (1+|\varGamma_1|) \qquad (2\text{-}38a)$$

$$I_{\min} = I^+ \sqrt{1+|\varGamma_1|^2 - 2|\varGamma_1|} = I^+ (1-|\varGamma_1|) \qquad (2\text{-}38b)$$

当 $\cos(2\beta z' - \varphi_1) = -1$ 时，出现电压节点、电流腹点，且

$$U_{\min} = U^+ \sqrt{1+|\varGamma_1|^2 - 2|\varGamma_1|} = U^+ (1-|\varGamma_1|) \qquad (2\text{-}39a)$$

$$I_{\max} = I^+ \sqrt{1+|\varGamma_1|^2 + 2|\varGamma_1|} = I^+ (1+|\varGamma_1|) \qquad (2\text{-}39b)$$

上面的公式即是常用来计算腹点、节点幅值的公式。由公式可见，由于 $|\varGamma_1| < 1$，反射波小于入射波，因而合成波腹点的幅值小于入射波的两倍，节点的值也不为零，这是行驻波与驻波不同之处。

（2）波腹点和波节点的位置

如前如述，当 $\cos(2\beta z' - \varphi_1) = 1$ 时出现电压腹点、电流节，这就要求 $2\beta z' - \varphi_1 = 2n\pi$。由此求得电压腹点（电流节点）的位置为

$$z'_{\max} = \frac{\lambda \varphi_1}{4\pi} + n\frac{\lambda}{2} \qquad (n = 0,\ 1,\ 2,\ \cdots) \qquad (2\text{-}40)$$

距终端出现的第一个电压腹点的位置为

$$z'_{\max 1} = \frac{\lambda \varphi_1}{4\pi} \qquad (2\text{-}41)$$

当 $\cos(2\beta z' - \varphi_1) = -1$ 时出现电压节点、电流腹点，这就要求 $2\beta z' - \varphi_1 = 2n\pi$。由此求得电压节点、电流腹点的位置为

$$z'_{\min} = \frac{\lambda \varphi_1}{4\pi} + (2n+1)\frac{\lambda}{4} \qquad (n = 0,\ 1,\ 2,\ \cdots) \qquad (2\text{-}42)$$

距终端出现的第一个电压节点的位置为

$$z'_{\min 1} = \frac{\lambda \varphi_1}{4\pi} + \frac{\lambda}{4} = z'_{\min 1} + \frac{\lambda}{4} \qquad (2\text{-}43)$$

由上列各式可见，腹点、节点位置取决于 φ_1，即取决于负载阻抗的性质。下面将分别讨论终端接不同负载阻抗时传输线上的电压、电流分布情况。

（3）不同负载阻抗时传输线上的电压、电流分布情况

a. 当 $Z_1 = R_1 < Z_0$（终端接小电阻）时：

此时 $\varphi_1 = \pi$，故 $z'_{\max 1} = \lambda/4$ 或 $z'_{\min 1} = 0$。由此得出结论：当终端接小于特性阻抗的纯电阻负载时，终端处为电压节点、电流腹点。沿线电压、电流振幅分布示于图 2-17（a）所示。

b. 当 $Z_1 = R_1 > Z_0$（终端接大电阻）时：

此时 $\varphi_1 = 0$，故 $z'_{\max 1} = 0$ 或 $z'_{\min 1} = \lambda/4$。由此得出结论：当终端接大于特性阻抗的纯电阻负载时，终端处为电压腹点、电流节点。沿线电压、电流振幅分布如图 2-17（b）所示。

c. 当 $Z_1 = R_1 + jX_1$（终端接感性复阻抗）时：

将 $Z_1 = R_1 + jX_1$ 代入公式（2-30）得

$$\varphi_1 = \arg\left[\frac{Z_1 - Z_0}{Z_1 + Z_0}\right] = \arctan\frac{2X_1 Z_0}{R_1^2 + X_1^2 - Z_0^2} \qquad (2\text{-}44)$$

可见 $0 < \varphi_1 < \pi$，于是 $0 < z_{\text{max}1} < \lambda/4$。故可得到结论：当终端接感性复阻抗时，离开终端第一个出现的是电压腹点、电流节点。沿线电压、电流振幅分布如图 2-17（c）所示。

d. 当 $Z_1 = R_1 - jX_1$（终端接容性复阻抗）时：

将 $Z_1 = R_1 - jX_1$ 代入公式（2-30）得

$$\varphi_1 = \arg\left[\frac{Z_1 - Z_0}{Z_1 + Z_0}\right] = \arctan\frac{-2X_1/Z_0}{R_1^2 + X_1^2 - Z_0^2} \tag{2-45}$$

可见 $0 < \varphi_1 < 2\pi$，于是 $\lambda/4 < z_{\text{max}1} < \lambda/2$。故可得到结论：当终端接容性复阻抗时，离开终端第一个出现的是电压节点、电流腹点。沿线电压、电流振幅分布如图 2-17（d）所示。

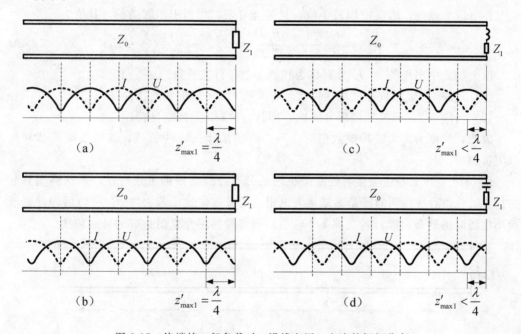

图 2-17　终端接一般负载时，沿线电压、电流的振幅分布

在实际测量中，结论 c、d 说明：在所测得的驻波曲线中，若距终端小于 $\lambda/4$ 处出现的是电压腹点，则被测负载可断定为感性复阻抗；若出现的是电压节点，则被测负载可断定为容性复阻抗。

2.4.2　阻抗特性

当终端接任意负载阻抗时，无耗线上任一点的阻抗

$$Z_{\text{in}} = Z_0\frac{Z_1 + jZ_0\tan\beta(l-z)}{Z_0 + jZ_1\tan\beta(l-z)} = R + jX \tag{2-46}$$

将 $Z_1 = R_1 \pm jX_1$ 代入上式，分离实部和虚部，得到

$$R = Z_0^2 R_1\frac{\sec^2\beta z'}{(Z_0 \mp \tan\beta z')^2 + (R_1\tan\beta z')^2} \tag{2-47a}$$

$$R = Z_0 \frac{\pm (Z_0 \mp \tan\beta z')(X_1 + Z_0 \tan\beta z') - (R_1^2 \tan\beta z')}{(Z_0 \mp X_1 \tan\beta z')^2 + (R_1 \tan\beta z')^2} \tag{2-47b}$$

根据公式（2-47），可绘出终端接任意复阻抗情况下沿线路的阻抗分布曲线，如图 2-18 所示。

由图可见，沿线阻抗分布具有如下特点。

（1）沿线阻抗周期性变化。

在波腹点、波节点处，阻抗呈纯阻性（$X=0$），阻抗变化周期为 $\lambda/2$。

在电压腹点处，阻抗出现最大值，且为纯电阻，相当于并联谐振，其值为

$$Z_{max} = R_{max} = \frac{U_{max}}{I_{min}} = \frac{U^+ (1 + |\Gamma_1|)}{I^+ (1 - |\Gamma_1|)} = Z_0 \frac{(1 + |\Gamma_1|)}{(1 - |\Gamma_1|)} = Z_0 \rho > Z_0 \tag{2-48}$$

在电压节点处，阻抗出现最小值，且为纯电阻，相当于串联谐振，其值为

$$Z_{min} = R_{min} = \frac{U_{min}}{I_{max}} = \frac{U^+ (1 - |\Gamma_1|)}{I^+ (1 + |\Gamma_1|)} = Z_0 \frac{(1 - |\Gamma_1|)}{(1 + |\Gamma_1|)} = Z_0 K < Z_0 \tag{2-49}$$

以上二式中出现的 ρ、K 分别称为驻波系数和行波系数。

（2）每隔 $\lambda/4$，阻抗性质变换一次，即具有"$\lambda/4$ 阻抗变换特性"。

（3）每隔 $\lambda/2$，阻抗性质重复一次，即具有"$\lambda/2$ 阻抗重复特性"。

因此，长度为 $\lambda/2$ 或其整数倍时，不论终端接什么样的负载，其输入阻抗都和负载阻抗相等。

图 2-18 实际上是终端接容性复阻抗时的分布曲线。根据上述特性，若从终端算起去掉 d_{max} 一段后所得到的即是终端接大电阻时的分布曲线；若去掉 d_{min} 一段后即得终端接小电阻时的分布曲线；若去掉 $\lambda/4$ 段后即得终端接感性复阻抗时的分布曲线。

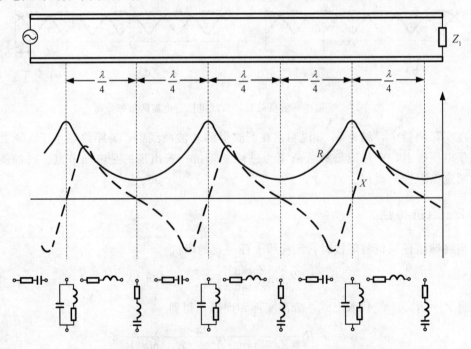

图 2-18　终端接容性复阻抗时，线上电阻 R 和电抗 X 的分布情况

2.4.3 行波系数和驻波系数

当负载为复数阻抗时，传输线上既有行波成分也有驻波成分。为描述传输线上复合波中行波的大小，引入行波系数和驻波系数的概念。

（1）行波系数

把波节点电压（或电流）与波腹点电压（或电流）之比，称为行波系数，用 K 表示，即

$$K = \frac{U_{\min}}{U_{\max}} = \frac{I_{\min}}{I_{\max}} = \frac{1 - |\Gamma|}{1 + |\Gamma|} \tag{2-50}$$

由此可见：

a. 当 $Z_1 = Z_0$ 时，$|\Gamma| = 0$，$K = 1$，表示传输线上传输的是行波；

b. 当 $Z_1 = 0$、∞ 或 $\pm jX_1$ 时，$|\Gamma| = 1$，$K = 0$，表示传输线上传输的是驻波；

c. 当 $Z_1 = R_1 \pm jX_1$ 时，$0 < |\Gamma| < 1$，$0 < K < 1$，表示传输线上传输的是行驻波。

所以，行波系数 K 愈接近于 1 愈好，表明行波分量愈大。通常当 $K = 0.8$ 时，便认为传输线上传输的行波分量足够高，基本达到匹配了。

（2）驻波系数

实用中更多的是采用电压驻波系数（又称电压驻波比）来描述传输线上的工作状态。

传输线上波腹点电压与波节点电压之比称为电压驻波系数，用 ρ 表示，即

$$\rho = \frac{U_{\max}}{U_{\min}} = \frac{1 + |\Gamma|}{1 - |\Gamma|} \tag{2-51}$$

根据定义可知 K 与 ρ 互为倒数关系，即 $\rho = 1/K$。由此可见：

a. 当 $Z_1 = Z_0$ 时，$|\Gamma| = 0$，$\rho = 1$，表示传输线上传输的是行波；

b. 当 $Z_1 = 0$、∞ 或 $\pm jX_1$ 时，$|\Gamma| = 1$，$\rho = \infty$，表示传输线上传输的是驻波；

c. 当 $Z_1 = R_1 \pm jX_1$ 时，$0 < |\Gamma| < 1$，$1 < \rho < \infty$，表示传输线上传输的是行驻波。

因此，驻波系数 ρ 愈接近于 1 愈好，ρ 愈小表明驻波分量愈小、行波分量愈大。实用中对 ρ 有一定要求，例如，对雷达馈电系统一般要求 $\rho \leqslant 1.5$；微波测量中一般要求 $\rho \leqslant 1.2$ 或更小。

2.5 传输线的匹配

2.5.1 传输线匹配的一般概念

传输线的匹配就是将不等于特性阻抗的负载变换成为等于特性阻抗的负载，使传输线上呈现行波状态。因为在行波状态下传输电磁能，线上不存在反射波，行波系数最大，能量损耗最小，传输的功率容量最大，传输效率最高；同时，由于传输线的输

入阻抗等于特性阻抗，不随电源频率变化，因此对发射机工作的影响也最小。

当传输线同电源、负载不匹配时，常在传输线与电源、负载之间加接匹配装置，将不等于特性阻抗的电源、负载的阻抗变换为等于特性阻抗，如图 2-19 所示。传输线同负载匹配，是为了获得最佳的传输能力，传输线同电源匹配，是为了使传输线从电源获得最大功率。

图 2-19 匹配装置示意图

传输线与电源匹配同传输线与负载匹配的原理是一样的，因此下面以传输线与负载匹配为例来说明各种匹配装置的工作原理。

2.5.2 各种匹配装置的工作原理

各种匹配装置，都是利用有反射波存在时，传输线的输入阻抗可以改变的特性来进行阻抗匹配的。这种特性主要表现在以下两点：

第一，当传输线末端接有任意负载而产生部分反射时，传输线的输入阻抗一般地来说为复阻抗，当改变某一段传输线的长度和特性阻抗，就可以使输入阻抗中的电阻成分和电抗成分在很大范围内变化。

第二，当传输线末端短路（或开路）而产生全反射时，传输线的损耗很小，其输入阻抗为纯电抗（感抗或容抗）。改变传输线的长度和特性阻抗，电抗的数值也可以发生很大的变化。

根据以上特性，可以选用适当长度和适当特性阻抗的传输线段来完成匹配作用，亦即对负载进行阻抗变换：一种方法是，将负载阻抗变为纯电阻（对于纯电阻负载，这一变换可以省去），再将其变换为与主传输线的特性阻抗相等；另一种方法是，先将负载阻抗变为某一复阻抗，使该复阻抗的电阻部分等于主传输线的特性阻抗，其电抗部分用跨接的短路（或开路）线段来进行抵消。

运用了匹配装置后，虽然可以使主传输线得到匹配，消除了线上的反射波，但是作为匹配装置的传输线段上却存在着反射波。这种情况表明，传输线的匹配正是利用了匹配装置中存在的反射波去消除主传输线上的反射波。为消除反射波而利用反射波，说明了在一定条件之下，矛盾的东西能够统一起来，两个相反的东西，同时却是相成的东西。这种相反相成的作用，也就是所有匹配装置工作的基础。

（1）$\lambda/4$ 阻抗匹配器

$\lambda/4$ 阻抗匹配器是一节长度为 $\lambda/4$ 的传输线段，它串接在主传输线与负载之间，如图 2-20 所示。这种匹配器工作于复合波状态，主要用来对纯电阻性的负载进行阻抗变换，只要匹配器特性阻抗的大小选择合适，就能使主传输线得到匹配。

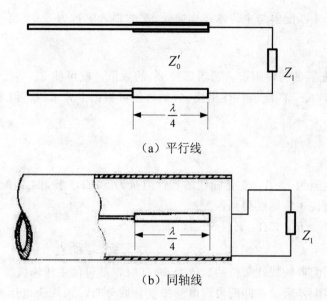

（a）平行线

（b）同轴线

图 2-20 $\lambda/4$ 阻抗匹配器

当负载 $Z_1 = R$（纯电阻）大于主传输线的特性阻抗 Z_0 时，就要设法通过 $\lambda/4$ 阻抗匹配器将大阻抗逐渐减小到与 Z_0 相等，如图 2-21（a）所示。

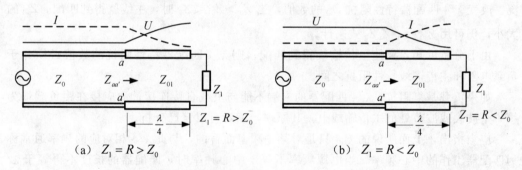

（a）$Z_1 = R > Z_0$ 　　　　　　　　（b）$Z_1 = R < Z_0$

图 2-21 应用 $\lambda/4$ 阻抗匹配器时，传输线上电压和电流的分布

我们知道，在距终端 $\lambda/4$ 处的输入阻抗，可将 $z' = \lambda/4$ 代入输入阻抗公式得

$$Z_{\text{in}} = Z_0 \frac{Z_1 + jZ_0 \tan\beta z'}{Z_0 + jZ_1 \tan\beta z'} = Z_0 \frac{Z_1 + jZ_0 \tan\left(\frac{2\pi}{\lambda} \times \frac{\lambda}{4}\right)}{Z_0 + jZ_1 \tan\left(\frac{2\pi}{\lambda} \times \frac{\lambda}{4}\right)} =$$

$$(2\text{-}52)$$

$$Z_0 \frac{Z_1 + jZ_0 \tan\frac{\pi}{2}}{Z_0 + jZ_1 \tan\frac{\pi}{2}} = Z_0 \frac{Z_0 + Z_1/j\tan\frac{\pi}{2}}{Z_1 + Z_0/j\tan\frac{\pi}{2}}$$

由于 $\tan\frac{\pi}{2} = \infty$，所以

$$Z_{\lambda/4} = \frac{Z_0^2}{Z_1} \tag{2-53}$$

因此，在 $\lambda/4$ 匹配器与主传输线连接处 aa' 的输入阻抗为

$$Z_{aa'} = \frac{Z_{01}^2}{Z_1}$$

其中，Z_{01} 为匹配器的特性阻抗，适当选择 Z_{01} 的数值，就可使 $Z_{aa'}$ 等于主传输线的特性阻抗 Z_0 而实现匹配。匹配器特性阻抗 Z_{01} 的数值可根据上式求得。因为

$$Z_{aa'} = Z_0$$

所以

$$Z_{01} = \sqrt{Z_1 Z_0} \tag{2-54}$$

例 负载电阻为 $73\ \Omega$，主传输线的特性阻抗为 $50\ \Omega$，求 $\lambda/4$ 匹配器的特性阻抗应为多少时，才能使主传输线得到匹配？

解 已知 $Z_1 = R = 73\Omega$，$Z_0 = 50\ \Omega$，则

$$Z_{01} = \sqrt{Z_1 Z_0} = \sqrt{73 \times 50} \approx 60\ \Omega$$

故当 $\lambda/4$ 匹配器的特性阻抗的数值为 $60\ \Omega$ 时，就可使主传输线得到匹配。

接上 $\lambda/4$ 匹配器后，在匹配段内电波按复合波分布，末端为电压波腹和电流波节，经阻抗变换后，电压振幅逐渐减小，电流振幅逐渐增大，至 aa' 及其以左时，电波即按行波分布，而处于匹配状态。

图 2-21（b）是负载电阻 $Z_1 = R$（纯电阻）小于主传输线特性阻抗 Z_0 时的匹配情况。改变 $\lambda/4$ 匹配器特性阻抗 Z_{01} 的数值，当 $Z_0 > Z_{01} < Z_1$ 时，主线就得到匹配。Z_{01} 的大小，仍可用 $Z_{01} = \sqrt{Z_1 Z_0}$ 式来计算。

由上分析可知，要使主传输线得到匹配，则 $\lambda/4$ 匹配器特性阻抗的数值必须介于负载电阻和主传输线特性阻抗之间。

如果负载是复阻抗，$\lambda/4$ 匹配器的末端不能与负载直接连接，而应接在距负载端为第一个波腹或波节处的主传输线上，其原理，读者可以自己分析。

应当指出，上面所说的 $\lambda/4$ 只是对某一频率而言的，与此 $\lambda/4$ 相对应的频率通常称为匹配器工作的中心频率。当电源频率不等于中心频率时，匹配器的长度不再等于 $\lambda/4$，匹配器的输入阻抗也产生相应的变化，这时主传输线就不能再保持良好的匹配了。因此 $\lambda/4$ 匹配器是一种窄频带的匹配装置。

（2）多节 $\lambda/4$ 阻抗匹配器

多节 $\lambda/4$ 阻抗匹配器是由几节特性阻抗不同的 $\lambda/4$ 线段串联而成的。与单节 $\lambda/4$ 其匹配原理是相同的，因此只要适当选择各节 $\lambda/4$ 线段的特性阻抗，就可以使主传输线得到匹配，所不同的是它能使传输线在较宽的频率范围内保持匹配，因而具有宽频带特性。

在选择匹配器中各节 $\lambda/4$ 线段的特性阻抗时，通常要求各节线段都具有相同的阻抗变换比（即线段末端阻抗与输入阻抗之比）而且必须保证经过阻抗变换后，匹配器的输入阻抗能与主传输线的特性阻抗相等。现以图 2-22 所示的两节 $\lambda/4$ 匹配器为例，来说明如何选择各节线段的特性阻抗。

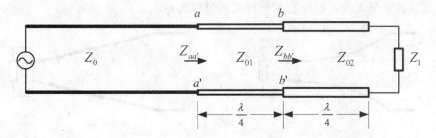

图 2-22 多节 λ/4 阻抗匹配器

由于每一节匹配器都等于 $\lambda/4$，因此

$$Z_{bb'} = Z_{02}^2/Z_1 \qquad (2\text{-}55a)$$

$$Z_{aa'} = Z_{01}^2/Z_{bb'} \qquad (2\text{-}55b)$$

又由于要求每节线段的阻抗变换比相等，即

$$Z_1/Z_{bb'} = Z_{bb'}/Z_0$$

或写成

$$Z_{bb'} = \sqrt{Z_1 Z_0} \qquad (2\text{-}56)$$

将公式（2-56）代入公式（2-55），可求得各节匹配段的特性阻抗为

$$Z_{01} = \sqrt[4]{Z_0^3 Z_1} \qquad (2\text{-}57)$$

$$Z_{02} = \sqrt[4]{Z_0 Z_1^3} \qquad (2\text{-}58)$$

例如，$Z_1 = 100\Omega$，$Z_0 = 400\Omega$，则两线段的特性阻抗应分别为 $Z_{01} = 283\Omega$、$Z_{02} = 142\Omega$。若将 Z_1 与 Z_0 的数值互换，则 Z_{01} 和 Z_{02} 的数值也应互相调换。

从这个例子中可以看出，多节 $\lambda/4$ 阻抗匹配器中各节线段特性阻抗的数值应介于负载电阻 Z_1 和主传输线特性阻抗 Z_0 之间，并且当 $Z_1 < Z_0$ 时，应逐节增大；反之，$Z_1 > Z_0$ 时，应逐节减小。

（3）渐变线

传输线除了利用特性阻抗均匀的 $\lambda/4$ 线段进行匹配外，还可以利用特性阻抗逐渐改变的渐变线进行匹配。渐变线是两根导线的间距（或内、外导体的间距）逐渐改变的线段，其一端的特性阻抗等于传输线的特性阻抗，而另一端的特性阻抗又与负载电阻（或另一传输线的特性阻抗）相等。渐变线的特性阻抗，沿线按指数规律变化的，称为指数型渐变线，如图 2-23（a）所示；渐变线的特性阻抗，沿线按直线规律变化的，称为直线型渐变线，如图 2-22（b）所示。

当传输线与负载之间接有渐变线时，由于渐变线的特性阻抗是缓慢地改变，所以电波在沿线传输过程中，反射很小；若线的长度足够长时，则特性阻抗渐变愈缓，几乎能不产生反射。但是线段太长了，不仅使用不便，而且匹配效果的增高也不明显。所以，在实用中，渐变线的长度一般是近半波长（$\lambda/2$）的整数倍。

如果指数型渐变线两端所要匹配的阻抗相差不很多，指数线就接近直线型渐变线了。在实用中，指数线加工比较困难，故常用的往往就是直线型渐变线段。

由于渐变线是利用其特性阻抗渐变的特性来完成匹配作用的，而特性阻抗的改变与线上电波的频率无关，所以它是一种宽频带匹配器。

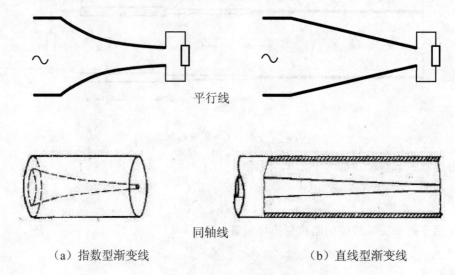

平行线

同轴线

（a）指数型渐变线　　　　　　　　　（b）直线型渐变线

图 2-23　指数型渐变线与直线型渐变线

（4）补偿式宽频带匹配器

补偿式宽频带匹配器是在 λ/4 匹配器的基础上，再接入各种不同的补偿线段，使它们具有宽频带的特性。这类匹配器可以分为串联、并联和复联三种形式。下面仅介绍串联补偿式宽频带匹配器。

图 2-24 是串联补偿式宽频带匹配器，其中 l_1 为 λ/4 匹配器，l_2 为末端开路的补偿线段，其长度也为 λ/4。当负载电阻 Z_1 小于主传输线的特性阻抗 Z_0 时，补偿线段 l_2 应串接于 λ/4 匹配器与主传输线相连接的一端；反之，若负载电阻 Z_1 大于主传输线的特性阻抗 Z_0 时，则补偿线段 l_2 应串接于负载与 λ/4 匹配器之间。这种匹配器一般用在 $Z_1 = R < Z_0$ 的情况，故补偿线段 l_2 的连接如图 2-24（a）所示。

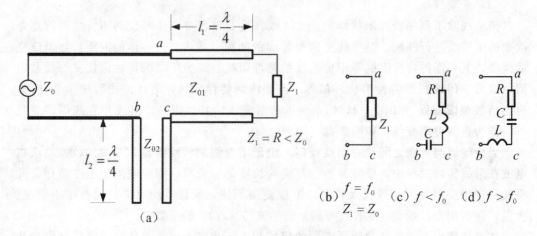

图 2-24　串联补偿式宽频带匹配器

当传输线上电波的频率为中心频率 f_0 时，l_1 与 l_2 的长度均为 λ/4，l_2 的输入阻抗为零，如同短路。因此，只要 $Z_{01} = \sqrt{Z_1 Z_0}$，便可使负载与主传输线匹配。

当电波的频率不为中心频率时，则线段 l_1 和 l_2 的输入端（即 ac 端和 bc 端）所呈现的电抗性质恰好相反。因此，可以利用这两种不同性质的电抗相互补偿的作用来达到宽频带匹配的目的。例如，当电波的频率略有降低时，l_1 和 l_2 的长度都略短于 $\lambda/4$，这时 ac 端的阻抗中电阻部分仍接近于特性阻抗 Z_1，但另外有了感抗成分，而 be 端则为纯容抗，如图 2-24（c）的等效电路，反之，若电波的频率略有升高，则与上述情况相反，如图 2-24（d）的等效电路。

由此可见，当频率在一定范围内变化时，只要适当地选择 Z_{02} 的数值（bc 端电抗的大小与 Z_{02} 成正比），就可使 bc 端的电抗和 ac 端的电抗基本上互相抵消，而使主传输线得到匹配。Z_{02} 的大小可由下式计算

$$Z_{02} = Z_{01} \left(\frac{Z_0}{Z_1} - 1 \right) \tag{2-59}$$

这种匹配装置的缺点是，仅能起到减小电抗的作用，电阻成分仍不能等于主传输线的特性阻抗，因此，宽频带匹配特性并不理想。

小　结

1. 传输线是"长线"，它是由分布电感 L_1、分布电容 C_1、分布电阻 R_1、分布电导 G_1 构成的分布参数电路。

2. 由于传输线是分布参数电路，它与集总参数电路有着本质的不同，因此要认识传输线上的电现象，不能采用一般电路的分析方法，而要从分析传输线上电波的运动入手。

3. 传输线上能量传输的物理本质是电磁波的运动，其运动规律遵循右手螺旋定则 [乌莫夫-坡印廷（Poynting, J.）矢量]。

当电磁波从波源端沿传输线向末端传输的过程中，会出现三种形式：

（1）当传输线为无限长或末端负载阻抗是等于特性阻抗的纯电阻（$Z_1 = R = Z_0$）时，电波一往直前，不被反射，或全部被负载吸收，线上处于行波状态。

（2）如果传输线的末端为开路、短路或纯电抗时，电波传输到末端，能量不被吸收而全部反射回来，线上既有入射波又有反射波，其合成波即为驻波状态。

（3）若传输线的末端为任意电阻或复阻抗时，电波传到末端能量被部分吸收、部分反射，反射波小于入射波，线上的合成波即为复合波状态。

4. 传输线上任意点的电压（$u^+ + u^-$）与电流（$i^+ + i^-$）的比值，表示该点视向末端所呈现的输入阻抗。

在行波状态下，任意点的输入阻抗都相等，即 $Z_{in} = Z_0 = Z_1$，为纯电阻性。

在驻波和复合波状态下，输入阻抗的大小和性质，则随负载阻抗 Z_1、特性阻抗 Z_0、线长 z' 和电波波长 λ 的不同而改变，每隔 $\lambda/4$，Z_{in} 向其相反方面变化，但每隔 $\lambda/2$，Z_{in} 保持不变，驻波时，Z_{in} 为纯电抗，复合波时，Z_{in} 为复阻抗。

5. 传输线的应用可以分为两大方面：

（1）用来传输高频电磁能。为了提高传输效能使负载获得最大功率，必须解决传

输线与负载、电源之间的匹配。传输线的匹配是用匹配装置来完成的，虽然它的种类很多，但基本原理相同。都是利用匹配装置存在的反射波去消除主传输线上的反射波，从而使不等于主线特性阻抗的负载变换成等于主线特性阻抗的负载。

为了最有效地将能量传输给负载，还需考虑传输线与负载、电源之间的平衡。传输线的平衡是用平衡变换装置来完成的。虽然它的种类也不少，但基本原理也相同。即根据输入阻抗的变化规律，设置关卡，控制通阻，使电源输出最大功率，负载得到最大功率。

（2）用来作各种高频元件，如滤波器、绝缘支架、谐振回路、收发开关和定向耦合器等。

第 3 章　微波传输线

　　低频传输线由于工作波长很长，一般都属"短线"范围，分布参数效应均被忽略，它们在电路中只起连接线的作用。因此，在低频电路不需要对传输线问题加以专门研究。当频率达到微波波段以上，分布参数效应已不可忽视了，这时的传输线不仅起连接线把能量或信息由一处传至另一处的作用，还可以构成微波元器件。同时随着频率的升高，所用传输线的种类也不同。但不论哪种微波传输线都有一些基本要求，它们是：（1）损耗要小。这不仅能提高传输效率，还能使系统工作稳定；（2）结构尺寸要合理，使传输线功率容量尽可能地大；（3）工作频带宽。即保证信号无畸变地传输的频带尽量宽；（4）尺寸尽量小且均匀，结构简单易于加工，拆装方便。

　　假如传输线各处的横向尺寸、导体材料及介质特性都是相同的，这种传输线就称为均匀传输线，反之则为非均匀传输线。

　　均匀传输线的种类很多。作为微波传输线有平行双线、同轴线、波导、带状线以及微带线等不同形式。本章讨论几种常用的微波传输线，波导将在第 4 章进行介绍。

3.1　双线传输线

　　所谓双线传输线是由两根平行而且相同的导体构成的传输系统。导体横截面是圆形，直径为 d，两根导体中心间距为 D，如图 3-1 所示。

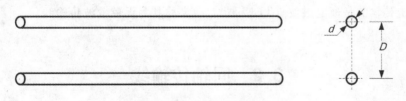

图 3-1　平行双线传输线

3.1.1　特性阻抗

根据第 2 章的讨论可知，利用表 2-1 和公式（2-13），可求得双线传输线的特性阻抗为

$$Z_0 = \sqrt{\frac{L_1}{C_1}} = \frac{120}{\sqrt{\varepsilon_r}} \ln \frac{D + \sqrt{D^2 - d^2}}{d} =$$

$$\frac{120}{\sqrt{\varepsilon_r}} \ln \frac{2D}{d} = \frac{276}{\sqrt{\varepsilon_r}} \lg \frac{2D}{d} \tag{3-1}$$

若双导线周围介质为空气，则只须将 ε_r 代入上式即可。双线的特性阻抗一般为（250～700）Ω，常用的是 250 Ω、300 Ω、400 Ω 和 600 Ω 几种。

3.1.2　传输特性

平行双线是最简单的一种传输线，但它裸露在外，当频率升高时，将出现一系列缺点，使之失去实用价值。这些缺点如下。

（1）趋肤效应显著

由于电流趋肤深度与频率的平方根成反比，因而随频率增高，趋肤深度减小，电流分布愈集中于表面，于是电流流过导体的有效面积减小，使得导线中的热损耗增大。

（2）支撑物损耗增加

在结构上为保证双导线的相对位置不变，需用介质或金属绝缘子（λ/4 终端短路线）做支架，这就引起介质损耗或附加的热损耗，随频率的升高，介质损耗将随之增大。

（3）辐射损耗增加

双导线裸露在空间，随着频率的升高，电磁波将向四周辐射，形成辐射损耗。这种损耗也随频率的升高而增加。当波长与线的横向尺寸差不多时，双线基本上变成了辐射器，此时双线已不能再传输能量了。

上面提到的金属绝缘子是用来做支架的 λ/4 终端短路线。此时由主传输线向"支架"看进去的输入阻抗很大（理想情况为无限大），因此，它对于传输线上的电压和电流分布几乎没影响。它相当于一个绝缘子，因它是金属材料做成的，故称其为金属绝缘子。

双线上传输的是横电磁波（TEM 波），故又称其为无色散波传输线。

3.2　同轴传输线

同轴传输线（简称同轴线）也属双导体传输系统。它由两个内导体和与它同心的外导体构成，内、外导体半径分别为 a、b，如图 3-2 所示。

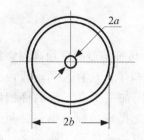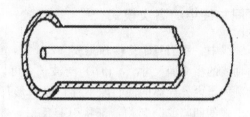

图 3-2 同轴线

同轴线又有硬同轴和软同轴之分。硬同轴线外导体是一根铜管，内导体是一根铜棒或铜管。硬同轴线中一般不填充介质，但为了支撑内导体并保持与外导体同心，可每隔一段距离放置介质环。软同轴线又称同轴电缆，这种电缆的内导体是单根或多股绞成的铜线，外导体由细铜丝编织而成，中间填充低损耗介质（如聚氯乙烯或聚四氟乙烯等塑料）。高频同轴电缆可以弯曲，使用方便，其缺点是损耗较大，功率容量小。

3.2.1　同轴线中电磁波传输的主模式

同轴线中电磁波传输的主模式是横电磁波（TEM 波）。在这种情况下，电磁场只分布在横截面内，无纵向分量。同轴线中的主模式 TEM 波的场分布，如图 3-3 所示。

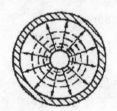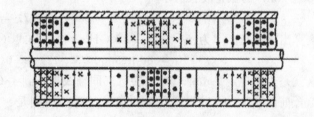

图 3-3　同轴线中 TEM 波的场分布

由图中可见，对于同轴线中的主模式 TEM 波电场仅存在于内外导体之间且呈辐射状。磁场则配置在内外导体之间，形成以内导体为中心处处与电场正交的磁力线环（图中虚线所示）。在无反射情况下，沿轴线方向，电场与磁场均以行波方式在传输线上传输。

3.2.2　同轴线的特性阻抗

根据表 2-1，同轴线的特性阻抗

$$Z_0 = \sqrt{\frac{L_1}{C_1}} = \frac{60}{\sqrt{\varepsilon_r}} \ln \frac{b}{a} = \frac{138}{\sqrt{\varepsilon_r}} \lg \frac{b}{a} \tag{3-2}$$

同轴线的特性阻抗一般为（40～100）Ω，常用的是 50 Ω、75 Ω 两种。

3.2.3 同轴线中的高次模式

在同轴线中，我们只希望传输主模 TEM 波，但当传播信号频率增高时，波长随之缩短，同轴线的横截面尺寸（a 和 b）与波长 λ 可以比拟了。这样，同轴线内的任何微小变化，例如，内外导体的同心度不佳，或圆形尺寸因加工不良出现的椭圆度，或内外导体上出现的凹陷或凸起物，都将引起反射，并随之出现场强的轴向分量，高次模式的边界条件建立了起来，就是说，高次模将伴随主模式传播了。换言之，除了主模式 TEM 波外，在同轴线上还可能存在无穷多个色散的高次模式，包括横电波（H_{mn}）和横磁波（E_{mn}）。在这些高次模式中，截止波长最长（截止频率最低）的是 H_{11} 波。因此为确保同轴线中主模 TEM 波的单模传输，只要使 H_{11} 波截止，则其余所有的高次模式就全部截止了，就是说在第一高次模式（H_{11}）截止频率以下，将只传输主模 TEM 波，但当高过该频率时，会产生并传输第二高次模式波。

为有效地抑制高次模，保证主模 TEM 波的单模传输，要求同轴线的工作波长必须满足

$$\lambda > 1.1(\lambda_c)_{H_{11}} = 3.456(a+b) \tag{3-3}$$

使用大尺寸的同轴线，损耗变小，功率容量可大大增加。但是，同轴线尺寸的增大将受到第一高次模的截止频率的限制。例如，7 mm 空气同轴线（$a = 1.542$ mm、$b = 3.505$ mm）的截止波长为

$$(\lambda_c)_{H_{11}} \approx \pi(1.542 + 3.505) = 5.047\pi = 15.86 \text{mm}$$

换算出该截止频率为 $f_c = C/\lambda_c = 19$ GHz，根据公式（3-2），其特性阻抗为

$$Z_0 = 60\ln(3.505/1.542) \approx 50\Omega$$

这就是通常规定 7 mm、50 Ω 的空气同轴线工作到 18GHz 的原因。

综合前面讨论，可以得到同轴线尺寸的选择原则是：第一要保证在给定工作频带内只传输 TEM 波；第二要满足功率容量要求；第三是损耗要小。

为保证在频带内只存在主模 TEM 波，必须使最短工作波长大于最低的高次模 H_{11} 波的截止波长，实际上，同轴线的尺寸已经标准化。上述有关尺寸选择的原则是为在特殊要求设计同轴线时作参考的。

在微波波段，常取用的是 50Ω、75 Ω 两种同轴线。50Ω 硬同轴线常用的是外导体内直径为 7mm、内导体外径为 3mm 和外导体内直径为 16mm、内导体外径为 7mm 两种。

3.3 带状线

目前，微波技术正朝着两个主要方向迅速发展，一个方向是继续向更高频段即毫米波和亚毫米波段发展；另一方向是大力研制单片微波集成电路。这就要求研制一种体积小、重量轻、平面型的传输线。带状线就是其中一种。

　　和其他类型的微波传输线一样，带状线不仅在微波集成电路中充当连接元件和器件的传输线，同时它还可用来构成电感、电容、谐振器、滤波器、功分器、耦合器等无源器件。例如，在手机的射频电路板多层板中就含有用带状线构成的电路和元件。

　　带状线又称作介质夹层线，其结构如图 3-4 所示。它由上下两块接地板、中间一导体带条构成，是一种以空气或介质绝缘的双导体传输线。

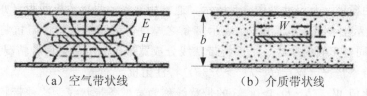

（a）空气带状线　　　　　　　　（b）介质带状线

图 3-4　带状线的结构及场分布

　　带状线可以看成是由同轴线演变而来的，图 3-5 示出了带状线这种演变过程：将同轴线外导体对半剖开，然后把这两半外导体分别向上、下方向展平，再把内导体做成扁平带状，即构成带状线。所以带状线一般又称为对称微带线。

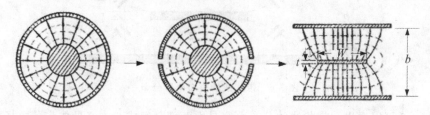

图 3-5　同轴线向带状线的演化

　　由上述演化过程可见，带状线中的电磁场矢量均匀分布在其横截面内而无纵向分量（$E_z=0$，$H_z=0$），故带状线中的工作波型是 TEM 波。因而带状线也属于 TEM 波传输线。

　　对于带状线可以用长线理论来分析。表征带状线的主要参量有特性阻抗、相速度、带内波长及功率容量。特性阻抗和相速度是任何传输线的两个重要参数。下面分别讨论这些参数。

3.3.1　特性阻抗

　　传输线中 TEM 波的特性阻抗和相速度是由介质材料的电参数 μ、ε 或单位长度分布电感 L 和分布电容 C 决定的。因此关键是确定单位长度分布电容 C。

　　因为带状线传输的主模是 TEM 波，如果假设导体为理想导体，填充的介质均匀、无耗、各向同性，带状线的结构沿纵向均匀，而且横截面的尺寸与工作波长相比甚小，那么，就可以用静态场的分析方法来求特性阻抗。在这种情况下，下列关系式是成立的，即

$$Z_0 = \sqrt{L/C} = 1 \left/ \frac{C}{\sqrt{LC}} \right. = \frac{1}{v_\mathrm{p} C} \tag{3-4}$$

式中：L，C——分别为带状线单位长度上的分布电感和分布电容；

　　$v_p = v_0 / \sqrt{\varepsilon_r}$——相速度；

　　ε_r——填充介质的相对介电常数；

　　v_0——自由空间中电磁波的传播速度。

由此可知，只要求出电容 C，则 Z_0 即可求出。

带状线的横截面及尺寸如图 3-5 所示。通常用 b 表示两接地板间距（亦即介质基片厚度），W 表示中心带条的宽度，t 表示带条之厚度。带状线的特性阻抗将随中心带条宽度 W 的不同有不同的求法，下面将带状线分成宽带条和窄带条两种情况进行讨论。

（1）宽带条情况（$W/(b-t) > 0.35$）特性阻抗

我们把比值 $W/(b-t) > 0.35$ 的带状线称为宽带条带状线。这种带状线由于中心带条 W 较宽，故带条两端的电磁场间的相互影响可以忽略。此时带状线的分布电容如图 3-6 所示。

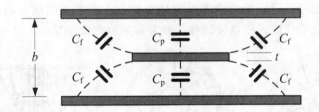

图 3-6　带状线的分布电容分布

由图 3-6 可以看出，带状线的分布电容是由两部分组成：中心导体带条电场均匀分布区与接地板构成的平板电容 C_p 和由中心带条边缘部分（电场不均匀）与接地板构成的边缘电容 C_f。

关于平板电容很容易从下式求得

$$C_p = \varepsilon W \left/ \frac{(b-t)}{2} = \frac{0.0885\varepsilon_r/W}{(b-t)/2} \right. \tag{3-5}$$

其中，W、b、t 等均以 cm 为单位，C_p 单位为 PF/cm。总的平板电容为两个 C_p 之并联，即等于 $2C_p$。

由于带状线是对称的，每个边缘电容均为 C_f，四个边缘电容 C_f 并联，故总边缘电容等于 $4C_f$。

在宽带条情况上，边缘场之间的相互作用可以忽略。边缘电容 C_f 可按下式计算

$$C_f = \frac{0.0885\varepsilon_r}{\pi} \left\{ \frac{2}{1-t/b} \ln\left[\frac{1}{1-t/b} + 1 \right] - \left[\frac{1}{1-t/b} - 1 \right] \ln\left[\frac{1}{(1-t/b)^2} - 1 \right] \right\} \tag{3-6}$$

根据上式可绘出 $C_f/0.0885\varepsilon_r$—t/b 曲线，如图 3-7 所示。

因此，宽带条带状线单位长度的总分布电容为

$$C_1 = 2C_p + 4C_f = 2 \times \frac{0.0885\varepsilon_r/W}{(b-t)/2} + 4C_f = 4\left(\frac{0.0885\varepsilon_r/W}{(b-t)} + C_f \right) \tag{3-7}$$

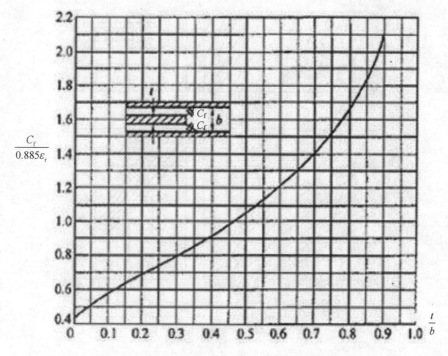

图 3-7　$C_f/0.0885\varepsilon_r$ — t/b 曲线

在这种情况下，带状线的特性阻抗可用下式表示

$$Z_0 = \dfrac{94.15}{\sqrt{\varepsilon_r}\left(\dfrac{W/b}{1-t/b} + \dfrac{C_f}{0.0885\varepsilon_r}\right)} \qquad (3\text{-}8)$$

（2）窄带条情况（$W/(b-t) < 0.35$）的特性阻抗

通常把比值 $W/(b-t) < 0.35$ 的带状线称为窄带条带状线。由于此时的 W 较窄，中心导带两端的边缘场的相互影响不能忽略，因而上面的特性阻抗公式不再适用，需要给出新的计算公式。由于边缘效应，使带状线的分布电容增加，相当于导带宽度发生变化，所以需用修正宽度代替原宽度 W。在 $0.1 < W'/(b-t) < 0.35$ 范围内，W' 可由下式求得

$$W' = \dfrac{0.7(b-t) + W}{1.2} \qquad (3\text{-}9)$$

将 W' 代入公式（3-8），即可求得窄带条带状线特性阻抗值。

当 $t=0$ 时，或在 $W/(b-t) < 0.35$、$t/b < 0.25$ 时，窄带条带状线的特性阻抗可用下式进行计算

$$Z_0 = \dfrac{60}{\sqrt{\varepsilon_r}}\ln\dfrac{8b}{\pi W} \qquad (3\text{-}10)$$

图 3-8 示出了窄带条带状线特性阻抗关系曲线。特性阻抗随尺寸 W/b 及 t/b 的增加而降低，随周围填充介质的介电常数的增加而降低。

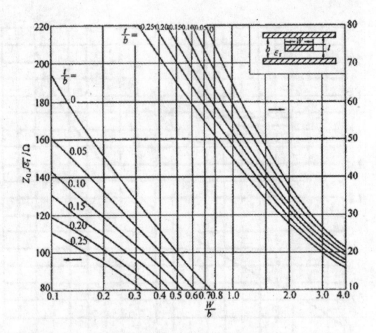

图 3-8　带状线的特性阻抗曲线

3.3.2　传播速度与带内波长

由于带状线中传输的主模是 TEM 波，故波的传播速度为 $v_p = c/\sqrt{\varepsilon_r}$。对于空气带状线，$\varepsilon_r = 1$，故其中波的传播速度 $v_p = c$。

带状线的带内波长用 λ_g 表示，根据公式（2-18），其值为

$$\lambda_g = \lambda_0 / \sqrt{\varepsilon_r} \tag{3-11}$$

式中：λ_0——自由空间波长。

带状线的衰减是由导体损耗和介质损耗引起的，导体损耗是带状线中导体电阻的热损耗引起的衰减，介质损耗则是带状线的介质损耗。带状线的损耗主要是导体损耗，介质损耗可以忽略。

3.3.3　带状线尺寸的设计考虑

带状线传输的主模是 TEM 波，但若尺寸选择不当，或由于制造误差或其他原因而造成结构上的不均匀，就会出现高次模。这些高次模是 TE 模、TM 模。选择带状线的尺寸要避免出现高次模。

（1）中心导带宽度 W

在 TE 模中最低次型的模为 TE_{10} 模。它的截止波长为

$$(\lambda_c)_{TE_{10}} \approx 2W \sqrt{\varepsilon_r} \tag{3-12}$$

为抑制 TE_{10} 模，最短的工作波长应满足 $\lambda_{min} > (\lambda_c)_{TE_{10}}$，即

$$W < \lambda_{min} / (2\sqrt{\varepsilon_r}) \tag{3-13}$$

（2）接地板间距 b

TM 模中最低次型的模为 TM_{01} 模，它的截止波长为

$$(\lambda_c)_{TE_{01}} \approx 2b\sqrt{\varepsilon_r} \tag{3-14}$$

为抑制 TM_{01} 模，最短的工作波长应满足 $\lambda_{min} > (\lambda_c)_{TE_{01}}$，即

$$b < \lambda_{min}/(2\sqrt{\varepsilon_r}) \tag{3-15}$$

另外，为减少带状线在横截面方向的能量泄漏，上下接地板的宽度 D 和接地板间距 b 必须满足

$$D > (3 \sim 6)W \tag{3-16a}$$

$$b \ll \lambda/2 \tag{3-16b}$$

根据上述要求即可选择 W 和 b 的尺寸。由于带状线的辐射损耗比较小，且结构对称，很容易与同轴线相连接，因此适合制作各种高 Q 值、高性能的微波元件，如滤波器、定向耦合器和谐振器等。如果带状线中引入不均匀性，则会激起高次模，故带状线不适合制作有源部件。

3.4　微带线

微带线是微波集成电路（MIC）中的基本元件，也是 MIC 中使用最多的一种传输线。微带线结构如图 3-9 所示。这是一种非对称性的双导体平面传输系统，它具有一个中心导体带条和一个接地板。这种结构便于与其他传输线连接，也便于与外接微波固体器件构成各种微波有源电路。

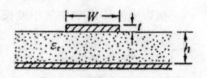

图 3-9　微带线结构

微带线可看成是由平行双线演变而来的，图 3-10 示出了这一演化过程。在平行双导线两圆柱导休间的中心对称面上放一个无限薄的导电平板，由于所有电力线与导电平板垂直，因此不会扰动原电磁场分布。去掉平板一侧的圆柱导体，另一侧的场分布不受影响。于是，一根圆柱导体与导电平板构成一对传输线，再把圆柱导体做成薄带，这就构成了微带。

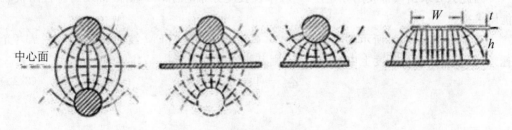

图 3-10　平行线向微带线的演化

3.4.1 微带线参数

（1）微带线中的主模

对于空气介质的微带线，它是双导线系统，且周围是均匀空气，因此它可以存在无色散的 TEM 波。但实际上的微带线都是制作在介质基片上的，尽管仍然是双导线系统，但由于存在空气和介质的分界面，就使得问题复杂化了。由于微带中的介质是由空气和介质基片组成的"混合"介质系统，可以证明，在两种不同的介质的传输系统中不可能存在单纯的 TEM 波，而只能存在 TE 模和 TM 模的混合模，因而电磁场将可能存在纵向分量。不过，在微波波段的低端，或满足基片厚度的条件下，场的纵向分量很小，色散现象不严重，传输模式类似于 TEM 波，故称为准 TEM 波。在分析微带的传输特性时，仍仿照 TEM 波来处理。有关带状线特性的分析方法，原则上都可以用来分析微带线。

（2）微带线参数

微带线的主要电参数是特性阻抗 Z_0、传播波长 λ_g 和有效介电常数 ε_e。

根据微波传输线特性阻抗 Z_0 的定义 $Z_0 = \sqrt{L_1/C_1}$。如果把基片介电常数设为理想值 $\varepsilon_r = 1$，此时的特性阻抗用 Z_{01} 表示。当基片有效介电常数为 ε_e 时，微带线特性阻抗 Z_0 将是

$$Z_0 = Z_{01}/\sqrt{\varepsilon_e} \tag{3-17}$$

微带中波长 λ_g 和空气中波长 λ_0 的关系是

$$\lambda_g = \lambda_0/\sqrt{\varepsilon_e} \tag{3-18}$$

有效介电常数的数值是由电磁场分布决定的。如果电磁场全部处于介质中，则 $\varepsilon_e = \varepsilon_r$，但是由于电磁场的一部分存在于 $\varepsilon_0 = 1$ 的空气中，因此 $\varepsilon_e < \varepsilon_r$。$\varepsilon_e$ 的严格计算是比较复杂的，不仅微带中电磁场分布不规则，而且随着电波频率的升高，电磁场的纵向分量增加，磁场纵向分量增长比电场纵向分量增长还要快。因此 ε_e 也随频率变化，传播波长和微带特性阻抗都随之而变，这就是色散现象。一般情况下，频率低于 5GHz 时，色散现象不严重。

根据公式（3-4），TEM 波传输线的特性阻抗的计算公式为

$$Z_0 = 1/v_p C_1 \tag{3-19}$$

因此只要求出微带线的相速度 v_p 和单位长度分布电容 C_1，则微带线的特性阻抗就能够求得。

对于图 3-11（a）所示的空气微带线，微带线中传输 TEM 波的相速度 $v_p = v_0$（光速），假设它的单位长度上电容为 C_{01}，则其特性阻抗为

$$Z_{01} = 1/v_0 C_{01} \tag{3-20}$$

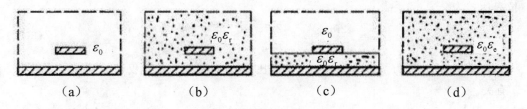

图 3-11　微带线特性分析示意图

当微带线的周围全部用相对介电常数为 ε_r 的介质填充时，如图 3-11（b）所示。此时微带线中 TEM 波的相速度为 $v_p = v_0 / \sqrt{\varepsilon_r}$，单位长度上的分布电容为 $C_1 = \varepsilon_r C_{01}$，则其特性阻抗为 $Z_0 = Z_{01} / \sqrt{\varepsilon_r}$。

可见，对于图 3-11（c）所示的实际微带线，波的相速度一定在 $v_0 / \sqrt{\varepsilon_r} < v_p < v_0$ 范围内，其单位长度上的分布电容一定在 $C_{01} < C_1 < \varepsilon_r C_{01}$ 范围内，故它的特性阻抗一定在 $Z_{01} / \sqrt{\varepsilon_r} < Z_0 < Z_{01}$ 范围内。

为此，引入一个有效介电常数 "ε_e"，它是指在微带尺寸及其特性阻抗不变的情况下，用一均匀介质完全填充微带周围空间以取代微带的混合介质，此均匀介质的介电常数就称为有效介电常数。其值介于 1 和 ε_r 之间，用它来均匀填充微带线，构成等效微带线，并保持它的尺寸和特性阻抗与原来的实际微带线相同，如图 3-11（d）所示。这种等效微带线中波的相速度为

$$v_p = v_0 / \sqrt{\varepsilon_e} \tag{3-21}$$

微带线中波的相波长为

$$\lambda_p = \lambda_0 / \sqrt{\varepsilon_e} \tag{3-22}$$

微带线中单位长度的电容为

$$C_1 = \varepsilon_e C_{01} \tag{3-23}$$

故微带线的特性阻抗为

$$Z_0 = Z_{01} / \sqrt{\varepsilon_e} \tag{3-24}$$

由此可见，如果能求出图 3-11（d）的等效微带线的特性阻抗，就等于求得了图 3-11（c）标准微带线的特性阻抗。由特性阻抗公式可以看出，微带线特性阻抗的计算归结为求空气微带线的特性阻抗 Z_{01} 和有效介电常数 ε_e，ε_e 与微带的尺寸和介电常数 ε_r 有关。在研究微带问题中，各参量的表达式凡涉及到介质的介电常数时，都必须用 ε_e 而不能直接用 ε_r，这一点应注意。

空气微带线的电容 C_{01} 和实际微带线的电容 C_1，两者比值的倒数为有效介电常数，即

$$\varepsilon_e = C_1 / C_{01} = 1 + (\varepsilon_r - 1)q \tag{3-25}$$

其中

$$q = \frac{1}{2} \left[1 + \left(1 + 10 \frac{h}{W} \right)^{-1/2} \right] \tag{3-26}$$

q 为 "介质填充系数"，它表示介质的填充程度。于是可以求出介质微带的特性阻

抗表达式为

$$Z_0 = \frac{120\pi}{\sqrt{\varepsilon_e}} \left\{ \frac{W}{h} + \frac{2}{\pi} \left[1 + \ln\left(1 + \frac{\pi W}{2h}\right) \right] \right\}^{-1} \tag{3-27}$$

通常把 W/h 称为微带的形状比（宽高比）。由此可见，ε_e 不仅与 ε_r 有关，还与 W/h 有关。

3.4.2 微带线传输特性

TEM 波传输线中，波的传播常数在忽略损耗时（$\alpha=0$）为 $\gamma=\mathrm{j}\beta$，其中

$$\beta = \omega\sqrt{\mu\varepsilon} = 2\pi/\lambda_g = 2\pi\sqrt{\varepsilon_r}/\lambda_0 \tag{3-28}$$

式中：λ_0——自由空间波长；

$\lambda_g = \lambda_0/\sqrt{\varepsilon_r}$——介质波长或带内波长。

对于介质微带，其传播常数为

$$\beta = 2\pi/\lambda_g = 2\pi\sqrt{\varepsilon_e}/\lambda_0 \tag{3-29}$$

对于空气微带 $\varepsilon_e = \varepsilon_r = 1$，代入上式得 $\lambda_g = \lambda_0$，即在空气微带内传输波长与自由空间波长 λ_0 是一样的。

3.4.3 微带线的色散特性及尺寸设计考虑

（1）微带线的色散特性

前面所讨论的特性阻抗和有效介电常数的计算公式都是假定微带线中传输的是 TEM 波，并用准静态分析方法得到的。只有当频率比较低时才能满足精度要求。当频率比较高时，微带线中传输的模式是混合模。微带线中的电磁波的速度一是频率的函数，使得 Z_0 和 ε_e 随频率而变化。当频率低于某一临界值 f_0 时，微带的色散就可以不予考虑。该临界频率为

$$f_0 = \frac{0.95}{(\varepsilon_r - 1)^{1/4}} \sqrt{\frac{Z_0}{h}} \tag{3-30}$$

例如，对于特性阻抗为 50Ω、基片相对介电常数为 9、基片厚度为 1 mm 的微带线，$f_0 \approx 4\mathrm{GHz}$，说明当工作频率低于 4GHz 时，该微带线的色散特性可以忽略，而当工作频率高于 4GHz 时就必须考虑色散的影响。

（2）微带线尺寸设计考虑

微带线中的主模是准 TEM 波，当频率升高、微带线的尺寸与波长可比拟时，就可能出现高次模：波导模和表面波模。波导模是存在于导体带与接地板之间的一种模式，包括 TE 和 TM 两种模式。波导模中高次模的最低次模为 TE_{10} 模和 TM_{01} 模。

TE_{10} 模的截止波长为

$$\lambda_c \approx 2W/\sqrt{\varepsilon_r} \tag{3-31}$$

考虑到导带两边的边缘效应，可将其影响看作为宽度增加了 $\Delta W = 0.4h$，故上式修正为

$$\lambda_c \approx (2W + 0.8h)/\sqrt{\varepsilon_r} \tag{3-32}$$

为防止出现 TE_{10} 模，则最短的工作波长应大于 λ_c，即

$$\lambda_{\min} > (2W + 0.8h)/\sqrt{\varepsilon_r}$$

或

$$W < \lambda_{\min}/(2\sqrt{\varepsilon_r}) - 0.4h$$

TM 模中的最低次模为 TM_{01} 模，TM_{01} 模的截止波长为

$$\lambda_c \approx 2h\sqrt{\varepsilon_r} \tag{3-33}$$

因此最短的工作波长应大于其截止波长，以防止出现高次模，即

$$\lambda_{\min} > 2h\sqrt{\varepsilon_r} \tag{3-34}$$

由上面的分析可知，为防止波导模的出现，微带线的尺寸应按下式选择，即

$$W < \lambda_{\min}/2\sqrt{\varepsilon_r}) - 0.4h \tag{3-35a}$$

$$h < \lambda_{\min}/(2\sqrt{\varepsilon_r}) \tag{3-35b}$$

采用光刻技术可做到 $W = 0.05$ mm。从特性阻抗公式可看出，要使特性阻抗保持不变，应维持 W/h 为恒定，即要同时增加或同时减小。目前微带线基片厚度已标准化，有 0.25mm、0.5 mm、0.75mm、0.8mm、1.0mm、1.5mm 等，采用最多的是 0.8 mm。为了减小辐射损耗，微带接地板宽度应大于 $3W$；为了消除相邻微带之间的耦合，间距应大于 $2h$。

3.5　耦合微带线及耦合带状线

在许多无源微波元件，例如，滤波器、定向耦合器、移相器中，广泛地采用耦合微带线。耦合微带线是由两根相互隔开距离 S、平行排列的微带线组成的。几种常用的耦合微带线和耦合带状线结构如图 3-12 所示。下面主要分析耦合微带线。

微带线 Ⅰ、Ⅱ（见图 3-12（a））之间由于距离很近，电磁能量便能通过两线之间的分布互电感和分布互电容进行耦合，其分布参数等效电路如图 3-12（c）所示，其中 L、C 为单根线的分布电感、分布电容（即存在另一根微带线情况下的单根线分布参数，它与孤立单根线的分布参数 C、L 不同）；L_M、C_M 为分布互电感与分布互电容，分别表示两线之间的磁耦合和电耦合。

耦合线上的电压、电流分布比单根线复杂得多，因两微带线之间存在电磁耦合，故线上的电压波、电流波将相互影响。例如，当线 Ⅰ 受信号源激励时，其一部分能量将通过互电感、互电容耦合，逐步转移到线 Ⅱ 上，这个转移过程是在整个耦合长度上连续进行的，且线 Ⅱ 也可通过线间耦合作用，再把部分能量"反转移"回到线 Ⅰ。因此，耦合线上的电压、电流分布是相当复杂的。这里不做具体分析。

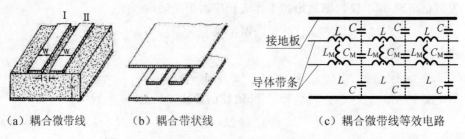

（a）耦合微带线　　　　（b）耦合带状线　　　　（c）耦合微带线等效电路

图 3-12　耦合微带线、带状线结构及耦合微带线等效电路

3.6　槽线和共面线

槽线（slot line）和共面线是适用于微波集成电路的新型传输线，其共同特点是接地面与传输线在同一平面上。

3.6.1　槽线

槽线称为开槽微带线，它的结构如图 3-13 所示。它是在高介电常数介质基片上（或铁氧体基片）敷有导体层的一面刻出一条窄槽而构成的一种传输线，在介质基片的另一面没有导体层覆盖。它可以单独使用代替微带线，也可以与微带线结合使用。

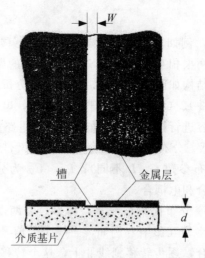

D Visio.Drawi

图 3-13

槽线的磁场分布是纵向的，所以传播的电磁场不是 TEM 波，也不是准 TEM 波，而是属于 TE 模。这种波没有截止频率，但是有色散特性。因此它的相速和特性阻抗均随频率而变。

槽线的场在横截面的分布表示如图 3-14 所示，槽边缘之间的电位不同，电场跨越槽，磁场垂直于槽。由于电场在槽的两端导体带形成两个电位差，这对于安装并联连接的集总参数元件或半导体器件，以及对地形成短路都非常方便，不必像微带那样需要在基片上打孔。槽线的波长比自由空间波小，场紧聚在槽的附近，辐射损耗也很小，与微带相当。槽线是一种宽频带传输线，适用于制作宽频带微波元件。如果在介质基片的一面制作出由槽线构成所需要的电路，而在介质基片的另一面制作出微带传输线，那么利用它们之间的耦合就可以构成滤波器和定向耦合器等元件。槽线还可以作辐射天线单元，制作成微带缝隙天线。

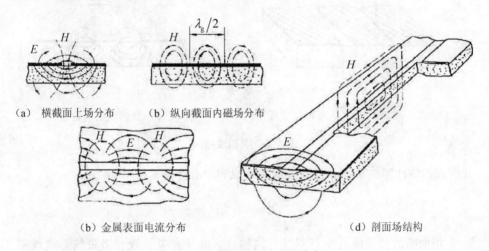

（a）横截面上场分布　　（b）纵向截面内磁场分布

（b）金属表面电流分布　　　　　　　　（d）剖面场结构

图 3-14　槽线的场和电流分布

槽线的主要优缺点如下：

（1）容易安装有源器件。由于全部导体在同一平面上，安装半导体有源器件时，无须像微带那样在基片上打孔挖槽，简化了工艺，增加了可靠性，便于集成。

（2）容易获得较高阻抗。标准微带线的特性阻抗最高可做到 1500Ω。阻抗再高时，微带线太细，工艺误差过大，而且容易断线，而槽线分布电容小，阻抗高得多。

（3）占据基片面积大。相应的集成电路尺寸要增大。

（4）难于获得低阻抗。细小槽缝的工艺加工困难。

槽线与微带相比，一个主要的特点就是槽线存在椭圆极化区域，适用于非互易铁氧体器件，这是微带所不及的。

3.6.2　共面线

共面线又称共面波导（Coplanarwaveguide，CPW）。它的结构如图 3-15（a）所示。它是在介质基片的一面上制作中心导体带，并在紧邻中心导体带的两侧制作出接地板，而在介质基片的另一面则没有导体层覆盖，这样就构成了共面微带传输线。共面线的电磁场分布如图 3-15（b）所示。外侧两条金属膜是接地面，共面线中传播的波是准 TEM 波。没有低频截止频率。当基片介电常数较高时，电场大部分集中在介质中；介质中波长短，同样可以获得小尺寸集成电路。它的优点也是容易安装有源器件，尤其是对于平衡混频器等两支对称二极管的电路非常方便。当采用它作传输线时，所有导电元件包括接地导带都在介质衬底的同一侧，因此不仅在微波集成电路中易于并联连接外接元件，而且也很适宜制造单片微波集成电路。在共面线中安置铁氧体材料就可以构成谐振式隔离器或差分式移相器。利用共面线还可以制作出比微带定向耦合器方向性更高、性能更好的定向耦合器。共面线与介质基片另一面的微带相结合还可以构成微小型微带元件。

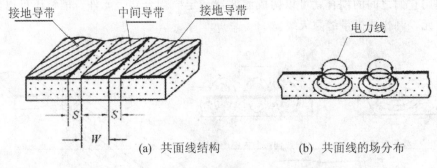

(a) 共面线结构　　　　　(b) 共面线的场分布

图 3-15　共面线结构

共面线的特性阻抗不仅与槽缝 S 有关，也和中心导体宽度 W 有关。

小　结

1. 常用的微波传输线有平行双线、同轴线、波导、带状线、微带线、槽线和共面线等不同形式。平行双线和同轴线中传输的主模式都是 TEM 波。

2. 使用同轴线要注意避免出现高次模。保证主模 TEM 波单模传输的条件是要求工作波长必须满足 $\lambda > 1.1\ (\lambda_c)_{H_{11}} = 3.456\ (a+b)$。

3. 带状线所传输的主模为 TEM 波，带状线中的重要参量是特性阻抗，它和单位长度上的分布电容的关系为 $Z_0 = 1/v_p C$。

求其特性阻抗的关键是先求出单位长度上的分布电容。带状线的特性阻抗与其尺寸 W/b 及 t/b 的关系可通过查表或曲线获得。

4. 微带线所传输的主模为准 TEM 波。在微波波段的低端频率范围可以把它看作为传输 TEM 波。只要先求出单位长度上的分布电容，即可求出微带线的特性阻抗。由于微带线周围介质是空气和介质基片衬底的混合介质，必须引入有效介电常数 ε_e 及填充因子 q。微带线的特性阻抗与其尺寸 W/h 的关系可通过查表或曲线获得。

第 4 章　波导

当电磁波波长缩短到分米波（300～3 000）MHz 以下时，传输线的损耗显著增大，致使传输效率急剧降低。为了解决这个矛盾，于是采用了波导来传输电磁能。

波导和传输线的工作原理有许多相同之处，但是波导的结构和传输线不同，电磁波在波导内的传播情况又有其特点。因此在分析波导的工作原理时，不仅要和传输线的工作原理相比较，认识它们的共同点，而且要着重研究波导工作原理的特殊点。

4.1　波导的基本概念

广义地说，凡是用来引导高频电磁能的装置，都称为波导。从这个意义来讲，前面章节讨论的传输线，也可以看作是波导。然而，通常所说的波导却指的是单根传输装置，如金属管波导等。本节主要讨论空心金属波导管的基本原理。

波导的种类很多。按材料来分有金属波导、介质波导和陶瓷波导等；按形状来分有矩形波导、圆形波导和椭圆形波导等。但使用上，金属矩形波导比较普遍，金属圆形波导次之。

4.1.1　波导的形成

从结构上着，波导不再是两根导线，与我们前面所熟悉的传输线不同。为什么波导能传输电磁波呢？粗略地看，波导可以看成是由平行线演变而来的。

在平行线两边并联 $\lambda/4$ 的金属绝缘支架，是不会影响电磁能的传输的。如果并联的支架非常多，乃至连成一个整体，成为一个矩形的金属导管，那么平行线就演变成矩形波导了，如图 4-1（a）所示。图中，宽边以 a 表示，窄边以 b 表示。

圆形波导可以看作是在平行线的两边，并联非常多半圆形的 $\lambda/4$ 短路线而形成的金属管，如图 4-1（b）所示。图中，圆波导的内直径以 d 表示。

4.1.2 波导的特点

同传输线相比，波导有许多优点。主要是：波导的导电表面大，电阻损耗小，波导内不需用绝缘物支撑，介质损耗小；波导传输的电磁能都封闭在金属管内，没有辐射损耗；以及波导的结构坚固和功率容量大等。

波导的缺点，主要是使用范围受到尺寸的严格限制。下面我们用图 4-2 的矩形波导来说明。

如图 4-2（a）所示，当平行线两边并接了非常多的 $\lambda/4$ 短路线后，即形成了波导的宽边 a，平行线线间的距离构成了波导的窄边 b。波导宽边的长度 $a=$（$\lambda/4+\lambda/4+$ 平行线宽度）$>\lambda/2$，经变换，即 $\lambda<2a$，也就是说，当电波波长 λ 小于 $2a$ 时，电波即可在矩形波导内传输。

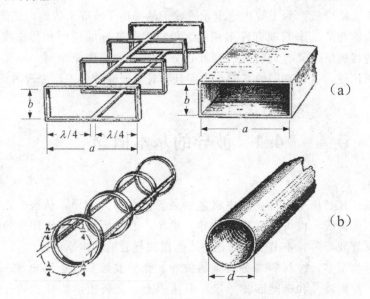

图 4-1 矩形波导与圆形波导的形成

当电磁波的波长等于或大于波导宽边的两倍，即 $\lambda\geqslant2a$ 时，如图 4-2（b）所示，此时波导的宽边 $a\leqslant\lambda/2$，这相当于在平行线上并接了许多电感（因小于 $\lambda/4$ 的末端闭路线呈电感性），使电波被迅速衰减。因此，矩形波导不能传输 $\lambda\geqslant2a$ 的电磁波。

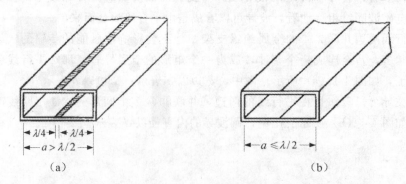

图 4-2 波导尺寸对电磁波的传输的影响

我们把 $2a$ 称为截止波长（$\lambda_c = 2a$），波导只能传输波长小于截止波长的电磁波（$\lambda < \lambda_c$），不能传输波长更长一些的电磁波。这一缺点限制了波导的使用范围，例如，要传输波长为 3 m 的电波，矩形波导的宽边至少应大于 1.5 m，这显然太庞大了。为了避免波导尺寸过大，通常波导只适用于厘米波和毫米波波段。

4.2 电磁波在矩形波导中的传播

严格地来说，由波导的形成过程可以看出，随着并接的 $\lambda/4$ 短路线的增加，电磁场的分布将会发生变化。十分明显的是，当最后演变成波导的时候，电磁场将全部集中在波导内部，而原来存在于平行线外侧的场不再存在。正是由于这些变化，按上述演变的波导内部传输的电磁波，即会受到波导管壁对电、磁场传播条件的制约。

4.2.1 电磁波沿波导传播时应符合的条件（边界条件）

边界条件，是指在两种不同介质的分界面上，电磁场的分布应服从的规律。由于波导管壁通常镀银，导电性能良好，近似于理想导体，因此，研究电磁场在管壁表面的分布应满足什么条件，就是一个很重要的边界条件问题，对电波传播具有实际意义。

（1）电场的边界条件

在理想导体表面上，不能存在与导体表面平行的电场，只能存在与导体表面垂直的电场。

当平行于导体表面的电场 $E_{\parallel}^+$ 投射到导体上时，导体表面将出现感应电荷，正电荷顺电场方向移动，负电荷逆电场方向移动，在正负电荷之间将形成新的电场，此即为反射电场 $E_{\parallel}^-$。$E_{\parallel}^+$ 与 $E_{\parallel}^-$ 方向相反，如图 4-3（a）所示。由于理想导体的电阻为零，在导体表面不可能有电位差存在，因此 $E_{\parallel}^-$ 和 $E_{\parallel}^+$ 不仅方向相反，而且大小必须相等，故平行于导体外表面的合成电场为零。

当垂直于导体表面的电场 $E_{\perp}^+$ 作用到导体上时，导体表面也出现感应电荷，此电荷形成的新电场 $E_{\perp}^-$ 与原电场 $E_{\perp}^+$ 方向相同，而得到加强，如图 4-3（b）所示。所以，垂直于导体表面的电场能够存在。

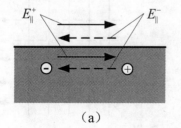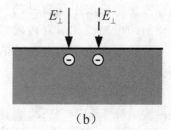

（a）　　　　　　　　　　　（b）

图 4-3　导体表面电场的边界条件

（2）交变磁场的边界条件

在理想导体表面上，不能存在与导体表面垂直的交变磁场，只能存在与导体表面平行的交变磁场。

当垂直于导体表面的交变磁场 $H_\perp^+$ 投射到导体上时，导体内将出现感应电流，并产生与入射磁场方向相反的反射磁场 $H_\perp^-$，如图 4-4（a）所示。由于理想导体的电阻为零，$H_\perp^-$ 与 $H_\perp^+$ 不仅方向相反，而且必须大小相等，合成交变磁场（$H_\perp^- + H_\perp^+$）为零；否则，感应电流将为无穷大，这显然是不符合实际的。所以，在导体表面不存在垂直的交变磁场。

当平行于导体表面的交变磁场 $H_\parallel^+$ 投射到导体上时，导体表面也会产生感应电流，如图 4-4（b）所示。此电流产生的反射磁场 $H_\parallel^-$ 在导体内部与入射磁场 $H_\parallel^+$ 的方向相反，大小相等，互相抵消；而在导体表面则与入射磁场方向相同、大小相等，互相加强。因此，在导体表面可以存在与导体表面平行的交变磁场。

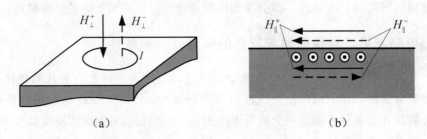

（a）　　　　　　　　　　　（b）

图 4-4　导体表面磁场的边界条件

4.2.2　电磁波在矩形波导内怎样传播才能符合边界条件

在矩形波导内，微波信号源并不是象波导形成所设想的那样，似乎跨接在等效传输线之间的，而实际上是通过辐射振子（或其他方法）向管内辐射电波的方式来传输的。从波源射向各个方向的电磁波，都可近似地看作是平面的、均匀的横电磁波。这些射线方向不同的横电磁波，由于受到管壁的影响，将会形成不同结构形式的电磁场，有的不能在波导内传播，有的却能在波导内传播。

（1）电磁波的三种基本结构型式

a. 横电磁波（TEM 型波）

横电磁波是电磁波中最常见的一种结构形式。振子辐射的电磁波和沿着传输线传输的电磁波，都属于横电磁波。横电磁波的结构特点是：电场矢量和磁场矢量，都处在与能量传播方向相垂直的平面内，如图 4-5 所示。

横电磁波用符号 TEM 表示，其中 T 表示电场 E 和磁场 H 的矢量都垂直于能量传播的方向。

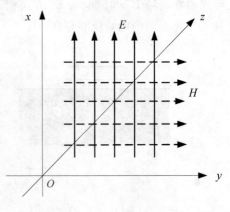

图 4-5　横电磁波结构

b. 横电波（TE 型波）

横电波的结构特点是：电场矢量完全处在与能量传播方向相垂直的平面内，而磁场矢量则具有两个分量，一个分量仍处在与能量传播方向相垂直的平面内，另一个分量是处在能量传播的方向内。横电波用符号 TE 表示，它也可称作磁波，此时，用符号 H 表示。

c. 横磁波（TM 型波）

横磁波的结构特点是：磁场矢量完全处在与能量传播方向相垂直的平面内；而电场矢量则具有两个分量，一个分量处在与能量传播方向相垂直的平面内，另一个分量处在能量传播的方向内。横磁波用符号 TM 表示，它也可称作电波，此时，用符号 E 表示。

（2）横电磁波（TEM 型波）不能在波导内传输

当横电磁波的射线与波导管轴一致时，这时，电磁场在波导内的分布应当如图 4-6 所示。从图中看出，在管壁的内表面上既存在着平行于表面的电场，又存在着垂直于表面的磁场，显然，这是不符合边界条件的。所以，沿着波导轴向传输的横电磁波是不能存在的。

（3）横电波和横磁波能在波导内传输

由于射线沿着轴向的横电磁波不符合边界条件，所以不能在波导内传输。因此，只有改变电磁波的结构型式，使它符合边界条件，就能在波导中传输。图 4-7 所示的是一种经过改型的波型。在这个波型中，电场只有与能量传输方向相垂直的横向分量，而且在宽边中央电场最强，管的两侧电场为零，管壁内表面没有平行的电场；而磁场既有横向分量又有与波导管轴一致的纵向分量，磁力线呈封闭状，且都与管壁平行，但管壁表面没有垂直的磁场。显然，这种波型是符合边界条件而能够在波导中传输的，这就是前面所讲的横电波（TE 波）。

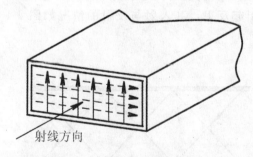

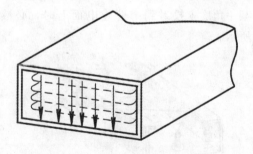

图 4-6 射线方向同波导轴向一致的横电磁波　　　　图 4-7 符合边界条件的横电波

如图 4-8 所示的是另一种经过改型的波型（E_{11} 波）。图 4-8（a）中 1 是宽边纵截面，2 是横截面，3 是窄边纵截面。在这个波型中，磁场只有与能量传输方向相垂直的横向分量，磁力线呈闭合曲线，没有与管壁表面相垂直的磁场；而电场虽有与能量传输方向相垂直的横向分量，又有与能量传输方向相一致的纵向分量，但与管壁表面没有平行的电场。所以，这种波型也符合边界条件而能够在波导中传输的，这就是前面所讲的横磁波（TM 波）。

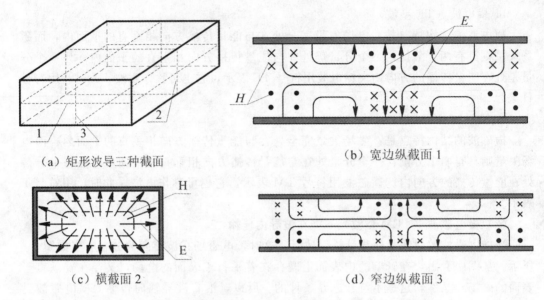

（a）矩形波导三种截面　　　　　　（b）宽边纵截面 1

（c）横截面 2　　　　　　　　　　（d）窄边纵截面 3

图 4-8　符合边界条件的横磁波（E_{11} 波）

（4）横电波与横磁波是怎样形成的

由上分析可知：沿着波导轴向传输的横电磁波，在波导中是不能存在的（不符合边界条件）。但是，当横电磁波的射线方向与波导轴之间为某一交角传输时，横电磁波就在波导中形成斜反射，经管壁来回反射的入射波和反射波的合成，即为横电波或横磁波而满足边界条件，保持正常传输。下面以横电波为例说明其形成过程。

在图 4-9 中，设横电磁波只是倾斜地投射到波导的窄壁上，电磁场在宽壁表面是符合边界条件的（即电场同宽壁垂直、磁场同宽壁平行），所以宽壁对横电磁波的影响可以不予考虑，因此，只要研究横电磁波在窄壁上斜反射的情形就行了。当横电磁波以某一角度 θ 投射到窄壁导电面上时，必然引起反射，其入射与反射的情况如图 4-10 所示。

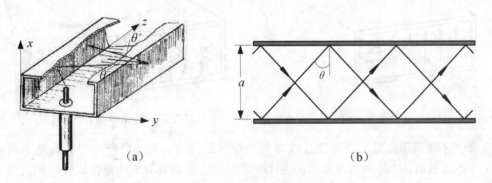

（a）　　　　　　　　　　　　（b）

图 4-9　横电磁波在波导窄壁上的斜反射

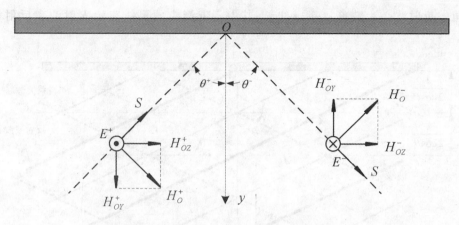

图 4-10　横电磁波在导体表面上的斜反射

从图中可以看出，TEM 波的电场矢量 E^+ 与金属导电面平行（即电场矢量穿出纸面），电波射线与 y 轴成 θ 角射向平面，则磁场矢量 H^+ 与 E^+、S 垂直；当电波投射到导体表面 O 时，由于理想导体的电阻为零，不吸收能量，必然产生全反射。在反射点 O，入射波的电场 E_{OX}^+ 平行于金属面，入射磁场 H_O^+ 可分解为 H_{OZ}^+ 和 H_{OY}^+ 两个分量，根据边界条件，平行于理想导体表面的总电场必须为零；因此 O 点的反射电场 E_{OX}^- 与入射电场 E_{OX}^+ 必定是大小相等、相位相反，即

$$E_{OX}^- = -E_{OX}^+ \tag{4-1}$$

当 E_{OX}^+ 穿出纸面时，E_{OX}^- 进入纸面；又由于理想导体表面不允许存在垂直的交变磁场，故

$$H_{OY}^- = -H_{OY}^+ \tag{4-2}$$

而理想导体表面允许存在平行的交变磁场，所以

$$H_{OZ}^- = -H_{OZ}^+ \tag{4-3}$$

从图 4-10 中还可以看出，入射角 θ^+ 和反射角 θ^- 分别为

$$|\theta^+| = \arctan |H_{OY}^+ / H_{OZ}^+| \tag{4-4a}$$

$$|\theta^-| = \arctan |H_{OY}^- / H_{OZ}^-| \tag{4-4b}$$

由于 $|H_{OY}^- / H_{OZ}^-| = |H_{OY}^+ / H_{OZ}^+|$，所以

$$|\theta^-| = |\theta^+| \tag{4-5}$$

公式（4-5）说明，电波与光波具有同一性质，即反射角等于入射角。

从上面的讨论我们可以看出，当电波以一定角度 θ 投射到导体表面时，反射波的电、磁场方向和传播方向皆发生了改变，它们不仅符合边界条件，且又遵循右手螺旋定则（乌莫矢向量）和反射定律（$\theta^+ = \theta^-$），这就是今后分析电波在波导内传播的依据。

实际上横电磁波是以平面波的形式向前传播的，图 4-11 表示某一瞬间平面波（电场方向仍与图 4-10 同）在窄壁上斜反射的情形。图中粗实线表示入射波同相位面的波峰，细实线表示同相位面的波谷，当入射波以 θ^+ 角投射到窄壁上时，电波产生全反射，$\theta^- = \theta^+$；根据边界条件，入射波为波峰之处，反射波必为波谷（细虚线）；入射波为波谷之处，反射波必为波峰（粗虚线）。其中，带箭头的黑线表示入射波和反射波的射线。

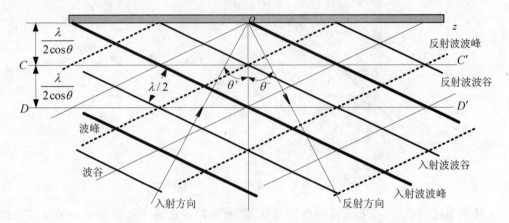

图 4-11　平面波在窄壁上的斜反射

　　知道了入射波与反射波，就可以根据两者的合成，从而知道它们的合成波。从图 4-11 中看出，在 CC'、DD' 等平面处，入射波的波峰和波谷也是分别对应于反射波的波谷和波峰的，因此，由入射波与反射波形成的合成波在这些平面处的电磁场，就同在上述窄壁处的电磁场一样，也可以符合导体表面的边界条件。只要能使这些平面之一与矩形波导的第二个窄壁（在图中没有画出）相重合，合成波的电磁场在波导的两个窄壁表面就都符合边界条件了。

　　但是，波导两窄壁之间的距离是固定的，其数值等于波导宽边的尺寸 a，而图 4-11 中，CC'、DD' 等平面至窄壁 Z 的距离却与入射角 θ 的大小和电磁波的波长 λ 有关，只有入射角和波长满足如下关系式

$$m \cdot \frac{\lambda}{2\cos\theta} = a \quad (m = 1, 2, 3 \cdots) \tag{4-6}$$

上述平面之一才能与波导的第二个窄壁相重合。

　　由上面的分析可见，波长一定的横电磁波，在窄壁上的入射角必须满足上式，合成波的电磁场才能符合边界条件。也就是说，横电磁波只有以这样的入射角投射到窄壁上，才能在波导内传播。

　　为了能形象地看出入射波、反射波和合成波的电磁场的分布，我们可以根据图 4-11 分别绘出某一瞬间入射波和反射波的电磁场分布图形，如图 4-12（a）和（b）所示。在画这两个电磁场分布图形时，应注意以下几点：

　　a. 在窄壁表面上，反射电场和入射电场必须处处大小相等、方向相反；

　　b. 在两个图形中，电场方向、磁场方向和射线方向这三者之间的关系，由右手螺旋定则确定；

　　c. 由于入射波和反射波都是行波，所以在它们的电场最强处（即波峰或波谷处）磁场也最强，电场为零处磁场也为零。

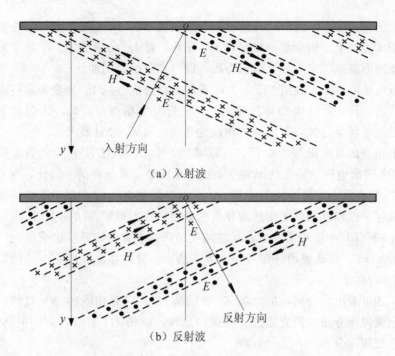

（a）入射波

（b）反射波

图 4-12　入射波和反射波的电磁场在某一瞬间的分布

　　将图 4-12（a）和（b）中各点的电场和磁场分别相加，就可画出合成波的电磁场分布，如图 4-13（a）所示。

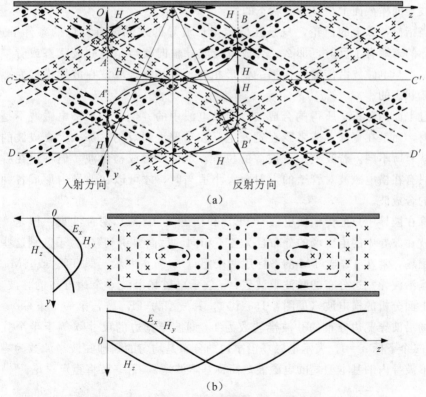

（a）

（b）

图 4-13　合成波的电磁场某一瞬间的分布

在这个图中，沿 CC' 及 DD' 直线上，合成磁场只有 H_z 分量，而 H_y 分量为零；在沿 AA' 及 BB' 直线上，则合成磁场只有 H_y 分量，而 H_z 分量为零。了解了磁场的这种分布后，就能形象地得出合成波的磁力线，即呈环状的封闭曲线。

再来看电场的分布，在沿 CC' 及 DD' 直线上，合成电场 E_x 分量为零；而在沿 AA' 及 BB' 直线上，凡入射波电场是波峰之处，反射波电场也是波峰，入射波电场是波谷之处，反射波电场也是波谷，因此，在该处合成电场 E_x 分量最大。

通过上述合成波电磁场的分析，可以发现，沿 CC' 及 DD' 直线上的电磁场分布情况与窄壁 OZ 平面电磁场分布情况完全一致，是满足边界条件的。因此，在 CC' 或 DD'（例如在 GC'）直线上放置一块与窄壁 OZ 平面平行的金属板，并不影响场的分布，而形成矩形波导。这样就得到了矩形波导内的电磁场分布图形，如图 4-13（b）所示。

从图 4-13（b）中可以看出，合成波的电场只存在着与波导窄边平行的（即与 x 轴平行的）分量 E_x，而磁场则存在着与波导宽边（y 轴）和波导轴向（Z 轴）平行的两个分量 H_y 和 H_z。

同时，还可看出，合成波的电场 E_x 和磁场 H_y，具有相同的分布规律，两者都是沿轴向按余弦规律分布，沿宽边按正弦规律分布；磁场 H_z 则沿轴向按正弦规律分布，沿宽边按余弦规律分布。

图 4-13 只是某一瞬间的情形。随着时间的推移，图中的入射波和反射波电磁场都是向右移动的，合成波的电磁场也是向右移动的。并且由于沿轴向传输的电场 E_x 和磁场 H_y 始终保持行波关系，所以合成波是沿轴向传播的行波。但是，随着时间的推移，沿宽边分布的合成电场及合成磁场，它们的最大值和零值的位置始终不变，因此，合成波在波导的横截面上是呈驻波状态的。

应当指出，以上的讨论，只是在假定矩形波导的末端没有反射的条件下进行的。如果波导的末端有了反射，那么，合成波沿波导轴向就会呈现驻波状态或者复合波状态。这一点与电磁波沿传输线传播的情形相似。但是，合成波在波导横截面上却总是呈现驻波状态的。

通过上面的分析，所得的合成波，为横电波中的一例。如果横电磁波不是在窄壁上斜反射，而是在宽壁上或者既在宽壁上又在窄壁上斜反射，那么，合成波的电磁场分布也就有所不同。若改变一下波源的位置，也可以形成横磁波。但不论在哪一种情况下，只有在横电磁波对管壁的入射角大小适当时，才可以在波导内形成各种符合边界条件的合成波。

尽管在波导中只能传输横电波（TE）和横磁波（TM）两种波型，但是，横电波或横磁波在波导中的电磁场的分布且又各不相同（后面要讲到），为了区别这些分布不同的电磁场，常在 TE 或 TM 的下标用两个字母 m 和 n 表示，即 TE_{mn} 或 TM_{mn}。m 表示电磁场沿波导宽边分布的驻波半波数，n 表示电磁场沿波导窄边分布的驻波半波数。例如，上面分析的横电波（见图 4-13（b）），其波型为 TE_{10} 波，第一个下标 $m=1$，表示电磁场沿波导宽边分布的驻波半波数为 1，即波导宽边的尺寸 a 等于半个驻波波长 $\lambda_{y/2}$；第二个下标 $n=0$，表示电磁场沿窄边的分布是均匀的，即驻波半波数为零。TE_{10} 波是矩形波导内的基本型式的电磁波（简称基本波型），下一节将重点讨论。

4.3　矩形波导内的基本波型

　　矩形波导内的基本波型是 TE_{10} 波，也是传输电磁能量最简单又最常用的一种波型，下面着重地对它加以讨论。

　　波导内的各种波型是按照电磁场分布的情况来区分的。在研究 TE_{10} 波的特性时，先说明 TE_{10} 波的电磁场分布，然后再依次研究波导管壁上的电流分布，TE_{10} 波的波长和传播速度等。

4.3.1　TE_{10}（H_{10}）波的电磁场分布

　　波导内 TE_{10} 波的电磁场的立体分布图和各个截面上的分布图，如图 4-14 所示。

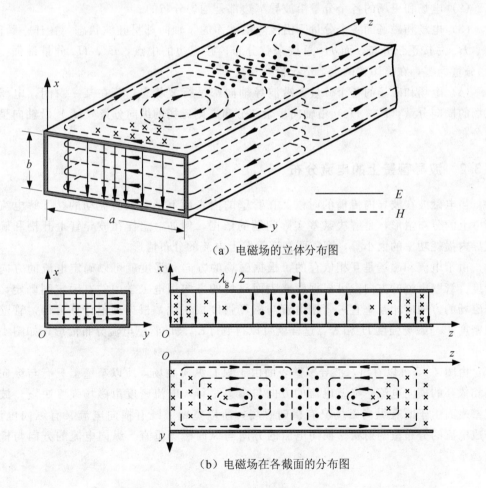

（a）电磁场的立体分布图

（b）电磁场在各截面的分布图

图 4-14　矩形波导内 TE_{10} 波的电磁场分布

图中，电磁场的分布情况，可以用如下的电磁场方程来表示

$$E_x = E_{xm}\sin\left(\frac{\pi}{a} \cdot y\right)\cos\left(\omega t - \frac{2\pi}{\lambda_g} \cdot z\right) \tag{4-7a}$$

$$H_y = H_{ym}\sin\left(\frac{\pi}{a} \cdot y\right)\cos\left(\omega t - \frac{2\pi}{\lambda_g} \cdot z\right) \tag{4-7b}$$

$$H_z = H_{zm}\cos\left(\frac{\pi}{a} \cdot y\right)\sin\left(\omega t - \frac{2\pi}{\lambda_g} \cdot z\right) \tag{4-7c}$$

式中：E_{xm}——TE$_{10}$波的电场的振幅值；

　　　H_{ym}、H_{zm}——TE$_{10}$波的两个磁场分量的振幅值；

　　　ω——TE$_{10}$波的角频率；

　　　λ_g——TE$_{10}$波的波导波长。

TE$_{10}$波的电磁场的分布特点是：

（1）电场只有平行于波导窄边（x轴）的横向分量E_x；磁场只有平行于波导宽边（y轴）的横向分量H_y和平行于波导轴向的纵向分量H_z。

（2）电场和磁场的各个分量沿波导窄边都是均匀分布的。

（3）电场和磁场的各个分量，沿波导横截面的y轴向都呈驻波状态，在任一瞬间，E_x、H_y总按正弦分布，而H_z总按余弦分布；在宽边的中点，E_x、H_y分量最强，而H_z分量为零，在宽边的两端，情况恰好相反。

（4）电场和磁场的各个分量，沿波导轴向都呈行波状态，若在某一瞬间，电场和磁场的横向分量（E_x、H_y）沿轴向呈余弦分布，则磁场的纵向分量（H_z）沿轴向呈正弦分布。

4.3.2　波导管壁上的电流分布

当电磁波在波导内传播的时候，在管壁的内表面上是有电流流动的。了解电流在管壁上的分布情形，是解决某些实际问题的依据，例如，怎样在波导管上开槽和确定波导内损耗功率的大小等，都需要知道管壁上电流的分布情形。

由于电流和磁场是互相依存的，根据磁场的方向和强度就可以确定电流的方向和密度。管壁电流的方向，可根据管壁表面磁场的方向用电工学中的右手定则确定，它与磁场的方向应相互垂直；管壁电流与磁场强度成正比，根据理论计算可得，管壁电流密度J与磁场强度H相等，这样就可以得到TE$_{10}$波的管壁电流分布情形，如图4-15所示。

由图4-15可以看出，波导窄壁表面由于只有纵向磁场，所以窄壁上只有与纵向磁场相依存的横向电流。窄壁电流的方向与窄边平行，电流密度由磁场强度决定。波导宽壁表面由于既有纵向磁场又有横向磁场，所以宽壁上既有横向电流又有纵向电流，合成电流的分布呈辐射状。横向电流的方向与纵向磁场垂直，纵向电流的方向与横向磁场垂直。

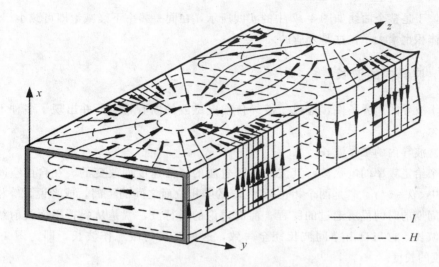

图 4-15　TE$_{10}$波在波导管壁上的电流分布

在弄清了波导管壁上电流分布的情形之后，我们就能够正确地解决在波导上开槽的问题。如果开槽是为了进行测量，或者为了送入热风，那么开的槽缝是不能切断管壁上电流的通路的（如图 4-16 中的槽 3 和槽 2），否则，电磁能将会从槽缝处向外辐射，造成不必要的损耗；如果开槽是为了有效地向外辐射或耦合电磁能，则所开的槽缝就应当切断管壁上电流的通路（如图 4-16 中的槽 1 和槽 4）。

金属波导不可能是非常理想的导体，因而电流通过波导管壁时，必然产生电阻损耗，造成了电波传输的衰减。波导管壁电流都只是在波导内表面极薄的表层流动，随着频率的增高，这种趋肤效应更为严重，管壁有效电阻增加，电磁波的衰减越发显著，图 4-17 中的曲线表明了这种关系，横坐标表示电波频率，纵坐标表示衰减系数，以每米的分贝数计算。为了减少管壁电流所引起的损耗，管内壁通常镀银或金的薄层，在实际维护工作中也必须保持管壁的清洁和光滑，以减小能量传输的损耗。

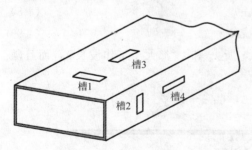

图 4-16　波导管壁上槽缝的开设

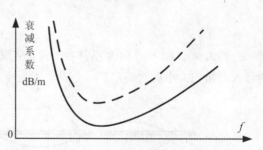

图 4-17　波导中的衰减

图 4-17 中的曲线还表明，当电波频率过低（或波长过长）时，波导的衰减将会大大增加，这是因为频率过低以致于接近波导的截止频率时，电磁波实际上只能在矩形波导的两窄壁来回反射，并在来回反射过程中，管壁上还要损耗许多能量，无法保持电磁能量的传输。

如果适当增加波导窄壁 b 的尺寸，导电面有所扩大，管壁电流造成的电阻损耗将会减小，于是整个曲线如图 4-17 中的实线所示，在同一频率下衰减量即可减小。但是，波导的体积也增大了，这是矛盾的。

4.3.3 波导内的波长

由于波导的边界条件，造成了波导传输电磁波的固有特点，并出现了多种不同的波长概念。

（1）波导内的工作波长

一个给定频率的电磁波，其波长是随着波的传播速度而改变的。在自由空间或均匀介质中，$\lambda = v/f$，它是两个相位相差 2π 的等相位面之间的距离，或者说，等相位面在一个周期的时间里所走过的路程。前面讨论的斜行波，就是从斜行平面波射线方向测得的波长，它与自由空间波长完全一致，这种波长叫做工作波长，即为图 4-18 中 AO 线段的长度。

（2）波导内的相位波长

波导内电磁波是经管壁来回反射沿曲折途径前进的，因此会出现两种新的相位波长：波导波长和驻波波长。

沿波导轴向两个相位相差 2π 的等相位面之间的距离，称为波导波长，用符号 λ_g 表示。λ_g 的大小可以用仪器沿轴向测出，它是波导电气长度的计量单位。沿 y 轴向两个相位相差 2π 的等相位面之间的距离，称为驻波波长，用符号 λ_y 表示。波导宽边的尺寸为 $\lambda_{y/2}$。

由图 4-11 可以看出，入射波和反射波所合成的电磁波，它在 Z 轴方向的波长就是入射波及反射波在 Z 轴方向的波长 λ_g；在 y 轴方向的波长，也就是入射波及反射波在 Y 轴方向的波长 λ_y，因此，只要求得入射电磁波在 Z 轴和 Y 轴方向的波长 λ_g 和 λ_y 就可代表合成波在这两个方向上的波长。

不论是波导波长 λ_g 还是驻波波长 λ_y，都与工作波长 λ 和入射角 θ 的大小有关。根据图 4-18 可以求出 λ_g、λ_y 与 λ 和 θ 之间的关系

$$\lambda_g = \lambda/\sin\theta \tag{4-8}$$

$$\lambda_y = \lambda/\cos\theta \tag{4-9}$$

因为 $\sin\theta$ 和 $\cos\theta$ 的大小都在 $0\sim1$ 范围内，所 λ_g 和 λ_y 都大于工作波长 λ，而且随着入射角的大小而改变。

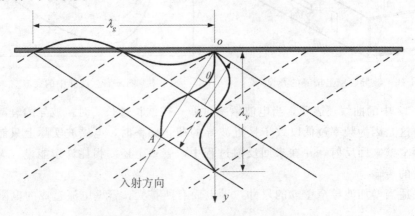

图 4-18　波导内电波斜反射所形成的波长

在实际工作中，往往需要根据测量出来的波导波长 λ_g 求出工作波长 λ。为此，可将上面公式中带有 θ 的各项消去，再以 $2a$ 代替 λ_y（对于 TE10 波而言，$a = \lambda_{y/2}$，所以 $\lambda_y = 2a$），则可得到计算工作波长 λ 的公式

$$\lambda = \lambda_g / \sqrt{1 + (\lambda_g/2a)^2} \tag{4-10}$$

反之，如果已知工作波长 λ，也可以通过计算求出波导波长 λ_g 的大小

$$\lambda_g = \lambda / \sqrt{1 - (\lambda/2a)^2} \tag{4-11}$$

（3）波导的截止波长

截止波长是一个很重要的概念，它是波导不同于传输线的重要特征之一。本章一开始曾经初步地提出了截止波长的概念，现在则根据电磁波在波导内的传播，进一步说明它的物理意义。

当矩形波导内传输 TE$_{10}$ 波时，波导宽边的尺寸应等于半个驻波波长，即

$$a = \lambda_y/2 = \lambda/(2\cos\theta) \tag{4-12a}$$

或

$$\cos\theta = \lambda/(2a) \tag{4-12b}$$

上式表明，若要在宽边为 a 的矩形波导中传输 TE$_{10}$ 波，则入射波的工作波长 λ 和入射角 θ 之间必须符合上述关系式。如果入射波的波长较短，那么入射角就必须较大，工作波长增长，则入射角就要减小，如图 4-19（a）、（b）所示；当入射波的工作波长增大到等于 $2a$ 时（$\lambda = 2a$），相应的入射角就减小到零（$\theta = 0°$），横电磁波就只能在波导的两窄壁之间来回反射，而无法沿波导轴向传播，如图 4-19（c）所示。我们把这种状态称为截止状态，截止状态下的工作波长称为截止波长（或临界波长），以符号 λ_c 表示。相应的频率叫截止频率（或临界频率）。对矩形波导的 TE$_{10}$ 波来讲，$\lambda_c = 2a$。

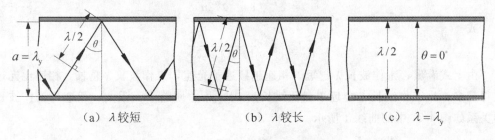

（a）λ 较短　　　　　（b）λ 较长　　　　　（c）$\lambda = \lambda_y$

图 4-19　波长不同时，横电磁波在波导内的传播

截止波长和波导波长有着一定的关系，将 $\lambda_c = 2a$ 代入 λ_g 的表达式，可得

$$\lambda_g = \lambda / \sqrt{1 - (\lambda/\lambda_c)^2} \tag{4-13}$$

上式虽然是在矩形波导内传输 TE$_{10}$ 波这样的特定条件下得出的，但是理论分析证明，该式无论对于矩形波导还是圆形波导，传输 TE$_{10}$ 波还是传输其他波型都是适合的，只不过 λ_c 必须用相应的截止波长代入。

4.3.4　波导内电磁波的传播速度

电磁波在自由空间的传播速度等于光速。但在波导内，因电磁波沿曲折的途径传

播，故沿轴向的传播速度不再等于光速，而带来了相速和群速的新概念。

（1）相速

电磁波的等相位面沿波导轴向的传播速度称为相速，用符号 v_p 表示。电磁波在波导内的传播速度，如图 4-20 所示。

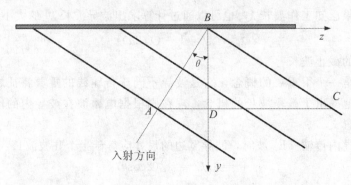

图 4-20　波导内电磁波的传播速度

当入射波以光速沿射线方向向前行进的距离 $\overline{AB}$ 为一个波长 λ 时，其等相位面在相同时间内以相速 v_p 沿波导轴向向前行进的距离 $\overline{AC}$ 等于一个波导波长 λ_g。可见，相速大于光速，二者的关系为

$$\frac{v_p}{c} = \frac{\overline{AC}/T}{\overline{AB}/T} = \frac{\lambda_g}{\lambda} \tag{4-14}$$

式中：c——光速。

将 λ_g 的表达式（4-11）、式（4-13）代入上式，可得 TE_{10} 波的相速为

$$v_p = c/\sqrt{1 - (\lambda/2a)^2} \tag{4-15a}$$

或

$$v_p = c/\sqrt{1 - (\lambda/\lambda_c)^2} \tag{4-15b}$$

由上式看出，工作波长 λ 越短，相速越接近于光速，工作波长 λ 越长，相速比光速大得越多；当工作波长 λ 接近于截止波长 λ_c 时，相速便趋于无限大。相速与工作波长的关系如图 4-21 中的曲线 1 所示。

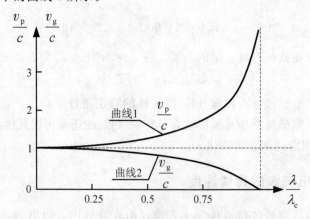

图 4-21　相速、群速随波长变化的曲线

相速仅仅表示等相位面运动的速度，它是一种表观速度，并不代表能量传输的速度，根据物理学的观点，自然界中任何能量的传播速度是不可能超过光速的。那么研究相速有何实际意义呢？因为，波导中传输的电磁波信号是由许多不同频率的正弦波所组成的，例如，射频脉冲信号就包含了一定范围的频谱。而相速 v_p 与波长 λ 也即与频率有关，这样，不同频率的电磁波就会有不同的相速，通过波导后，信号的组成关系即会发生一定的变化而造成信号的相位失真。这就是所谓"频散"（或"色散"）效应。这在实际使用波导时，应该加以考虑。为了减小"频散"，工作波长应远离波导的截止波长。

（2）群速

电磁能量沿波导轴向的传输速度，称为群速，用符号 v_g 表示。

入射波携带的能量是沿着射线方向传播的。由图 4-20 可以看出，A 点的能量，经过一个周期以后将以光速传到 B 点，而这部分能量沿着波导轴向仅仅前进到 D 点，因为 $\overline{AD}$ 小于 $\overline{AB}$，所以群速小于光速，其关系为

$$\frac{v_g}{c} = \frac{\overline{AD}/T}{\overline{AB}/T} = \frac{\overline{AB}\sin\theta}{\overline{AB}} = \sin\theta = \frac{\lambda}{\lambda_g} \tag{4-16}$$

将 λ_g 的表达式代入上式，可得 TE_{10} 波的群速为

$$v_g = c\sqrt{1 - (\lambda/2a)^2} \tag{4-17a}$$

或

$$v_g = c\sqrt{1 - (\lambda/\lambda_c)^2} \tag{4-17b}$$

由上式表明，工作波长 λ 越短，群速越接近于光速；波长 λ 增长，群速减小；若波长 λ 等于截止波长 λ_c 时，则群速为零，能量不能沿波导轴向传输。群速随波长变化的关系，如图 4-21 中的曲线 2 所示。

相速、群速和光速之间存在着如下的关系

$$v_p \cdot v_g = c^2 \tag{4-18}$$

即相速和群速的乘积等于常数。

4.4　矩形波导内的其他波型

前面讨论的 TE_{10} 波是横电波的一种形式。随着斜行波入射角和入射方向的不同，或者波导尺寸的改变，矩形波导内还会激起其他形式的横电波和横磁波。不难想象，波导内传输的电磁波，一旦碰到不规则的表面，斜行波的投射角就会发生变化，因此，在不规则表面的附近将会激起其他波型，扰乱基本波型的分布，影响基本波型的正常传输。因此，在传输基本波型的波导中应设法抑制那些不必要的其他波型（或称模式），保证单模传输。为了抑制其他波型，首先必须弄清其他波型的电磁场的分布和截止波长的特殊性，方能采取相应措施。

4.4.1 矩形波导内其他波型的电磁场分布

其他各种波型的横电波（或磁波）和横磁波（或电波），可以根据它们在波导横截面上沿宽边和窄边分布的驻波半波数目加以区分，并以 TE_{mn}（或 H_{mn}）和 TM_{mn}（或 E_{mn}）来表示。下标 m 表示沿宽边分布的驻波半波数，注脚 n 则表示沿窄边分布的驻波半波数。

矩形波导内各种横电波的电磁场分布，可以按以下三种情形来说明：

第一种是沿窄边没有驻波，只沿宽边有驻波的 TE_{m0} 波，TE_{m0} 波是根据电场只有横向分量的横电磁波在波导两窄壁之间反射而形成的。TE_{10} 波是这种横电波的一例，图 4-22 所表示的 TE_{20} 波也是一例，此外，还有 TE_{30} 波等。

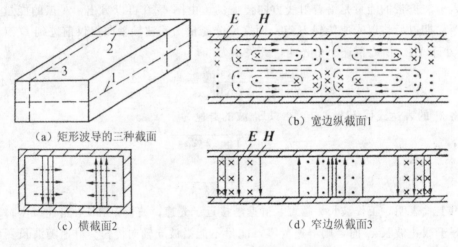

（a）矩形波导的三种截面 　　（b）宽边纵截面1

（c）横截面2 　　　　　　　（d）窄边纵截面3

图 4-22　横电波（TE_{20}）的电磁场分布

第二种是沿宽边没有驻波，只沿窄边有驻波的 TE_{0n} 波。TE_{0n} 波是由电场只有横向分量的横电磁波在波导宽壁之间反射而形成的。图 4-23 所表示的 TE_{01} 波是这种横电波的一例。

第三种是沿宽边和沿窄边都有驻波的 TE_{mn} 波。TE_{mn} 波是根据电场只有横向分量的横电磁波既在波导两宽壁、又在波导两窄壁之间反射而形成的。图 4-24 所表示的 TE_{11} 波是这种横电波的一例。

对于横磁波来说，TM_{m0} 波在矩形波导内是不能存在的。因为，如果沿波导窄边没有驻波，这就意味着平行于窄边的横向磁场的大小不变，磁场将同宽壁垂直，这是不符合边界条件的；同理，若波导宽边没有驻波，则磁场将同波导窄壁垂直，也是不符合边界条件的。至于 TM_{mn} 波，由于它沿波导的宽边和窄边都有驻波，这是符合边界条件的，所以能够在矩形波导内存在。TM_{mn} 波是根据磁场只有横向分量的横电磁波既在波导的两宽壁、又在波导的两窄壁之间反射而形成的。图 4-25 所表示的 TM_{11} 波就是这种横磁波的一例。

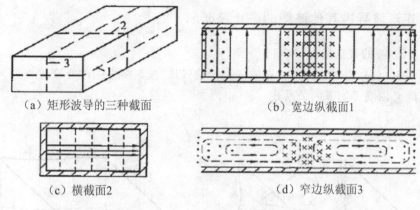

（a）矩形波导的三种截面　　　　　（b）宽边纵截面1

（c）横截面2　　　　　（d）窄边纵截面3

图 4-23　横电波（TE_{01}）的电磁场分布

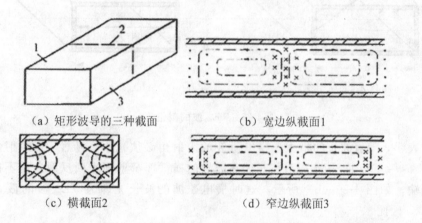

（a）矩形波导的三种截面　　　　　（b）宽边纵截面1

（c）横截面2　　　　　（d）窄边纵截面3

图 4-24　横电波（TE_{11}）的电磁场分布

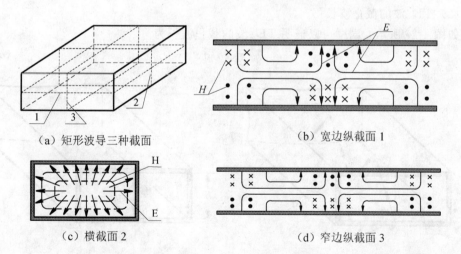

（a）矩形波导三种截面　　　　　（b）宽边纵截面 1

（c）横截面 2　　　　　（d）窄边纵截面 3

图 4-25　横磁波（TM_{11}）的电磁场分布

4.4.2 矩形波导内其他波型的截止波长

（1）TE_{m0}波的截止波长

由图4-26（a）可以看出，要在波导内形成TE_{m0}波，横电磁波在窄壁上的入射角θ波长λ之间必须满足如下的关系式

$$\cos\theta = m \frac{\lambda}{2} \Big/ a \qquad (4-19)$$

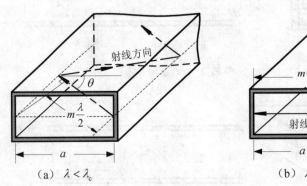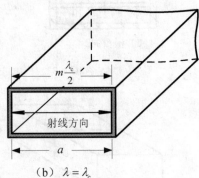

（a）$\lambda < \lambda_c$ （b）$\lambda = \lambda_c$

图4-26 TE_{m0}波的截止波长

它表明，随着波长的增大，横电磁波的入射角必须减小。显然，当入射角减小到零度（$\cos\theta=1$）时，横电磁波将只能在波导的横截面窄壁间来回反射，而不能沿波导轴向传输，如图4-26（b）所示，这时横电磁波的波长λ即为TE_{m0}波的截止波长λ_c（$\lambda=\lambda_c$）。因此

$$\lambda_c = 2a/m \qquad (4-20)$$

（2）TE_{0n}波的截止波长

如图4-27所示，同样可以证明TE_{0n}波的截止波长为

$$\lambda_c = 2b/n \qquad (4-21)$$

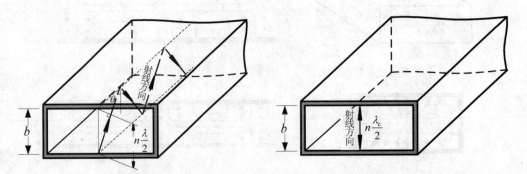

图4-27 TE_{0n}波的截止波长

（3）TE_{mn}波的截止波长

图4-28（a）表示横电磁波的波长小于截止波长时的情形。为了在波导内形成TE_{mn}

波，横电磁波应当在宽壁上和窄壁上都产生反射，也就是说，横电磁波的射线既不与宽壁平行，也不与窄壁平行。

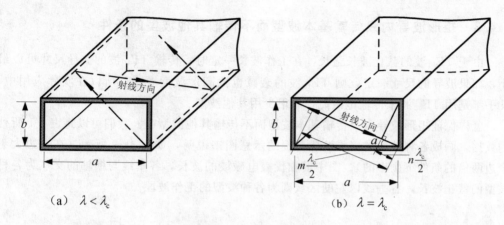

（a）　$\lambda < \lambda_c$ 　　　　　　　　　　　（b）　$\lambda = \lambda_c$

图 4-28　TE_{mn} 波的截止波长

当波长增大到与截止波长相等，即横电磁波只能在波导横截面上来回反射时，为了保持宽边的尺寸等于 m 个驻波半波长，窄边的尺寸等于 n 个驻波半波长，则横电磁波的射线同波导的宽壁之间必须有一定的夹角 α，如图 4-28（b）所示。根据图 4-28（b）可得

$$\cos\alpha = m\frac{\lambda_c}{2} \Big/ a \tag{4-22a}$$

$$\sin\alpha = n\frac{\lambda_c}{2} \Big/ b \tag{4-22b}$$

将上式两边平方并消去二式中的 α，即得 TE_{mn} 波的截止波长为

$$\lambda_c = 1 \Big/ \sqrt{\left(\frac{m}{2a}\right)^2 + \left(\frac{n}{2b}\right)^2} \tag{4-23}$$

上式表明，TE_{mn} 波的截止波长，既与波导宽边和窄边的尺寸有关，又与沿宽边和窄边分布的驻波半波数有关。如果沿波导窄边没有驻波分布，上式就变为 TE_{m0} 波的截止波长的表达式，如果沿波导宽边没有驻波分布，上式就变为 TE_{0n} 波的截止波长的表达式。这就是说，上式是表示横电波的截止波长的普遍公式。

（4）TM_{mn} 波的截止波长

TM_{mn} 波沿波导宽边和窄边分布的驻波半波数与 TE_{mn} 波相同，所以其截止波长也可以用上式确定。

综上所述，上式能够适用于矩形波导内所有形式的电磁波。如果以不同的 m、n 值代入上式，便可以得出各种形式电磁波的截止波长。如表 4-1 所示。

表 4-1　矩形波导内各种形式电磁波的截止波长

电磁波的形式	TE_{10}	TE_{20}	TE_{01}	TE_{02}	TE_{11}、TM_{11}	TE_{21}、TM_{21}
截止波长 λ_c	$2a$	a	$2b$	b	$\lambda_c = 1 \Big/ \sqrt{\left(\frac{1}{2a}\right)^2 + \left(\frac{1}{2b}\right)^2}$	$\lambda_c = 1 \Big/ \sqrt{\left(\frac{2}{2a}\right)^2 + \left(\frac{1}{2b}\right)^2}$

由上表可见，TE_{10}波的截止波长最长，其他波型则较短。通常将TE_{10}波称为矩形波导内的基本波型（最低波型或最低模式），而将其他波型称为高次波型（高次模式）。

4.4.3 矩形波导内只传输基本波型而不传输其他波型的条件

由于TE_{10}波的截止波长最长，在工作波长一定时，传输TE_{10}波的波导尺寸可以最小，如果波导的尺寸一定，则TE_{10}波的衰减也比高次波型要小。所以在实际应用中，几乎都是用TE_{10}波来传输电磁能，而很少用其他波型。

怎样保证矩形波导内只传输基本波型而不传输其他波型呢？我们可以将表4-1所列的数据，画成各种波型的工作波段范围的示意图来说明，如图4-29所示（在宽边大于窄边两倍的条件下画出的）。图中横轴代表电磁波的波长，各垂线与横轴的交点为各种波型的截止波长，各垂线以左的区域则为各种波型的工作波段。

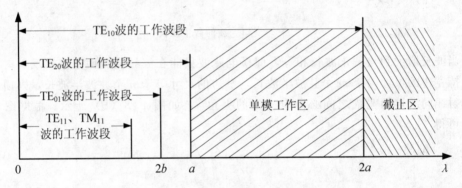

图 4-29　矩形波导内各种波型的工作波段（设 $a > 2b$）

由图4-29可见，如果工作波长等于或大于波导宽边尺寸的两倍（即$\lambda \geqslant 2a$），任何型式的电磁波都不能在波导内传输；如果波长比波导宽边尺寸小（即$\lambda < a$），在波导内又会出现高次波型（假设$a < 2b$，则波长小于窄边尺寸的两倍，即$\lambda < 2b$时，波导内也就会出现高次波型）。因此，对于一定尺寸的矩形波导来说，只传输TE_{10}波而不能传输其他波型的条件是

$$a < \lambda < 2a \tag{4-24a}$$
$$2b < \lambda \tag{4-24b}$$

如果电磁波的波长是一定的，则可以适当选择矩形波导的尺寸，使其只传输TE_{10}波。这时，矩形波导的尺寸应为

$$\lambda/2 < a < \lambda \tag{4-25a}$$
$$0 < b < \lambda/2 \tag{4-25b}$$

一般情况下，$a \approx 0.7\lambda$，$b \approx 0.35\lambda$，较为适宜。

总的来说，我们希望矩形波导内只传输TE_{10}波，但这也不是绝对的，在有些特殊场合下，波导内也需要传输高次波型。在这里就不详述了。

4.5　矩形波导的激励

在波导中产生所需要的波型的方法，称为激励。激励波导中的电磁波均装有激励装置。激励装置具有可逆性，它既可以用来产生波导中所需的电磁波型，又可以用来接收波导中传输过来的电磁波。这一节以激励装置为例说明其工作原理。

为了在波导中激励出所需的电磁波型，在设置激励装置时，应该根据以下原则：

（1）应用一种装置，它可以在波导中建立起电场，而这些电场和波导中要传输的电磁波的电场向量是一致的；

（2）或者用一种装置，它可以在波导中建立起磁场，而这些磁场和波导中要传输的电磁波的磁场向量是一致的；

（3）或者用一种装置，它可以在波导中建立起电磁场，而这些电磁场和波导中要传输的电磁波的电磁场向量是一致的。

4.5.1　TE_{10}波的激励

（1）探针激励

将同轴线的外导体与波导管壁连接，并将内导体伸入到波导中，这伸入到波导中的部分就称为探针，如图 4-30（a）所示。探针的作用如同一根小天线，从同轴线送来的电磁能，经探针辐射到波导中去。

探针激励是电场激励。在探针辐射电磁能时，可以产生与探针平行的电场。为了在波导内激励出 TE_{10} 波，探针常放置在波导宽壁的中央，并与宽壁垂直，这样，探针所产生的电场与 TE_{10} 波的电场方向趋于一致，如图 4-30（b）所示。当然，探针所产生的电场与 TE_{10} 波的电场并不是完全一致的，这就使得在探针附近除了有 TE_{10} 波以外，还有其他波型存在的可能。不过，通常选定的波导的尺寸都只允许 TE_{10} 波在波导内传输，其他波型会受到抑制，所以在离开探针不远的地方，就只有 TE_{10} 波了。

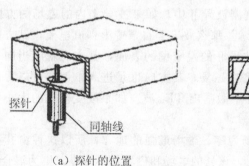
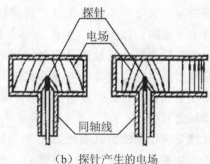

（a）探针的位置　　　　　（b）探针产生的电场

图 4-30　用探针激励 TE_{10} 波

探针激励的强弱与探针放置的位置、方向以及探针的长度有关；如果探针放在电场最强处，而且探针的方向同电场平行，激励就最强，在探针长度小于半个波长的条件下，探针愈长，激励也愈强。

（2）线环激励

将同轴线的外导体与波导管壁连接，并将伸入到波导中的内导体弯曲成环，然后再接到外导体上，这个弯曲成环的内导体就称为线环，如图 4-31（a）所示。线环的作用如同一个环形天线，从同轴线送来的电磁能，可以经线环辐射到波导内。

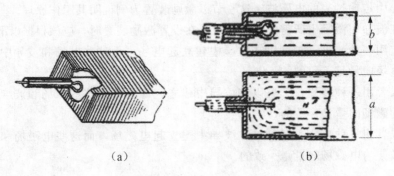

（a）   （b）

图 4-31　用线环激励 TE_{10} 波

线环激励是磁场激励。在线环辐射电磁能时，可以产生同线环平面垂直的磁场。如果使线环平面同宽壁垂直，就能够激励出 TE_{10} 波，如图 4-31（b）所示。同探针激励的情形相似，线环附近也会有高次波型存在，但因波导尺寸的限制，在离开线环不远处就只有 TE_{10} 波了。

线环激励的强弱，同线环平面与 TE_{10} 波的磁场之间的交角有关：线环平面同磁场垂直时，激励最强；平行时，激励最弱。如果交角一定，激励的强弱还同线环的面积成正比。

（3）窗孔激励

波导的激励还可以通过开在波导管壁上的窗孔来实现。窗孔激励又称缝隙激励，是波导传输系统中常用的一种激励方式。窗孔的形式很多，有圆形、长方形、十字形等，图 4-32（a）为圆形窗孔激励装置。由于在公共窄壁上开设了小窗孔，主波导 I 所传输的电磁能，就可以经过窗孔辐射到副波导 II 中，如果波导 I 内的磁场的方向在窗孔处是进入纸面的，如图 4-32（b）所示，那么波导 I 右窄壁上即有电流，其方向应当向下，电流并顺着路径通过窗孔流到波导 II 的左窄壁的表面，其方向就应当向上。波导 II 左窄壁表面上的电流在波导 II 内产生磁场，其方向也是进入纸面。可以看出，开在波导窄壁上的窗孔，能够在副波导 II 中激励出 TE_{10} 波。如果改变窗孔的大小，激励的强弱则随之而变。

开在波导窄壁上的窗孔是处在电场为零、磁场最强的地方，所以这种窗孔激励是磁场激励。如果窗孔开在波导的宽壁上，该处的电场和磁场均不为零，则为混合激励。

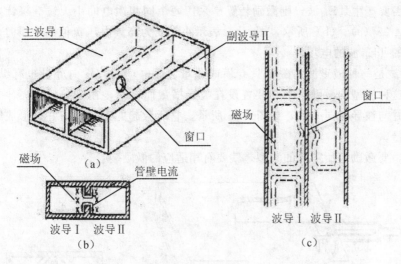

图 4-32 窗孔激励

4.5.2 其他波型的激励

在矩形波导内主要是传输的 TE_{10} 波。但在某些特殊场合下，也需传输其他波型。传输其他波型的条件，一方面要有合适尺寸的波导，另一方面，还需便于激励该种波型的激励装置。例如，要传输 TE_{20} 和 TE_{30} 波时，最好采用如图 4-33 （a）、（b）所示的激励装置，探针相距半个驻波波长，相位相差 180°。

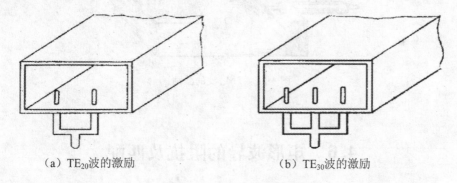

（a）TE_{20} 波的激励   （b）TE_{30} 波的激励

图 4-33 TE_{20}、TE_{30} 波的激励

TE_{01} 波的激励，可以由在波导窄壁伸入的小天线（探针）的辐射来实现，如图 4-34 所示。

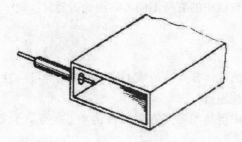

图 4-34 TE_{01} 波的激励

如果需要产生 TE_{11} 波，则激励装置是采用两个同相馈电的小天线（探针）来进行的，如图 4-35 (a)、(b) 所示，图 (b) 表示小天线为高频电压负值的一瞬时，在波导中所激励的 TE_{11} 波的电场。

TM_{11} 波是一种横磁波，磁场只有横向分量，而电场既有横向分量也有纵向分量。为了适应这种波型的激励，激励装置设在波导横截面一端，在横截面中央伸入小天线（探针），并与波导轴向一致，如图 4-36 所示。它所激起的磁场，正好是形成闭合回路的横向分量。

总之，要激励起所需要的波型，就要有相适应的激励装置。

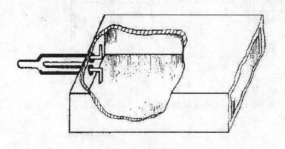

（a）激励装置　　　　　　　　　　　　（b）探针激励的电场

图 4-35　TE_{11} 波的激励

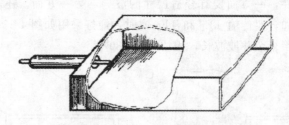

图 4-36　TM_{11} 波的激励

4.6　矩形波导的阻抗及匹配

矩形波导的阻抗匹配，和传输线的阻抗匹配一样，其目的都是为了有效地传输电磁能量，匹配原理也是基本相同的。但是，由于波导结构的不同，波导的阻抗和所采用的匹配装置，也与传输线中的有所不同了，因此需要对这两个问题加以说明。

4.6.1　波导的阻抗

由于波导中电磁场的立体分布，造成了波导阻抗的非唯一性。

（1）波阻抗与波导波阻抗

波阻抗表示电磁波中电场与磁场在量方面的相互关系，它等于电场强度和磁场强度的比值，见公式（4-26）。这个比值反映了均匀介质对横电磁波所呈现阻抗的大小。

$$Z_w = E/H = \sqrt{\mu/\varepsilon} \tag{4-26}$$

式中：Z_w——均匀介质对横电磁波所呈现的波阻抗；

　　　μ——均匀介质的导磁系数；

　　　ε——均匀介质的介电常数。

电磁波在自由空间或以空气为介质的传输线中传播时，因 $\mu = \mu_0 = 4\pi \times 10^{-7}\,\text{H/m}$，$\varepsilon = \varepsilon_0 = (1/36\pi) \times 10^{-8}\,\text{F/m}$，故其波阻抗为

$$Z_w = E/H = \sqrt{\mu/\varepsilon} = 120\pi \approx 377\Omega \tag{4-27}$$

在波导中传输的电磁波，由于受到边界条件的制约，电磁场的分布发生了变化，代表能量沿波导轴向传输的只是横向电场分量和横向磁场分量，所以波导中波阻抗的定义是：横向电场强度与横向磁场强度的比值。

对于 TE_{10} 波而言，$Z_{\text{WH}_{10}}$ 就是横向电场 E_x 和横向磁场 H_y 的比值。根据图 4-37 和 H_y 与 H 的关系可知

$$E_x = E \tag{4-28a}$$

$$H_y = H\sin\theta = H\sqrt{1 - \cos^2\theta} = H\sqrt{1 - (\lambda/2a)^2} \tag{4-28b}$$

故矩形波导中传输 TE_{10} 波时的波阻抗为

$$Z_{\text{WH}_{10}} = \frac{E_x}{H_y} = \frac{E}{H\sin\theta} = \sqrt{\frac{\mu_0}{\varepsilon_0}} \Big/ \sqrt{1 - \left(\frac{\lambda}{2a}\right)^2} = 120\pi \Big/ \sqrt{1 - \left(\frac{\lambda}{2a}\right)^2} \tag{4-29}$$

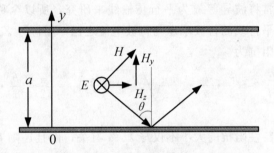

图 4-37　矩形波导传输 TE_{10} 波时的横电磁波分量

上式表明，波导传输 TE_{10} 波时，波阻抗不仅与介质的性质有关，而且还与波导的宽边和工作波长有关，其数值大于自由空间的波阻抗。上式中的 $2a$ 即是 TE_{10} 波的截止波长，如果将 $2a$ 用 λ_c 来代替，则上式就可以推广为任意型式的横电波的波阻抗

$$Z_{\text{WH}} = \sqrt{\frac{\mu_0}{\varepsilon_0}} \Big/ \sqrt{1 - \left(\frac{\lambda}{2a}\right)^2} = 120\pi \Big/ \sqrt{1 - \left(\frac{\lambda}{\lambda_c}\right)^2} \tag{4-30}$$

若是横磁波，则波导的波阻抗为

$$Z_{\text{WE}} = \sqrt{\frac{\mu_0}{\varepsilon_0}} \Big/ \sqrt{1 - \left(\frac{\lambda}{2a}\right)^2} = 120\pi \Big/ \sqrt{1 - \left(\frac{\lambda}{\lambda_c}\right)^2} \tag{4-31}$$

为了得到电磁波在波导中无反射的传输（沿波导轴线为行波状态），就必须保证波导波阻抗的均匀性。

（2）波导的等效特性阻抗

从波阻抗的表达式看出，波阻抗与波导窄边的尺寸无关。那么把两个宽边尺寸相同而窄边尺寸不等的矩形波导按如图 4-38 那样连接起来，似乎应当没有波的反射，但实践证明，这种连接仍会出现反射波。这就说明波导的波阻抗相等并不一定是匹配的。这是什么原因呢？我们可以通过与传输线的对比来说明这种情况：当两种结构的传输线相连（介质相同）时，虽然它们的波阻抗相同，但特性阻抗是不同的，则必然引起电波的反射。波导也类似上述情况，虽然它们的波阻抗相同，但由于窄边的不同，致使波导特性阻抗发生改变，而造成电波反射。由此可见，波导窄边的不同，将会引起波导特性阻抗的改变。

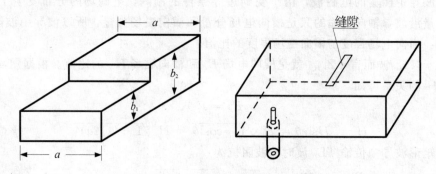

图 4-38 波导的等效特性阻抗

波导的特性阻抗常将波导等效为平行传输线来研究，所以全称应该是波导等效特性阻抗，它等于等效平行线的行波电压与行波电流之比，用符号 Z_e 表示。

波导的等效特性阻抗为

$$Z_e = \frac{U}{I} = \frac{\pi}{2} \cdot \frac{b}{a} \cdot \frac{E_x}{H_y} = \frac{\pi}{2} \cdot \frac{b}{a} \cdot \sqrt{\frac{\mu}{\varepsilon}} \bigg/ \sqrt{1 - \left(\frac{\lambda}{2a}\right)^2} = \frac{\pi}{2} \cdot \frac{b}{a} \cdot 120\pi \bigg/ \sqrt{1 - \left(\frac{\lambda}{2a}\right)^2}$$

(4-32)

上式表明，等效特性阻抗的大小不仅与 λ、a 有关，而且还随 b 的改变而改变。如果波导的窄边 b 增大，相当于等效传输线的线间距离增大，则分布电感变大，分布电容变小，所以等效特性阻抗 Z_e 增大；如果宽边 a 增大，相当于等效传输线的宽度增加，则分布电感变小，分布电容变大，所以等效特性阻抗随宽边的增大而减小；如果工作波长 λ 变短，则四分之一波长的短路线变短，相当于等效传输线的宽度增加，所以等效特性阻抗 Z_e 也变小。

由上分析可见，当波导与波导相连时，如果尺寸相同，只需考虑两者波阻抗的均匀性；如果尺寸不同，就需考虑两者的等效特性阻抗是否一致。当波导与同轴线或与负载相连时，也必须用等效特性阻抗的概念，来研究它们之间的阻抗匹配。

4.6.2 波导的匹配

波导传输电磁能与传输线的情况相似，当波导与波导或波导与负载不匹配时，也会造成反射，形成驻波，致使波源（发射机）输出的功率不能有效地送往负载。这时，传输线所用到的反射系数、驻波系数、输入阻抗等概念，也可在波导中加以应用。

波导的匹配，也是利用匹配元件的作用，产生一部分附加的反射波，使该反射波与负载产生的反射波互相抵消，以实现主波导的行波传输。

波导中常用的匹配装置有：1/4 波长（$\lambda_g/4$）阻抗变换器、渐变波导、膜片、螺钉以及短路活塞等。

（1）1/4 波长（$\lambda_g/4$）阻抗变换器和渐变波导

a. $\lambda_g/4$ 阻抗变换器

当两节波导的宽边尺寸相同、而窄边尺寸不同时，其等效特性阻抗是不相等的。为了使两者阻抗匹配，可以加一节波导，其长度为波导波长的四分之一，见图 4-39（a）。这节波导就称为四分之一波长（$\lambda_g/4$）阻抗变换器。

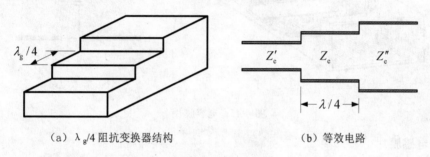

（a）$\lambda_g/4$ 阻抗变换器结构　　　　（b）等效电路

图 4-39　$\lambda/4$ 阻抗变换器

$\lambda_g/4$ 阻抗变换器可以等效为传输线的四分之一波长阻抗匹配器，如图 4-39（b）所示。如果两节波导的等效特性阻抗分别为 Z_e' 和 Z_e''，为了达到匹配，则阻抗变换器的等效特性阻抗 Z_e 的大小应为

$$Z_e = \sqrt{Z_e' Z_e''} \tag{4-33}$$

b. 渐变波导

渐变波导是截面尺寸逐渐改变的一节波导，如图 4-40（a）所示。由于其等效特性阻抗是逐渐改变的，因而可以将渐变波导等效为渐变线，如图 4-40（b）所示。其匹配原理与渐变线相同。

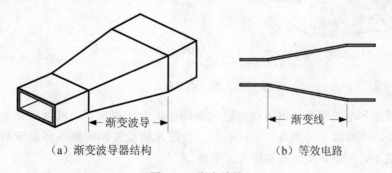

（a）渐变波导器结构　　　　（b）等效电路

图 4-40　渐变波导

（2）膜片

在进行匹配时，如果需要并联一个电抗以抵消负载中的电抗成分，可以采用具有

电抗性质的膜片。膜片是由很薄的金属片制成的，按其所呈现的电抗性质来分，有电容膜片和电感膜片两种。

a. 电容膜片

装在波导内宽壁上的金属片，称为电容膜片，如图 4-41（a）所示。由于波导的宽壁加了金属片后，间距减小，其间电场增强，因而相当于在等效传输线上并接了一个电容，其等效电路如图 4-41（b）所示。金属片的间距越小，电容越大。

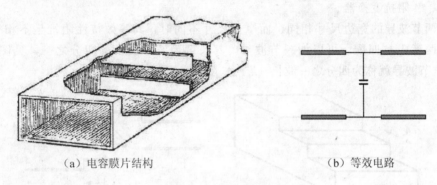

（a）电容膜片结构　　　　　　　　　　　（b）等效电路

图 4-41　电容膜片

b. 电感膜片

如果把薄金属片装在波导内的窄壁上，这就成为电感膜片，如图 4-42（a）所示。波导加设了这种金属片后，相当于在等效传输线上并接了小于四分之一波长的短路线，因此可将金属片的作用，等效成一个电感，其等效电路如图 4-42（b）所示。金属片的间距越小，电感也越小。

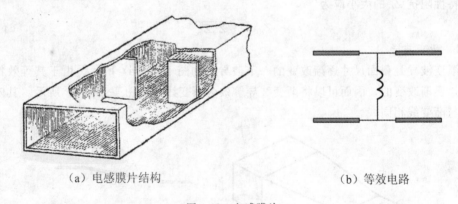

（a）电感膜片结构　　　　　　　　　　　（b）等效电路

图 4-42　电感膜片

电容膜片和电感膜片的作用和传输线单调配段的作用相似，可以根据负载中电抗的大小，适当选择膜片的间距，加以抵消，但膜片的位置和间距一经确定后，电抗的大小就固定了，不象单调配段那样可以调整。

由于电容膜片减小了波导宽壁之间的距离，使波导的功率容量降低，因此电容膜片不如电感膜片应用广泛。

（3）螺钉

由于膜片是固定在波导内的，其电抗的大小不能改变，所以当负载阻抗或者电磁波频率不固定时，膜片就不能保持阻抗的匹配。在这种情况下，常采用一个或者多个可以调整的螺钉来进行匹配。

调抗螺钉通常装在波导宽壁的中心线上，如图 4-43（a）所示。由于螺钉末端和波导的另一宽壁之间电场增强，所以相当于一个电容，又由于感应电流流过螺钉时，在螺钉周围会产生磁场，所以螺钉伸入波导的部分相当于一个电感，所以调抗螺钉可以等效为电感、电容串联电路，如图 4-43（b）所示。

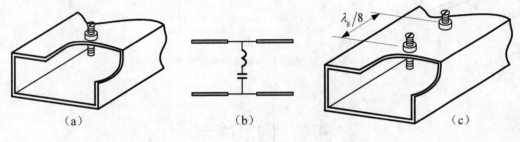

图 4-43　调抗螺钉

调整螺钉伸入到波导中的长度，可以改变螺钉所呈现的电抗。伸入的长度较短时，等效的电感和电容都比较小，串联电路呈电容性，伸入的长度增加时，等效的电感和电容都会增大，串联电路可以从电容性变到谐振，再变到电感性。为了不使波导的功率容量降低过多，在一般情况下，螺钉伸入波导的长度都较短，所以串联电路通常是呈电容性的。

在有些波导馈电系统中，为了使调整的效果更好些，往往装配两个或两个以上的调抗螺钉。图 4-43（c）所示的为双调抗螺钉匹配器，其调整的方法与传输线的双调配段相似。

螺钉伸入到波导中去，会降低波导的功率容量，因此螺钉匹配器只适用于传输中、小功率的波导中。

（4）短路活塞

为了进行匹配，也可以在波导的末端或者在宽（窄）壁上加一节有短路活塞的波导。这一节波导相当于一段长度可变的短路线，其作用与单调配段相似。

图 4-44（a）是波导与同轴线连接时利用短路活塞进行匹配的结构图。其等效电路如图 4-44（b）所示。

图中，X_1 代表末端短路、长度为 l_1 的这一段波导的输入电抗，X_2 代表末端短路、长度为 l_2 的同轴线段的输入电抗，X_L 代表穿过波导的同轴线内导体（即探针）所呈现的感抗，Z_e 是波导的等效特性阻抗，Z_0 是同轴线的特性阻抗。

为了说明匹配原理，现将 AA' 处的两个并联阻抗 Z_e 和 X_1 化为串联阻抗 R' 和 X'，这时图 4-44（b）即等效为图 4-44（c）。调整波导内的短路活塞，也就是改变电抗 X_1 的大小，可以使电阻 R' 和电抗 X' 改变，当电阻 X_1 的数值改变到等于同轴线的特性阻抗 Z_0 时，再调整同轴线的短路活塞，即改变电抗 X_2 的大小，使 $X' + X_2 + X_L = 0$，于

是 AB 处的输入阻抗就等于同轴线的特性阻抗，亦即同轴线和波导之间达到了匹配。

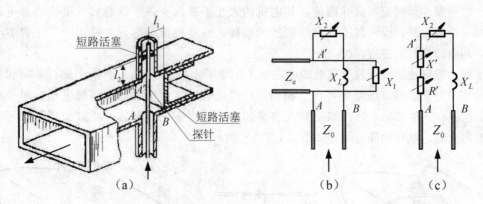

图 4-44　用短路活塞进行匹配的结构图和等效电路图

4.7　圆形波导

圆形波导在波导馈电系统中也有一定范围的应用。一方面它制造较为方便，另一方面可根据圆波导波型的一些特征，作某些特殊的用途。

圆形波导传输电磁波的原理同矩形波导相似，也是斜行的横电磁波在波导管壁上来回反射而形成的。因此，本节依据矩形波导的已有知识，来研究圆形波导的波型和它们的传输条件等。

4.7.1　圆形波导内电磁波的波型

圆形波导内的电磁波同样有横电波（磁波）和横磁波（电波）两大类。这些不同形式的横电波和横磁波，也用"TE$_{mn}$（H$_{mn}$）波"和"TM$_{mn}$（E$_{mn}$）波"来表示，只是下标 m 表示沿半圆周分布的驻波半波数，n 表示沿半径分布的驻波半波数，如果沿半径分布的驻波半波数不满 1，n 仍取整数为 1。

在圆形波导中，应用较多的是 TM$_{01}$ 波、TM$_{11}$ 和 TE$_{01}$ 波。下面对这三种形式的电磁波分别进行讨论。

（1）TM$_{01}$（E$_{01}$）波

TM$_{01}$ 波是横磁波，其电磁场的分布，如图 4-45 所示。由于场强沿圆周没有变化（即没有驻波），故 $m=0$；但沿半径分布的驻波半波数不满 1，n 也取 1。

由图 4-45 可以看出，圆形波导内 TM$_{01}$ 波电磁场的分布是与管轴对称的。利用这一特性，传输 TM$_{01}$ 波的圆形波导可以做为转动连接器。这种转动连接器，能够在天线旋转时保持波型不变，因而不会影响电磁波的传输。

TM$_{01}$ 波可以用探针来激励。探针放在圆形波导的轴线上，如图 4-46（a）所示。由于探针是与 TM$_{01}$ 波的纵向电场平行的，并且位于电场最强处，所以能够激励 TM$_{01}$ 波，如图 4-46（b）所示。

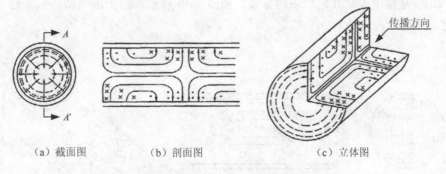

（a）截面图　　　　（b）剖面图　　　　（c）立体图

图 4-45　TM_{01} 波的电磁场的分布

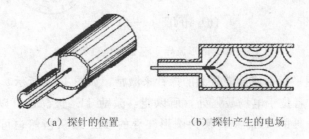

（a）探针的位置　　　　（b）探针产生的电场

图 4-46　用探针激励 TM_{01} 波

从矩形波导内的 TE_{10} 波转换为圆形波导内的 TM_{01} 波，或者作相反的转换，也可以借助于探针来实现，如图 4-47 所示。图中，由矩形波导馈电的探针 I 能够在圆形波导内激励 TM_{01} 波，而由圆形波导馈电的探针 II 能够在矩形波导内激励 TE_{10} 波。图中的调谐活塞，是用来使矩形波导与圆形波导匹配的。

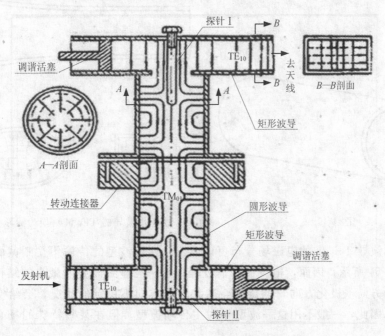

图 4-47　矩形波导 TE_{10} 波与圆形波导 TM_{01} 波的互相转换

（2）TE₁₁波

TE₁₁波是横电波，其电磁场的分布，如图 4-48 所示。由于沿半圆周或半径都出现一个驻波半波，故 $m=1$，$n=1$。

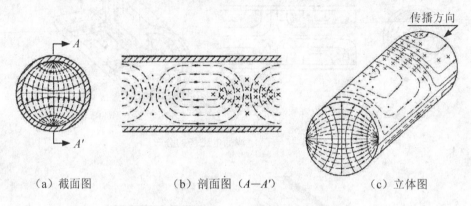

（a）截面图　　　　　（b）剖面图（A—A'）　　　　　（c）立体图

图 4-48　圆形波导 TE₁₁波的电磁场分布

TE₁₁波可以用平行于波导横截面的探针来激励，如图 4-49 所示。因为探针与 TE₁₁波的电场平行，并且位于电场最强处，所以能够激励 TE₁₁波。也可以用波型转换器来实现，如从矩形波导的 TE₁₀波转换为圆形波导的 TE₁₁波（当然也可作相反的转换）。波型转换器是一段横截面逐渐由矩形变为圆形的波导，如图 4-50 所示。它的一端由传输 TE₁₀波的矩形波导馈电，随着横截面的逐渐变化，由于电力线和磁力线必须符合边界条件，因而它们也逐渐弯曲，于是在它的另一端的圆形波导内，就可以得到 TE₁₁波了。

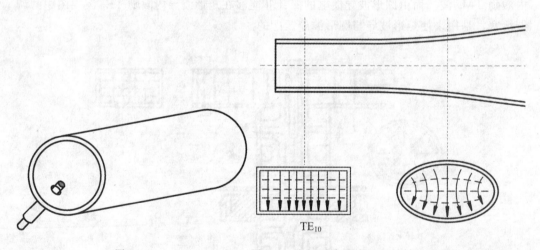

TE₁₀

图 4-49　　　　　　图4-50　由矩形波导的 TE₁₀波转换为圆形波导的 TE₁₁波

从圆形波导 TE₁₁波的电磁场分布可以看出，这种波型的传输不受圆截面方向的限制，如图 4-51 所示。因而，电波在传输过程中，一旦碰到波导内微小的结构突变，就会发生电场方向（极化方向）的旋转，这种电场方向不稳定的状况，会给实用带来一定的困难。因此，一般不用这一波型作为主传输波型。但在某些特殊的场合，这种极化方向的旋转又可以被利用。

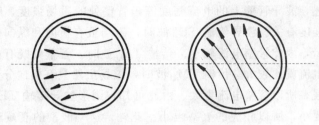

图 4-51　圆形波导中不同极化方向的 TE_{11} 波

（3）TE_{01} 波

TE_{01} 波也是一种横电波，其电磁场的布分，如图 4-52 所示。由于沿半圆周没有驻波分布，故 $m=0$，而沿半径出现驻波，故 $n=1$。

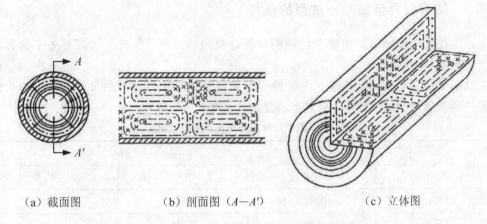

（a）截面图　　　　（b）剖面图（$A-A'$）　　　　（c）立体图

图 4-52　E_{01} 波的电磁场的分布

TE_{01} 波可以用线环来激励。线环放在波导管壁附近，其平面与波导横截面平行，如图 4-53（a）所示。这样放置的线环，它产生的磁场是同 TE_{01} 波的磁场的方向一致，所以能够激励 TE_{01} 波，如图 4-53（b）所示。

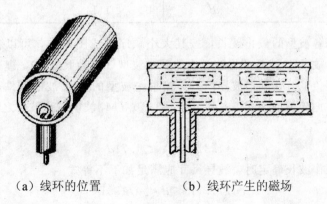

（a）线环的位置　　　　（b）线环产生的磁场

图 4-53　用线环激励 TE_{01} 波

圆形波导传输电磁波的时候，能量的损耗主要是由电流流过波导管壁上的电阻而产生的。如前所述，波导管壁上的电流密度等于管壁处的磁场强度，所以能量的损耗同管壁处的磁场强度有关。波导传输 TE_{01} 波时，磁场虽有横向和纵向分量，但在管壁处却只有纵向分量，因此管壁电流较小。传输 TE_{11} 波时，管壁处既有横向分量，又有纵向分量，管壁电流就比较大。传输 TM_{01} 波时，磁场虽然只有横向分量，但波导管壁处的横向磁场最强，所以管壁电流更大。由此可知，圆形波导传输 TE_{01} 波时的管壁电流比其他波型的要小，所以相应的衰减也小。此外，这一波型的衰减还随着频率的升高而下降。正因为 TE_{01} 波具有这些优点，所以常用它来作高品质因数的谐振腔，如高精度波长表、回波箱等。此外，它在远距离波导通信中也具广阔的前景。但是 TE_{01} 波不是圆形波导中的最低波型，波导的微小不均匀都可能激起其他波型，因而对波导的加工工艺要求很高。

4.7.2 圆形波导传输单一波型的条件

在应用圆形波导时，也要求波导内只传输单一的波型。为此，必须首先了解各种型式电磁波的截止波长。

和矩形波导相似，圆形波导内各种波型的截止波长也同波导的尺寸有关。如果圆形波导的内直径为 d，则各主要波型的截止波长如表 4-2 所示。

表 4-2　圆形波导内各种波型的截止波长

TE_{mn}		TM_{mn}	
波　型	截止波长	波　型	截止波长
TE_{01}	$0.82d$	TM_{01}	$1.31d$
TE_{02}	$0.45d$	TM_{02}	$0.57d$
TE_{11}	$1.71d$	TM_{11}	$0.82d$
TE_{12}	$0.59d$	TM_{12}	$0.45d$
TE_{21}	$1.03d$	TM_{21}	$0.61d$
TE_{22}	$0.47d$	TM_{22}	$0.38d$

将上表所列各波型的截止波长，按其大小顺序画成图 4-54，可以看出，TE_{11} 波的截止波长最长，故 TE_{11} 波是圆形波导内的基本波型（或最低模式）。基本波型的特点是最容易实现单模传输。在圆形波导内只传输单一波型的 TE_{11} 波的条件是：当波导的内直径 d 一定时，电磁波的工作波长应介于 TE_{11} 波 TM_{01} 波的截止波长之间，即满足下面的不等式

$$1.31d < \lambda < 1.71d \tag{4-34}$$

或者，当工作波长确定时，波导尺寸应满足如下不等式

$$\lambda/1.71 < d < \lambda/1.31 \tag{4-35}$$

如果要求圆形波导只传输单一的 TM_{01} 波时，那么除了工作波长应介于 TM_{01} 波和 TE_{21} 波的截止波长之间外，还应设法消除 TE_{11} 波。用来消除 TE_{11} 波的装置称为 TE_{11} 波

滤波器，如图 4-55 所示。这种滤波器由若干同轴的金属圆环组成，各环之间用高频介质支撑。由于滤波器的金属环与 TM_{01} 波的电场垂直，因而不影响 TM_{01} 波的传输，但对 TE_{11} 波来说，其电场的一部分与金属环平行，因而被衰减。

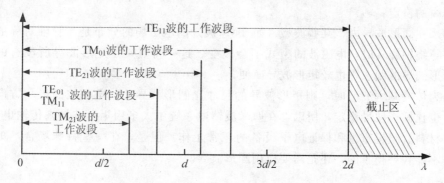

图 4-54　按顺序排列的截止波长的分布

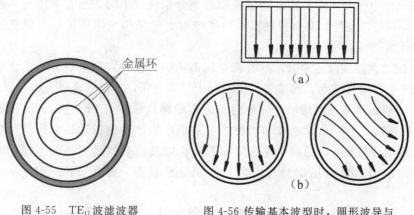

图 4-55　TE_{11} 波滤波器　　　　图 4-56 传输基本波型时，圆形波导与矩形波导电场极化方向的比较

　　同样，如果工作波长介于 TE_{01} 波和 TM_{21} 波的截止波长之间，则 TE_{01} 波就可以在圆形波导内传输，但等于或大于 TE_{01} 波截止波长的其他波型，也能在该波导内传输，如 TM_{11} 波、TE_{21} 波、TM_{01} 波和 TE_{11} 波等。如果要设法全部滤除而只留下 TE_{01} 波，这就比较困难。因此，在圆形波导内不易实现 TE_{01} 波的单模传输。

4.7.3　圆形波导同矩形波导的比较

　　（1）如果圆形波导和矩形波导都传输基本波型，而且电磁波的工作波长相同，那么圆形波导的尺寸要比矩形波导的大。

　　圆形波导传输基本波型 TE_{11} 波的时候，波导的直径同波长的关系见公式（4-35），通常取 $d=\lambda/1.5 \approx 0.7\lambda$。而矩形波导传输基本波型——$TE_{10}$ 波的时候，波导的宽边和窄边同波长的关系见公式（4-25），通常取 $a=\lambda/1.5 \approx 0.7\lambda$，$b \approx 0.35\lambda$。因此，圆形波导和矩形波导传输同一波长的基本波型时，圆形波导的尺寸要比矩形波导的大一些。

（2）圆形波导内 TE_{11} 波的极化方向不如矩形波导内 TE_{10} 波的稳定。从图 4-56 的对比中可以看出，矩形波导内 TE_{10} 波的电场方向只能同宽壁垂直，而圆形波导内 TE_{11} 波的电场方向却可能在传输过程中发生旋转，所以圆形波导内电磁波的极化方向不如矩形波导内的稳定。

（3）在圆形波导内，某些波型（如 TM_{01} 波）的电磁场的分布是与管轴对称的，因此在波导绕轴旋转时，电磁波的型式不会改变。这一特点，是矩形波导所没有的。并且，圆形波导的制造，也较矩形波导简便。

同为传输基本波型时，则矩形波导的尺寸比圆形波导小，电磁波的极化方向，矩形波导也比圆形波导稳定，所以，在厘米波馈电系统中大多用矩形波导来传输电磁能，以节省材料、减轻重量和保证电子设备的正常工作。但是，在一些特殊场合，矩形波导又是不能代替得了的，还是需要应用圆形波导。

小　结

1. 在微波电子技术中，当电波波长缩短到分米波以下时，通常采用波导来传输电磁能。波导传输电磁能，具有损耗小、功率容量大和结构牢固等优点，但使用范围受到波导尺寸的严格限制。

2. 电磁波在波导内传输时，要符合金属面的边界条件：即电场只能垂直于金属表面，不能平行于金属表面；而磁场只能平行于金属表面，不能垂直于金属表面。

3. 由于受边界条件的限制，波导内不能传输横电磁波（TEM），只能传输横电波（TE）和横磁波（TM）。横电波和横磁波都是横电磁波沿曲折途径来回斜反射而叠加形成的。根据波导尺寸、形状、传送信号的波长以及波导激励方法的不同，波导内会有许多不同波型的电磁场的分布。为了区别这些波型，常用 TE_{mn}（H_{mn}）和 TM_{mn}（E_{mn}）表示。

在矩形波导中，m 表示沿宽边分布的驻波半波数，n 表示沿窄边分布的驻波半波数；在圆形波导中，m 表示沿半圆周分布的驻波半波数，n 表示沿半径分布的驻波半波数。

4. 在矩形波导中，绝大多数是采用基本波型 TE_{10} 波来传输的。这种波型，所用波导的尺寸最小，最易滤除其他波型，并且衰减系数也比高次波型要小。在圆形波导中，根据需要，常运用的波型有 TM_{01}、TE_{01} 和 TE_{11} 波等。这些波型各有自己的特点，例如波型对称、损耗小和模式低等；但 TE_{11} 波的极化方向，容易发生旋转。

5. 电磁波在波导内都是沿曲折途径来回斜反射向前传输的。所以在波导内会出现除工作波长 λ 以外的轴向波导波长 λ_g、横向驻波波长 λ_y 和截止波长 λ_c 等；在传播速度方面会出现除了波速（即光速 c）以外的相速 v_p 和群速 v_g 等。搞清这些新概念，有利于对波导工作原理的理解。

6. 在波导中传输基本波型时，可用等效传输线的概念来解释波导的阻抗匹配。波导等效特性阻抗的大小，不仅与几何尺寸和充填的介质有关，而且还与电波的工作波长有关。要使波导轴向处于行波状态，也一定要求波导与波导、波导与负载、波导与波源发生阻抗匹配，其匹配装置有阻抗变换器、电抗膜片、调抗螺钉和调配活塞（即短路活塞）等。

第 5 章　微波器件

在微波系统中，实现对微波信号的定向传输、衰减、隔离、滤波、相位控制、波型与极化变换、阻抗变换等功能作用的器件，统称为微波器（元）件。

微波器件的形式和种类很多，其中有些与低频元件的作用相似。如沿着波导轴线放置适当长度的吸收片，可以消耗电磁能量的作用，相当于低频中的衰减器；在 E 面或 H 面使波导分支，可以起到类似于低频电路中的串联、并联作用等。将若干波导器件组合起来，可以得到各种重要组件。如在波导中将膜片或销钉放在适当位置，可以构成谐振腔；由适当组合的谐振腔，可以得到不同要求的微波滤波器等。

也有不少微波器件在低频系统中没有的，如滤除寄生波的滤除器、波型变换器、极化变换器等。

微波元件又可按所采用的传输系统类型分为波导、同轴和微带等几种类型。过去常用的波导和同轴型的微波元件，大多是做成单件分立式的，一个元件单独完成一种功能。这种分立的微波元件可以根据需要加以组合，以构成各种微波系统。近年来，为了实现微波系统的小型化，开始采用由微带和集总参数元件组成的微波集成电路，可以在一块基片上做出大量的元件，组成复杂的微波系统，完成各种不同的功能。微波集成电路具有体积小、重量轻、便于大量生产、成本低等优点，在中小功率范围内，微波集成电路有逐步取代分立元件的趋势。鉴于其重要性，我们将对集总参数元件和微波集成电路作一简单介绍。

由于微波器件的种类繁多，本章只选择其中最基本的，如谐振线与谐振腔、微波连接装置、衰减器与移相器、微波滤波器和定向耦合器等进行讨论。

5.1　谐振线与谐振腔

谐振线与谐振腔是工作频率增高到超高频范围时的振荡回路。

我们知道，振荡回路是由电容和电感组成的集总参数电路，电感 L、电容 C 的大小，决定了回路谐振频率的高低。随着谐振频率的增高，电感 L、电容 C 必须减小，当频率达到超高频范围时，不但振荡回路的电感 L、电容 C 不易做得很小，而且趋肤效应和介质损耗明显增加，甚至会带来辐射损耗，降低了回路的品质因数和功率容量，影响了电路的工作性能。因此，集总参数的振荡回路，已不适应在超高频情况下的应用，而是由分布参数电路：谐振线和谐振腔来代替。

通常工作频率达到 100 MHz 以上时，开始应用平行谐振线，300 MHz 以上应用同轴谐振线，而在 1 000 MHz 以上应用谐振腔。但这种分法并不是严格的界限，根据具体情况也会有所变更。

5.1.1 谐振线

谐振线是超高频振荡回路的一种，常用于米波和分米波电子设备中。就其结构而言，虽有平行谐振线和同轴谐振线之分，但其工作原理却是相同的。因此，本节以平行谐振线为主进行讨论。

（1）谐振线是由分布参数构成的超高频振荡回路

一定长度的短路线或开路线，是由分布电感、分布电容构成的分布参数电路，而四分之一波长整数倍的短（开）路线段，具有谐振特性，所以能够作为超高频振荡回路。这还可以根据输入阻抗的概念和驻波特点来加以说明。

图 5-1 是一端短路另一端开路的谐振线。如果线长等于四分之一波长，则从线上任意两点 AA' 向短路端看去输入阻抗必为感抗，而看向开路端的输入阻抗必为容抗。若 AA' 点与短路端的距离为 x，则感抗为

$$jX_L = jZ_0 \tan(2\pi/\lambda) \cdot x \tag{5-1}$$

容抗为

$$-jX_C = -jZ_0 \cot(2\pi/\lambda) \cdot \left[(\lambda/4) - x\right] = -jZ_0 \tan(2\pi/\lambda) \cdot x \tag{5-2}$$

由式（5-1）和式（5-2）可见，感抗与容抗的大小相等。因此，谐振线可以被等效为由电感 L 和电容 C 组成的并联谐振（振荡）回路。

同理，图 5-2 为两端短路的谐振线，当其长度为 $\lambda/2$ 时，从线上任意两点 AA' 向小于 $\lambda/4$ 的短路端看去，其输入阻抗为感抗

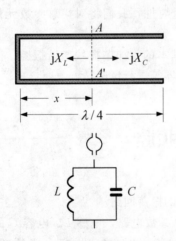

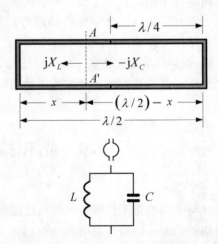

图 5-1　$\lambda/4$ 谐振线及其等效电路　　　图 5-2　$\lambda/2$ 两端短路的谐振线及其等效电路

$$jX_L = jZ_0 \tan(2\pi/\lambda) \cdot x \tag{5-3}$$

而向大于 $\lambda/4$ 的短路端看去，其输入阻抗为容抗

$$-jX_C = jZ_0 \tan(2\pi/\lambda) \cdot [(\lambda/2) - x] = -jZ_0 \tan(2\pi/\lambda) \cdot x \tag{5-4}$$

感抗与容抗的大小相等，所以，也可等效为一个 L、C 并联的谐振回路。

至于长度小于 $\lambda/4$ 而一端短路另一端接电容的谐振线，如图 5-3 所示，当短路线段所呈现的感抗与末端所接电容的容抗相等时，显然，也是一个谐振回路。

谐振线既然是一个振荡回路，它是怎样进行电磁振荡的呢？这可从传输线传输电磁能的原理得知：电磁能传到短路端时，会产生全反射，传到开路端或纯电抗端时，也会产生全反射。因此，当谐振线被信号源激励后，电磁波就会在线的两端来回全反射而形成驻波。由于驻波电压和驻波电流之间在时间上有 $90°$ 的相位差，所以电压最大时，电流为零，磁能全部转换为电能，而电压为零时，电流最大，电能又全部转换为磁能。这种情况与一般振荡回路中电磁能的转换相似。但由于谐振线是分布参数电路，在电磁能的转换过程中，电能和磁能是储存在整个线段上，如图 5-4 所示。而在集总参数振荡回路中，电能和磁能则分别储存在电容和电感中。这是谐振线同一般振荡回路的根本区别。

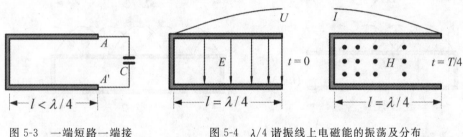

图 5-3　一端短路一端接　　　　　图 5-4　$\lambda/4$ 谐振线上电磁能的振荡及分布
　　　　电容的谐振线

由上面的分析可见，运用传输线段输入阻抗的概念和驻波特点，便能理解谐振线可以作为振荡回路的道理。由于谐振线的长度与谐振波长可以相比拟，因此，这种振荡回路特别适用于米波和分米波波段，此时，谐振线的长度既不太长、又不太短。

（2）谐振线的谐振波长

要使一定长度的传输线段（平行线或同轴线）成为谐振线，必须满足感抗与容抗相等。下面讨论的谐振线的谐振波长，都须遵循这一规律。

a. 一端短路另一端开路的谐振线的谐振波长

对于图 5-1 所示的谐振线来讲，其线长等于四分之一波长，即：$l = \lambda/4$，而满足谐振条件。如果线长为 $3\lambda/4$、$5\lambda/4$…，即 $l = (\lambda/4)(2n-1)$（其中 n 为自然数）时，也满足谐振条件。但 $l = \lambda/4$（$n=1$）时，所需的谐振线最短，因此，在应用中，一般均采用线长为四分之一波长的谐振线。

反之，根据线长也可以得到谐振线的谐振波长，即 $\lambda = 4l$。若线长 l 不变，而波长缩短 3 倍、5 倍……等奇数倍时，即 $\lambda = 4l/(2n-1)$ 也都满足谐振条件。这时，线上驻波电压和电流的振幅分布，如图 5-5 所示。其中 $\lambda = 4l$ 时，谐振波长最长，与此相应的谐振频率最低，称为谐振线的基波频率；与其他谐振波长相应的谐振频率均为基波

频率的奇数倍，称为高次谐波频率。

b. 两端短路谐振线的谐振波长

对于图 5-2 所示的谐振线来讲，其线长等于二分之一波长，即 $l=\lambda/2$，而满足谐振条件。如果线长为 $2\lambda/2$、$3\lambda/2\cdots$，即 $l=n\lambda/2$ 时（其中 n 为自然数），也满足谐振条件。但 $l=\lambda/2$ $(n-1)$ 时，所需的谐振线最短，因此，在应用中，一般均采用线长为二分之一波长的谐振线。

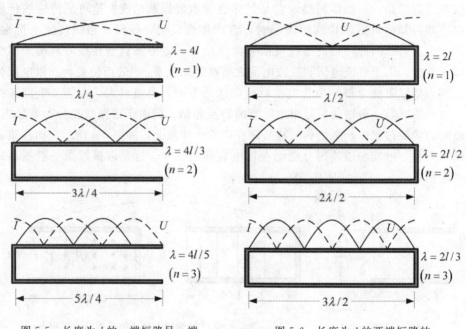

图 5-5 长度为 l 的一端短路另一端   图 5-6 长度为 l 的两端短路的
开路的谐振线的谐振波长   谐振线的谐振波长

反之，根据线长也可以求得谐振线的谐振波长，即 $\lambda=2l$。若线长 l 不变，而波长缩短 2 倍、3 倍……等整数倍时，即 $\lambda=2l/n$ 也都满足谐振条件。这时，线上驻波电压和电流的振幅分布，如图 5-6 所示。其中 $\lambda=2l$ 时，谐振波长最长，与此相应的谐振频率最低，称为谐振线的基波频率，与其他谐振波长相应的谐振频率则为基波频率的整数倍，称为高次谐波频率。

c. 一端短路另一端接电容的谐振线的谐振波长

图 5-3 所示的一端短路另一端接电容的谐振线，其中的电容可以是电子管的极间电容，或者是同轴线末端内导体与外导体之间的分布电容，如图 5-7（a）所示。

这种谐振线在谐振时，从电容两端视向短路端的输入阻抗（感抗）jX_L 应与容抗 $-jX_C$ 大小相等，它们的数学表达式分别为

$$jX_L = jZ_0 \tan \frac{2\pi}{\lambda} \cdot l \tag{5-5}$$

$$-jX_C = -j\frac{1}{2\pi fC} = -j\frac{\lambda}{2\pi vC} \tag{5-6}$$

式中：$f=\lambda/v$（v——谐振线上电波传输速度）。

当谐振波长 λ 和电容 C 大小一定时，则容抗 X_C 为常数，而感抗 X_L 随线长 l 按正切规律变化，如图 5-7（b）所示。从图中可看出，当线长分别为 l_1、l_2、l_3…时，容抗 X_C 与感抗 X_L 都相等，亦即谐振线皆能获得谐振。此时，l_1 小于 $\lambda/4$ 而大于 0，l_2 小于 $3\lambda/4$ 而大于 $\lambda/2$，l_3 小于 $5\lambda/4$ 而大于 $4\lambda/4$，…，因此线长 l 与谐振波长 λ 之间的关系可用一普遍式来表示

$$\frac{\lambda}{4}(2n-2) < l < \frac{\lambda}{4}(2n-1) \tag{5-7}$$

式中：n——自然数。

反之，当短路线长度 l 与电容 C 为一定时，谐振波长与线长的关系则为

$$4l(2n-1) < \lambda < 4l(2n-2) \tag{5-8}$$

即当波长满足上述不等式中的适当数值时，谐振线均能发生谐振。

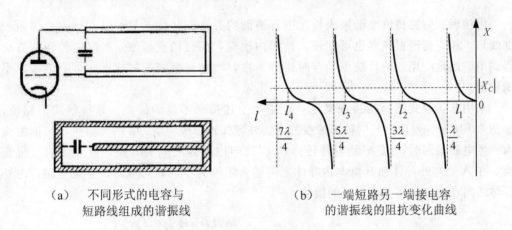

（a）　不同形式的电容与　　　　（b）　一端短路另一端接电容
短路线组成的谐振线　　　　　　　的谐振线的阻抗变化曲线

图 5-7　一端短路另一端接电容的谐振线的阻抗变化曲线

通过上面三例的讨论可以看出，一定长度的谐振线具有许多个谐振波长（谐振频率），这种特性，称为谐振线电磁振荡的多谐性。这是谐振线与一般振荡回路的又一个根本区别。

（3）谐振线的调谐与能量耦合

a. 谐振线的调谐

当电子设备的工作频率需要加以改变时，作为超高频振荡回路的谐振线，就需要作相应的调谐。调谐的基本方法不外乎两种，即改变线段长度（简称线长）或改变回路电容量。

（a）改变线长进行调谐

讨论谐振波长时已知，谐振频率与谐振线的长度有关。谐振线缩短时，谐振频率增高，反之，谐振频率降低。所以改变谐振线的长度可以改变谐振频率。

谐振线常用接触式短路桥来改变线长。平行谐振线用片状或杆状短路桥，同轴谐振线用活塞式短路桥，如图 5-8 所示。

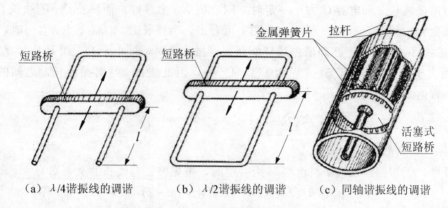

（a）λ/4谐振线的调谐   （b）λ/2谐振线的调谐   （c）同轴谐振线的调谐

图 5-8   用接触式短路桥改变线长

用接触式短路桥改变谐振线长度进行调谐的方法，其特点是可以在较大范围内改变线长，相应的谐振频率也可在较大范围内改变，而且调整简便，所以这种调谐方法得到了广泛地应用。但其缺点是有时接触不良，增加谐振线的损耗，并影响谐振频率的稳定。

采用非接触式的短路桥来调谐，可避免上述接触不良的缺点。非接触式短路桥，如图 5-9 所示。短路桥与同轴谐振线的内、外导体均形成一段 λ/4 的传输线，当谐振线内产生电磁振荡时，因 A' 处与外导体和 B' 处与内导体之间为开路，经 λ/4 的阻抗变换，在 A 处与外导体和 B 处与内导体之间输入阻抗为零，如同短路，也就是说，内外导体之间在电气上得到了良好的接触。

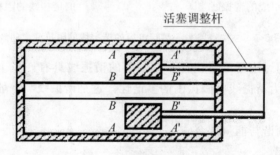

图 5-9   非接触式短路桥

用非接触的活塞式短路桥进行调谐，虽具有电接触良好的优点，但当谐振频率改变时，短路桥的长度不能再准确地为四分之一波长，所以电接触性能会变差。因此，这种调谐方法只适用于频率调整范围较小的谐振线。

（b）用电容调谐

在一端短路另一端接电容的谐振线中，如果保持谐振线的长度不变而改变电容的大小，则谐振频率亦将随之改变。电容增大，谐振频率降低；反之，谐振频率升高。电容调谐装置如图 5-10 所示。

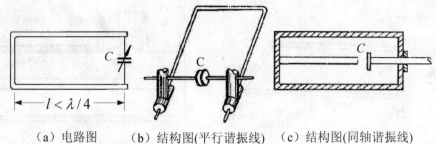

（a）电路图　　（b）结构图(平行谐振线)　（c）结构图(同轴谐振线)

图 5-10　电容调谐装置

用电容调谐比较简便，适宜于窄频带内进行微调。但最大缺点是由于电容接在电场最强的地方，大大降低了谐振线的耐压，限制了回路的功率容量。因此，这种调谐方法一般用在测量仪表、接收机和小功率发射机中。

b. 谐振线的能量耦合

将能量送入谐振线或从谐振线取出能量，都需要用耦合装置。耦合的基本方法有三种：电感耦合、电容耦合和直接耦合。

电感耦合，又称磁耦合，一般采用耦合环装置，如图 5-11 所示。当谐振线产生电磁振荡后，交变磁场的磁力线使耦合环内产生感应电势，能量通过耦合环输出。反之，能量亦可从耦合环输入，使谐振线产生电磁振荡。耦合程度的强弱与耦合环的位置、大小和放置的方向有关，耦合环一般放在谐振线磁场最强的地方，并且当耦合环的平面与磁场方向垂直时，耦合最强。因此，改变耦合环的几何位置，即可获得不同程度的耦合。

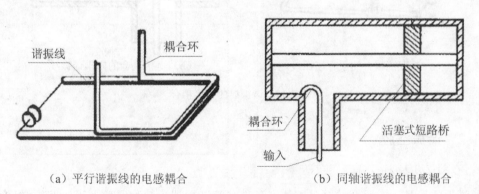

（a）平行谐振线的电感耦合　　　　（b）同轴谐振线的电感耦合

图 5-11　谐振线的电感耦合

电容耦合，又称电耦合，这种耦合装置如图 5-12 所示。当谐振线振荡时，交变电场在电容上产生感应电荷，电磁能量便通过电容输出。反之，电磁能量亦可通过电容输入，使谐振线产生谐振。耦合程度的强弱与电容的大小和位置有关，电容一般位于电场最强的地方，电容量愈大时，耦合愈强。因此，改变电容极片间的距离，即可改变耦合程度。

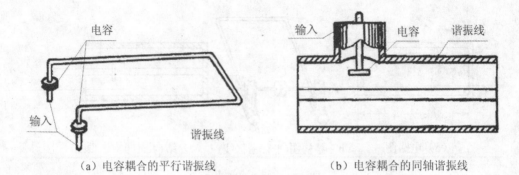

（a）电容耦合的平行谐振线　　　　　（b）电容耦合的同轴谐振线

图 5-12　谐振线的电容耦合

直接耦合是将传输线与谐振线直接相连而传输能量的，其结构如图 5-13 所示。耦合的弱强与接连点的位置有关，愈靠近谐振线的电压腹点，耦合愈强。

为了使能量有效地输出（或输入），不论采用哪一种耦合方法，都需要使负载阻抗与谐振线阻抗匹配，且耦合不宜过紧，否则会使谐振线的品质因数降低，影响振荡频率的稳定。

同轴谐振线和平行谐振线的工作原理是相同的，但同轴谐振线可以避免辐射损耗，品质因数要高些，所以，300 MHz 以上的振荡回路，通常多用同轴谐振线。

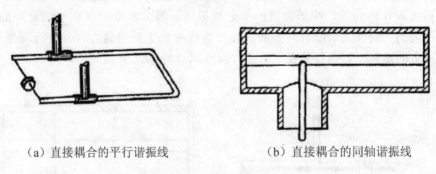

（a）直接耦合的平行谐振线　　　　　（b）直接耦合的同轴谐振线

图 5-13　谐振线的直接耦合

5.1.2　谐振空腔

（1）什么是谐振空腔

谐振空腔是一个闭合的金属腔体，又称空腔谐振器，简称空腔。当空腔被激励后，电磁波在空腔内来回反射而形成频率很高的振荡，因此，可以作为分米波和厘米波的振荡回路。

常用的谐振空腔有矩形、圆柱形和环形等几种形式。这些不同形式的谐振空腔都可以看成是由普通的集总参数回路发展而成的，如图 5-14 所示。

比如，一个普通的集总参数回路，其电容器由两块矩形金属板组成，如图 5-14（a）所示，为了减小电感以提高谐振频率，而用并接的导线来代替线圈，由于并接的导线愈多，电感愈小，所以在极限情况下，就可形成矩形谐振空腔。根据同样的道理，也可以由集总参数发展成圆柱形和环形的谐振空腔，它们分别如图 5-14（b）和（c）所示。

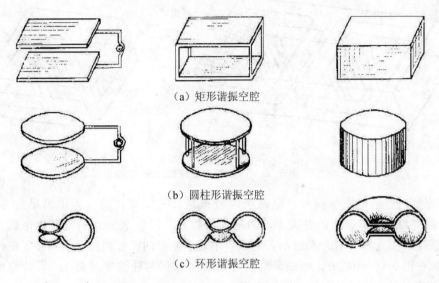

（a）矩形谐振空腔

（b）圆柱形谐振空腔

（c）环形谐振空腔

图 5-14 从集总参数电路到谐振空腔的演变

由上可见，谐振空腔只是回路在频率很高时的一种特殊形式，它和集总参数振荡回路一样，也能够产生电磁振荡。但因结构形式不同，谐振空腔和集总参数回路毕竟有区别：集总参数回路内的电场和磁场分别集中在电容器和线圈中，而空腔内的电场和磁场却分布在整个腔体之内。所以，只利用集总参数回路的概念，还不足以说明空腔内产生电磁振荡的原理，因而有必要对各种空腔内的电磁振荡作进一步的说明。

（2）矩形和圆柱形谐振空腔

矩形和圆柱形空腔，都可看作是一段两端封闭起来的波导，因而可以利用波导中电磁波运动和反射的概念来说明空腔内电磁振荡的原理。

a. 矩形谐振空腔

（a）矩形空腔内的电磁振荡

矩形空腔内的电磁振荡，是由于电磁波在腔壁间来回反射，使电能和磁能相互转换而形成。假定在矩形波导内传播的是 TE_{10} 波，并将波导一端用金属板封闭起来，如图 5-15（a）所示，则当电磁波在波导内传播时，不仅两侧壁之间产生全反射，而且传至金属板时一端也会产生全反射，因而沿波导的轴向也会形成驻波。由于导体表面的平行电场必须为零，所以在波导被金属板短路的一端为电场的节点和磁场的腹点，而在距短路端为半个波导波长整数倍的各处，如图 5-15（a）中的 AA' 及 BB' 处，也是电场的节点和磁场的腹点。如果在 AA' 处再加一块金属板，将波导封闭起来，就构成了如图 5-15（b）所示的矩形空腔。虽然电磁波会在空腔内来回反射而形成驻波，但因两端都能满足电磁场的边界条件，所以空腔内电磁场的分布不会受到影响。又由于驻波电场和磁场在时间上有 $90°$ 的相位差，即空腔内电能最大时，磁能为零；磁能最大时，电能为零。这种电能和磁能的互相转换，就形成了空腔内的电磁振荡。

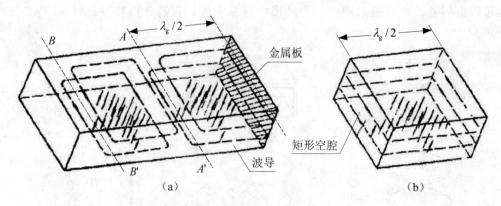

图 5-15 TE₁₀₁ 矩形空腔的形成

当空腔内产生电磁振荡时，电磁场的分布是有一定型式的。为了满足边界条件，电磁场沿空腔的轴向分布的驻波半波数应为整数，并以 p 表示；而空腔内电磁场分布的型式则以 TE$_{mnp}$ 和 TM$_{mnp}$ 来表示。与波导中表示波型的符号相比较，只多了一个下标 p。例如在图 5-15（b）中，电磁场沿空腔的轴向分布的驻波半波数为 1，故空腔内的波型为 TE$_{101}$，这是矩形空腔中比较常用的一种波型。

（b）矩形空腔的谐振波长

矩形空腔的谐振波长与空腔的容积和波型有关。它们之间的关系式，可以根据空腔的长度与波导波长 λ_g 的关系以及波导波长与谐振波长的关系推导出来。因为空腔谐振时，其轴向长度 l 应为若干个波导半波长，则有

$$l = p\lambda_g/2 \tag{5-9}$$

或

$$\lambda_g = 2l/p \tag{5-10}$$

式中：p——正整数。

当矩形空腔与波导的波型相同时，波导中的波导波长和截止波长就是空腔内的波导波长和截止波长，波导的自由空间波长则相应于空腔的谐振波长。因此，可以根据波导中波导波长的关系式求出空腔的谐振波长。

已知波导中波长 λ_g 和自由空间波长 λ 及截止波长 λ_c 之间的关系式为

$$\lambda_g = \lambda/\sqrt{1 - (\lambda/\lambda_c)^2} \tag{5-11}$$

将公式（5-11）代入公式（5-9），整理后得

$$\lambda = 1 \bigg/ \sqrt{\left(\frac{p}{2l}\right)^2 + \left(\frac{1}{\lambda_c}\right)^2} \tag{5-12}$$

又知矩形波导的截止波长 λ_c 为

$$\lambda_c = 1 \bigg/ \sqrt{\left(\frac{m}{2a}\right)^2 + \left(\frac{n}{2b}\right)^2} \tag{5-13}$$

将公式（5-13）代入公式（5-12），则得矩形空腔谐振波长的表达式为

$$\lambda = 1 \bigg/ \sqrt{\left(\frac{m}{2a}\right)^2 + \left(\frac{n}{2b}\right)^2 + \left(\frac{p}{2l}\right)^2} = 2 \bigg/ \sqrt{\left(\frac{m}{a}\right)^2 + \left(\frac{n}{b}\right)^2 + \left(\frac{p}{l}\right)^2} \tag{5-14}$$

由谐振波长的表达式可以看出：

① 谐振波长与空腔的宽边 a、窄边 b 以及长度 l 有关，亦即与空腔的容积有关。容积愈大，谐振波长愈长。

② 当空腔尺寸一定时，如果 m、n、p 的数值不同（即空腔内的波型不同），则谐振波长也不同。这表明同一个空腔可以有许多谐振波长，这种特性称为空腔的多谐性，是空腔和集总参数振荡回路的主要区别之一。但是，一个空腔的许多谐振波长之间，彼此相差一定的数值，因而在某一定的工作波长范围内，仍可将空腔看成具有单一波长的振荡回路。

③ 如果 m、n、p 中任何一个为零，则谐振波长与空腔相应一边的尺寸无关，比如 $n=0$，波长就与窄边无关。

现以常用的 TE_{101} 型波为例来说明谐振波长与空腔尺寸的关系。在此情况下，以 $m=1$、$n=0$ 和 $p=1$ 代入矩形空腔谐振波长的表达式得

$$\lambda_{TE_{101}} = 2\Big/ \sqrt{\left(\frac{1}{a}\right)^2 + \left(\frac{1}{l}\right)^2} \tag{5-15}$$

由上式可见，TE_{101} 型波的谐振波长只与空腔的宽边 a 和长度 l 有关，而与窄边 b 无关。这是因为空腔内的电场与窄边平行，改变窄边时，电场均能满足边界条件，不会影响空腔内电磁场的分布。但是窄边不能太窄，否则在上下腔壁间容易打火，使空腔的工作受到影响。

矩形空腔谐振波长的调整，是通过活塞改变空腔的容积来进行的，如图 5-16 所示。矩形空腔的 Q 值很高，一般可达 2×10^4 左右。

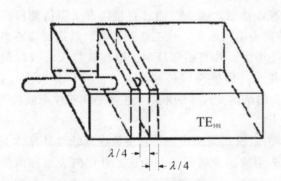

图 5-16　矩形谐振空腔的调谐

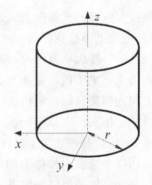

图 5-17　圆柱形谐振空腔

b. 圆柱形谐振空腔

圆柱形谐振空腔（见图 5-17）和矩形空腔一样，也可以看作是一段两端封闭起来的波导，因此，有关矩形空腔电磁振荡的原理以及空腔谐振波长的表达式，同样适用于圆柱形空腔。

在圆柱形空腔中，当波型不同时，电磁场的分布和谐振波长也不同。圆柱形谐振空腔的波型也用 TE_{mnp} 和 TM_{mnp} 表示，其中，m 表示场沿半个圆周分布的驻波半波数，n 表示场沿半径分布的驻波半波数，p 表示场沿轴向分布的驻波半波数。

下面以 TE_{111} 型圆柱形谐振空腔为例介绍。

TE$_{111}$波是圆柱形空腔中的基本波型，它不仅易于实现单模工作，而且腔体尺寸也小。TE$_{111}$波的场分布如图 5-18 所示。其谐振波长为

$$\lambda_{\mathrm{TE}_{111}} = 1 \Big/ \sqrt{\left(\frac{1}{2l}\right)^2 + \left(\frac{1}{1.71d}\right)^2} \tag{5-16}$$

式中：l——腔体的轴向长度；

d——腔体的直径。

由于 TE$_{111}$型的谐振波长与腔体的长度有关，只要用短路活塞就可以很方便地实现调谐，其 Q 值达几千至一万，适用于作为中等精度的波长计。

5.2　微波连接装置

在电子设备中，通常的测量仪表和测量元件均为同轴线和波导结构，同时，在一个微波系统中，除了一部分是微带电路外，其余仍为同轴线和波导元件。要把各段传输线或波导连接起来，要把同轴线与微带、波导与微带连接起来，要把能量分配到不同的支路去等，都要用到连接装置。本节着重介绍同轴线、波导的阻流接头、同轴—微带线转换接头、波导—微带线转换接头以及波导 T 形接头。

5.2.1　各种转换接头

转换接头有接触式和阻流式两种，接触式接头是通过直接接触来保持两段传输线（或波导）电气上连接良好的。这种接头结构简单，且工作频带宽。但是安装不当或者连接处脏污时，接触电阻增大，损耗增大，并将引起反射。阻流式接头（或称阻流关节、扼制接头）则不同，使用这种接头，即使两段传输线（或波导）并未直接接触，但电气上仍能连接良好。阻流式接头的结构受尺寸的限制，主要适用于厘米波段。

（1）同轴接头

图 5-18（a）是一种用于同轴线的阻流式固定接头。它由装在同轴线外导体上的金属圆筒、凸缘和装在内导体上的插头组成。金属圆筒分两层，外层内表面和内层外表面构成四分之一波长的同轴线段 AB，内层内表面和同轴线外导体构成另一个四分之一波长的同轴线段 BC。由于线段 BA 的末端短路，因而不论凸缘同圆筒接触与否，线段 CB 的末端（B 点）总是开路的，在两外导体的连接处（C 点）所呈现的阻抗为零，亦即电气连接是良好的。同轴线的内导体和插头也构成四分之一波长末端开路的同轴线段，所以内导体的电气连接（D 点）也是良好的。

图 5-18（b）是一种用于同轴线的阻流式转动接头。它的结构和工作原理都和阻流式固定接头相同，只是为了运转灵活，在外导体连接处加装了滚珠轴承。

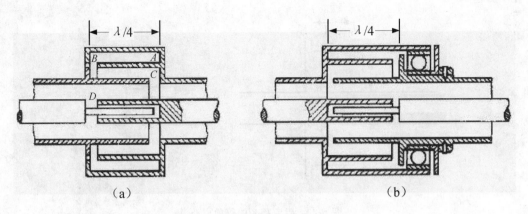

图 5-18　同轴线的阻流式固定和转动接头

（2）波导接头

用来连接两段矩形波导的阻流式固定接头如图 5-19 所示。图中右边的波导始端装有一金属平盘，左边波导的末端也装有一金属盘，其边缘部分略为突出，以便与右边波导的平盘相接触。两波导通过平盘四角的孔，用螺钉固定在一起。

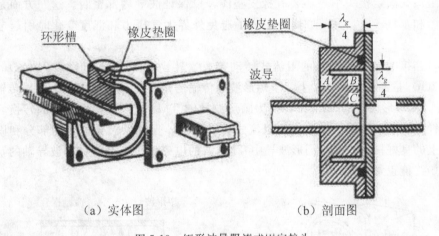

（a）实体图　　　　　　　　（b）剖面图

图 5-19　矩形波导阻流式固定接头

为了保证电气接触良好，左边波导的金属盘上有一个深度为 $\lambda/4$ 的环形小槽，小槽至波导宽边中央的距离也是四分之一波长，到窄边的距离要小些。电磁波通过接头时，会从两波导平盘之间的间隙进入环形小槽内，由于小槽末端是短路的，所以相当于是 $\lambda/4$ 的短路线。将波导等效成传输线，其等效电路如图 5-20（a）所示。$\lambda/4$ 短路线的输入阻抗为 ∞，即等效电路中 $Z_{cd}=\infty$。若以 R_k 表示两金属盘间的接触电阻，则波导上半部分的等效电路如图 5-20（b）所示。R_k 与 Z_{cd} 串联的阻抗 $Z_{ce}=Z_{cd}+R_k=\infty$，仍为无穷大，Z_{ce} 为 ab 到 ce 线段的末端负载阻抗，因线长为 $\lambda/4$，末端负载阻抗为 ∞，所以输入阻抗 $Z_{ab}=0$。也就是说，虽然从机械结构上看来，两矩形波导口并没有相连接，而且无论金属盘之间接触良好与否，但从电的观点来看，由于上述装置保证了两波导间的阻抗为零，电磁波将顺利地通过。

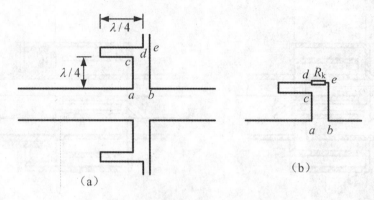

图 5-20　阻流接头的等效电路

这种接头在波导宽边处的电气连接良好，在窄边处则差些。不过，由于矩形波导横截面上的电场强度沿宽边是按正弦规律分布的，窄边处电场为零，而且窄壁上没有纵向电流，只有横向电流，因此窄边附近电气上连接的好坏，对能量传输的影响是不大的。

在阻流式固定接头中，还装有橡皮垫圈，以保证波导内部密封。这一方面是为了防止灰尘和水汽浸入，另一方面，还为了避免外界大气压力和湿度变化时引起电击穿现象。

用来连接两段矩形波导的阻流式转动接头（转动交连器），如图 5-21 （a）所示。图 5-21 （b）是剖视图，其中上、下矩形波导传输的是 TE_{10} 波，中间圆形波导传输的是 TM_{01} 波。从矩形波导的 TE_{10} 波转换为圆形波导的 TM_{01} 波，或者作相反的转换，是用激励探针实现的。圆形波导中段用阻流式转动接头，保证了波导的转动部分和固定部分电气上的良好接触。由于圆形波导中 TM_{01} 波的电磁场分布是对称于波导轴的，转动过程中始终能正常工作。

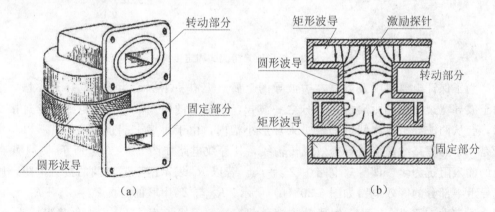

图 5-21　矩形波导的阻流式转动接头

（3）同轴—微带转换接头

最常用的是特性阻抗 50 Ω 的同轴—微带转换接头，图 5-22 是其中的一种结构形式。

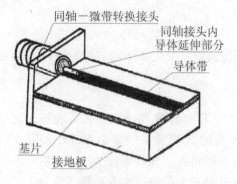
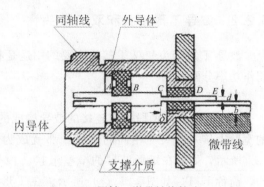

（a）同轴线与微带的转换结构　　　　　　（b）同轴—微带转换接头

图 5-22　同轴—微带转换接头

　　50 Ω 同轴线结构的内径为 3 mm，外径为 7 mm，内外径之间相距 2 mm，而微带线的带条与接地板之间相距 1 mm 左右，因此，在 50 Ω 同轴线与微带线之间需采用尺寸较小的同轴线过渡段 *CD* 连接。在同轴线过渡段与微带线连接部分，伸出的内导体直径应略小于微带带条宽度，内外导体之间的距离应接近于微带基片厚度，伸出部分的长度在（1.5～2）mm。为了使内导体伸出部分与微带线接触良好，可将其削成扁平形。另外，在同轴线内外导体之间采用介质支撑。

　　为了补偿 50 Ω 同轴线与同轴过渡段 *CD* 之间尺寸突变引起的反射，将接触面处的内外导体移开一段距离 δ，如图中 *C* 点处所示。为了补偿介质支撑处特性阻抗变化引起的反射，把介质块适当加大，使其上下均深入内外导体一定距离，并将介质块中央两边各挖去一环形小槽，如图中 *A*、*B* 点所示。

　　（4）波导—微带转换接头

　　波导和微带相连接时，为了有效的传输能量，同样要求阻抗匹配，即要求波导的等效特性阻抗与微带特性阻抗相等。

　　波导的等效特性阻抗比标准微带线特性阻抗（50 Ω）要高得多。为保证两者连接处得到较好的匹配，必须在波导与微带线之间加阻抗变换器，使波导的等效特性阻抗逐步降低。阻抗变换器可采用连续过渡形式（如指数式），或阶梯过渡形式（λ/4 多节变阻器）。阶梯过渡形式如图 5-23 所示。从加工方便来讲，用 λ/4 多节变阻器较好。

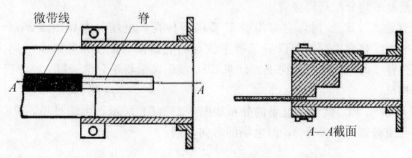

图 5-23　矩形波导至微带的过渡

5.2.2　波导 T 形接头和双 T 接头

波导 T 形接头和双 T 接头主要的用途是将微波能量分配到不同的波导支路。也可用作功率分配器。

（1）T 形接头

T 形接头是由两段垂直连接的波导构成的，有 E 型和 H 型之分。如果在矩形波导的宽壁上接一段尺寸相同的波导，那就成为 E 型的 T 形接头，简称 E-T，如图 5-24（a）所示，如果在矩形波导的窄壁上接一段尺寸相同的波导，则成为 H 型的 T 形接头，简称 H-T，如图 5-25（a）所示。在 T 形接头宽壁上的波导称为 E 臂，窄壁上的波导称为 H 臂，在 E 臂或 H 臂两侧的波导称为旁臂。E 臂和直波导的连接，用等效电路表示，是串联关系。如图 5-24（b）所示，H 臂与直波导的连接，用等效电路表示，是并联关系，如图 5-25（b）所示。

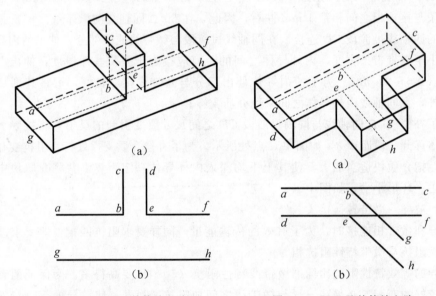

图 5-24　E-T 及其等效电路　　　　图 5-25　H-T 及其等效电路

T 形接头的一个重要特性是，当其两旁臂都接以匹配负载时，从 E 臂或 H 臂输入的微波能量就平均分配到两旁臂中。

当 E 臂输入 TE_{10} 波时，它将沿着 E 臂向下传播，电场分布如图 5-26（a）所示。在接头处电力线将发生弯曲，以后又被主波导的底面截断，使往旁臂 1 的电力线方向向上，往旁臂 2 的电力线方向向下。结果 TE_{10} 波的能量将平分给旁臂 1、旁臂 2，两电场的方向相反。

当 H 臂输入 TE_{10} 波时，电场的分布如图 5-26（b）所示，由图可见，其 TE_{10} 波的能量也平分给旁臂 1 和旁臂 2，但电场的方向相同。

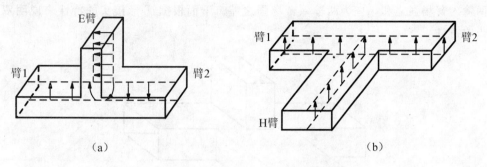

图 5-26 E 臂、H 臂输入 TE_{10} 波时的电波传输

如果从两旁臂输入大小相等、相位相反的 TE_{10} 波时，它们各向接头传输，对 E-T 接头来说，在 E 臂得到的电场分布如图 5-27（a）中上图所示，从左来的电力线用实线表示，从右来的电力线用虚线表示，在 E 臂两电场方向相同，彼此相加，有能量输出。但对 H-T 接头来说［如图 5-27（a）中下图所示］，在 H 臂的口子上，电力线方向相反，彼此抵消，无能量输出。

反之，如果从两旁臂输入大小相等而相位相同的 TE_{10} 波时，在 E-T 形接头的 E 臂中两电场方向相反，如图 5-27（b）中上图所示，无能量输出。而在 H-T 接头的 H 臂中有能量输出（见 5-27（b）图中下图所示）。

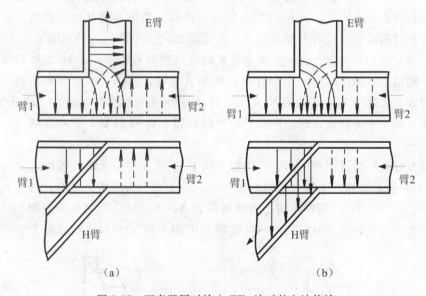

图 5-27 两旁臂同时输入 TE_{10} 波时的电波传输

（2）双 T 接头

在矩形波导的宽壁和窄壁分别接上 E 臂和 H 臂，就成为双 T 接头，如图 5-28 所示。双 T 接头相当于由 E-T 接头和 H-T 接头组合而成，它的特性是：从任一臂输入的微波能量，在其他各臂都是匹配的条件下，只能平均地耦合到相邻的两臂中，而不能耦合到相对的臂中，从相对的两个臂中同时输入微波能量，其余两臂输出的场强，一

为两输入臂场强之和，一为两输入臂场强之差。下面根据 T 形接头的特性来说明双 T 接头的特性。

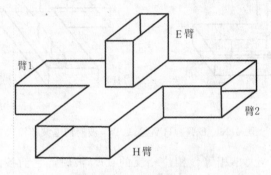

图 5-28　双 T 的特性

由 E-T 接头的特性知道，如果微波能量从 E 臂输入，那就会平均地耦合到左右两旁臂中，而且两旁臂中电场大小相等，方向相反。对 H 臂来说，因为左右两旁臂中的电场，在 H 臂的口子上，彼此抵消，H 臂激发不起 TE_{10} 波，无能量输出。同理，微波能量从 H 臂输入时，只能平均地耦合到左右两旁臂，而不能耦合到 E 臂。

如果微波能量从一个旁臂输入，则能量会平均地耦合到 E 臂和 H 臂，而不能耦合到另一个旁臂。这可用叠加的方法来说明。因为当微波能量分别从两旁臂输入，并且电场大小相等相位相同时，只有 H 臂有输出；同样的微波能量从两旁臂输入，而电场大小相等相位相反时，只有 E 臂有输出，并且输出的大小和上一种情况下从 H 臂输出的相等。因此，如果将以上两部分微波能量同时送到两旁臂中，则 H 臂和 E 臂就会有同样大小的输出。但这时有一个旁臂中的两输入电场，由于大小相等相位相反，叠加后抵消为零，实际上相当于没有输入，而只是另外的一个旁臂有输入。这就证明了，当高频能量从一个旁臂输入时，只能平均地耦合到 E 臂和 H 臂，而不能耦合到另一个旁臂。

当微波能量同时从相对的两臂，例如，从 E 臂和 H 臂输入时，若输入电场方向如图 5-29（a）所示，则臂 1 输出为两场强之和，臂 2 输出为两场强之差；若输入电场方向如图 5-29（b）所示，则臂 1 输出为两场强之差，臂 2 输出为两场强之和。当高频能量从左右两旁臂同时输入时的情形，可根据 E-T 和 H-T 的特性自行分析。

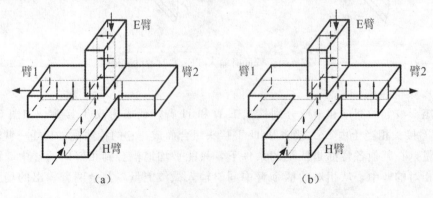

（a）　　　　　　　　　　　　（b）

图 5-29　能量从 E 臂、H 臂同时输入 TE_{10} 波的情形

5.3　衰减器与移相器

5.3.1　衰减器

衰减器是用来降低传输功率，将功率降低至负载所需要的电平，并且可以减小负载与电源之间的耦合，从而减小负载变化对电源的影响。

衰减器有吸收式衰减器、截止式衰减器及全匹配负载等几种。吸收式衰减器是在同轴线或波导内装上吸收物质，使传送的能量受到衰减，截止式衰减器是利用一段截止波长远小于电磁波波长的波导，使电磁能被截止衰减，全匹配负载是馈电系统的终端装置，用来吸收沿线传送的全部能量而不产生反射，它与一般衰减器的不同点仅在于它没有输出端。

（1）吸收式衰减器

吸收式衰减器是利用置入其中的吸收片所引起的通过波的损耗而得到衰减的。一般希望吸收式衰减器的两端尽可能匹配，因此这种衰减器基本上没有反射衰减。

用于同轴线的吸收式衰减器如图 5-30 所示。它是一段特制的硬同轴线，其内导体由涂有一层金属薄膜的玻璃棒制成。通常金属薄膜是镍铬合金，或者是铂或金的混合物。内导体的阻值同金属薄膜的厚度有关，薄膜的厚度小于趋肤深度时，阻值较大。当电波传过该段时，由于阻值大而产生热耗，即衰减部分能量。如果衰减器的长度固定，其衰减量就是固定的，形成固定衰减器。如果内导体套上一个可滑动的金属套管，那就成了可变衰减器。移动套管相当于改变了衰减器的长度，也就改变了衰减量的大小。

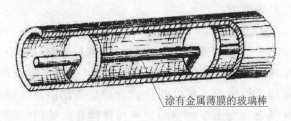

涂有金属薄膜的玻璃棒

图 5-30　用于同轴线的吸收式衰减器

用于波导的吸收式衰减器，是在一段波导内装上块状或片状的吸收物质而成的，如图 5-31 所示。吸收物质做成尖劈形，目的是为了与波导相匹配。

如果在波导内采用可以移动的片状吸收物质（简称电阻片），则可做成如图 5-32 所示的两种可变衰减器。图 5-32 （a）是通过移动电阻片的位置来改变衰减量的。当电阻片由靠近窄壁的位置移至宽壁中心线的位置时，衰减量逐渐增大。图 5-32 （b）则是通过改变电阻片伸入波导内的深度来改变衰减量。

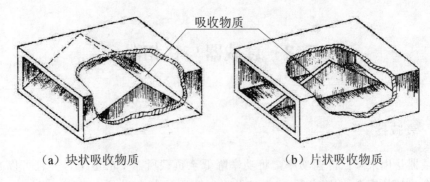

（a）块状吸收物质　　　　　　　　（b）片状吸收物质

图 5-31　用于波导的吸收式衰减器

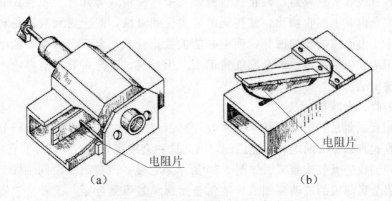

（a）　　　　　　　　　　　（b）

图 5-32　用于波导的吸收式可变衰减器

（2）截止式衰减器

截止式衰减器如图 5-33 所示。它是一段波导，此波导的截止波长小于工作波长，所以电磁波在其中传输时，场强将按指数形式极快地衰减，如图 5-34 所示。若输入端信号场强为 $|E_{in}|$，衰减器长度为 l，其衰减系数为 α（单位长度的衰减量），则由输出装置所接收到的信号场强为

$$|E_0|=|E_{in}|e^{\alpha l} \tag{5-17}$$

所以输入与输出耦合装置相距愈远，波导的衰减就愈多，输出愈小。因此可以通过改变它们之间的距离来改变衰减量的大小，可变截止式衰减器就是这样构成的。

由于圆形波导结构比较简单，所以截止式衰减器常用圆形波导来做，按能量耦合方式的不同分为线环耦合（见图 5-33（a））和探针耦合（见图 5-33（b））两种。同轴线与衰减器用线环耦合是一种磁场激励法，因线环所产生的磁力线将和 TE_{11} 型波中磁场方向一致，故在圆波导中激发的是 TE_{11} 型波（故又称 TE 型衰减器）。同轴线与衰减器用探针耦合是一种电场激励法，为加强耦合程度，在探针两头加有小金属圆盘，在圆波导中激发的是 TM_{01} 型波（又称 TM 型衰减器）。

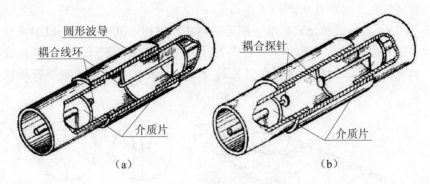

图 5-33　截止式衰减器

由理论分析证明，衰减器衰减常数 α 与截止波长 λ_c 和电磁波波长 λ 之间有如下关系

$$\alpha = \frac{2\pi}{\lambda_c}\sqrt{1 - \left(\frac{\lambda_c}{\lambda}\right)^2}\tag{5-18}$$

λ_c 和 λ 均以米为单位。通常，截止波长远小于电磁波波长，式中根号内的数值近似为 1，因此

$$\alpha \approx 2\pi/\lambda_c\tag{5-19}$$

由于衰减常数的大小主要由截止波长决定，基本上与电磁波波长无关，所以截止式衰减器具有宽频带的特性。又因衰减量等于衰减常数与长度的乘积，所以截止式衰减器的衰减量与衰减器的长度成正比，只要改变衰减器的长度，就能够准确地得到不同的衰减量。基于以上两个优点，截止式衰减器可以作为标准衰减器，以校准其他型式的衰减器。

截止式衰减器不吸收能量，相当于一个电抗元件，其输入端和输出端与主传输线的匹配都很差。为了改善匹配状况，在同轴线与截止式衰减器的连接处装了介质片，其匹配曲线如图 5-34 所示。对微波来讲，介质片呈现一定的容抗，再加上介质片的一面涂有炭粉，又形成一定的电阻和一定的感抗，因此介质片等效为一个复阻抗。只要介质片的位置放得恰当，就有可能抵消截止式衰减器所呈现的电抗，并使同轴线有一个阻值等于其特性阻抗的负载。如果不用介质片，也可在同轴线的内导体上串联一个匹配电阻，或者在内外导体之间并联一个匹配电阻。因为频率很高时，电阻也呈现一定的电抗，其作用和介质片相同。此外，还可以在同轴线中串联一个吸收式衰减器，用以吸收由截止式衰减器反射回来的电磁能。

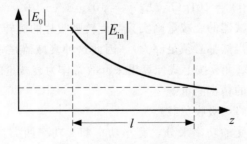

图 5-34　改善后的匹配曲线

（3）旋转极化式标准衰减器

图 5-35（a）为旋转极化式标准衰减器的结构示意图，其主体是一段圆波导，其中有一片吸收片，它可以连同圆波导一起旋转。圆波导的两端各通过方—圆过渡波导分别与输入和输出矩形波导相连接，在过渡波导中也各有一片平行于矩形波导宽壁的固定吸收片。

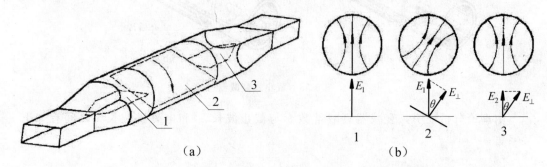

图 5-35　旋转极化式衰减器及其各段电场示意图

这是一种吸收式衰减器，其衰减量由圆波导中的吸收片 2 的旋转角度 θ 所确定。其工作原理可由图 5-35（b）所示的各段波导中的电场之间的关系解释如下：

从输入矩形波导进入的微波功率 P_1 在方—圆过渡波导中激起垂直极化的 TE_{11} 波，其电场 E_1 垂直于其中的吸收片 1 的平面，没有平行的电场分量，故吸收片 1 这时并不产生衰减，只起到固定极化方向的作用。但当波进入到圆波导以后，如果吸收片 2 相对于水平面旋转了一个角度 θ，这时可将 E_1 按吸收片的平面分解为平行和垂直两个分量

$$E_{\parallel} = E_1 \sin\theta \tag{5-20a}$$
$$E_{\perp} = E_1 \cos\theta \tag{5-20b}$$

由于 $E_{\parallel}$ 是平行于吸收片 2 的电场，故当吸收片 2 的衰减量足够大时，$E_{\parallel}$ 这一部分将全部被吸收而无输出；而垂直于吸收片的 $E_{\perp}$ 则可以无衰减地通过。当波到达输出端的方—圆过渡波导中时，$E_{\perp}$ 再一次按吸收片 3 的平面分解为平行和垂直两个分量，其平行分量被吸收片 3 所吸收而无输出，但其垂直分量则不受吸收片 3 的影响，可以无衰减地通过方—圆过渡段而从输出矩形波导中输出，这部分电场 E_2 从图 5-46（b）中可以看出为

$$E_2 = E_{\perp} \cos\theta = E_1 \cos^2\theta \tag{5-21}$$

由于功率正比于电场强度的平方，故衰减量按定义为

$$L = 10\lg(P_1/P_2) = 10\lg(E_1/E_2)^2 = 10\lg(1/\cos^4\theta) = -40\lg|\cos\theta| \tag{5-22}$$

由此可见，这种衰减器的衰减量确实只与旋转吸收片的旋转角度 θ 有关，而与三个吸收片的衰减量无关（当然都必须足够大）。因此这种衰减器是一种绝对定标的标准衰减器，其衰减量可由旋转角 θ 按上式计算出来。故常作为衰减量的标准用来校刻其他的衰减器，或用于衰减量的精密测量。

（4）全匹配负载（终端吸收负载）

全匹配负载按其承受的功率来分，有小功率和大功率两类。小功率全匹配负载用

于定向耦合器和某些测试仪表中，它所吸收的平均功率通常在 1 W 以下；大功率全匹配负载用作假天线（等效天线），在凋整发射机和检查射频传输系统的工作时使用，它所吸收的平均功率可达几百至几千瓦。

a. 小功率全匹配负载

同轴传输线用的小功率全匹配负载，是由装在同轴线末端的吸收物质做成的，如图 5-36 所示。吸收物质是含有铁粉或炭粉的黏合物，或者是外面涂有一层电阻物质的高频介质。吸收物质的外形呈锥形，以免阻抗突变，引起较大的反射。

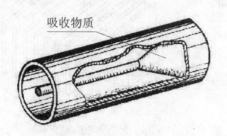

吸收物质

电磁波

图 5-36　同轴传输线用的小功率全匹配负载

波导用的小功率全匹配负载如图 5-37 所示。它是由装在波导末端的吸收物质做成的。吸收物质有块状和片状两种，但都做成楔形，以减小反射。

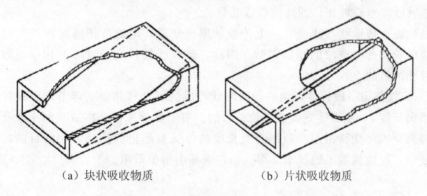

（a）块状吸收物质　　　　　　（b）片状吸收物质

图 5-37　波导用的小功率全匹配负载

b. 大功率全匹配负载

大功率全匹配负载是用损耗很大的固体或液体做成的。固体的全匹配负载多为石墨粉和水泥的混合物，并在硬同轴线或波导的外面装上散热片，其结构建图 5-38（a）、（b）。液体的全匹配负载一般是水负载，如图 5-38（c）所示。盛水的玻璃容器成楔形，以减小反射。为了散热，水是循环流动的。

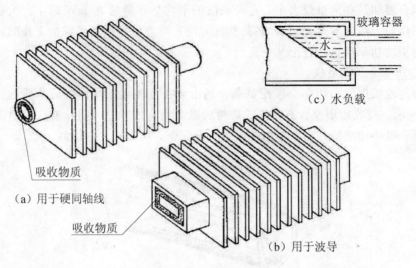

（c）水负载

吸收物质

（a）用于硬同轴线

吸收物质

（b）用于波导

图 5-38　大功率全匹配负载

5.3.2　移相器

为了改变天线的馈电相位，以适应探测目标的需要，或者为了使发射机有适当的负载，以保证振荡频率的稳定，有时在射频传输系统中附加移相器。所谓移相器，就是一段能够改变电磁波相位的传输线或波导。

由电磁波在传输线（或波导）上传输的原理知道，电磁波传播时所产生的相位移正比于线的长度和电磁波的相移常数。因此，改变线的长度或者改变相移常数，都能够达到移相的目的。

图 5-39 就是用一段长度可调的硬同轴线做成的可变移相器，调节调整螺杆可改变同轴线横向长度 l，从而达到改变相位的目的。对于波导来讲，多数是利用改变相移常数的原理来制成可变移相器。利用改变长度的办法虽然也能达到移相的目的，但因结构比较复杂，对机械加工的要求又很高，在波导中很少采用。

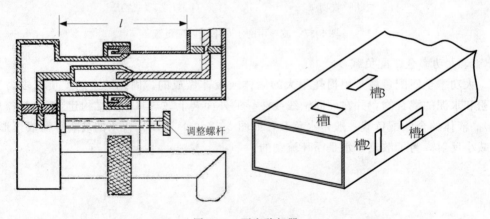

l

调整螺杆

槽3

槽1

槽2

槽4

图 5-39　可变移相器

由于波导内的电磁波其相移常数 β 与相速 v_p 有关，即

$$\beta = 2\pi/\lambda_g = 2\pi f/v_p \tag{5-23}$$

因此只要能够改变电磁波的相速，就能达到改变电磁波相位的目的。已知，如果波导内的介质为空气，矩形波导内 TE_{10} 波的相速为

$$v_p = c\sqrt{1 - (\lambda/2a)^2} \tag{5-24}$$

若介质不是空气，介质的相对介电系数为 ε_r，这时 TE_{10} 波的相速为

$$v_p = (c/\sqrt{\varepsilon_r})/\sqrt{1 - (\lambda/2a)^2} \tag{5-25}$$

由此可见，改变相速的办法有两种：一是改变波导宽边的尺寸，一是在波导内加上介质片，以改变介质的特性。

图 5-40 (a) 所示的移相器是通过改变波导宽边尺寸来实现移相的，其结构形式有两种：一种是在宽壁的中心线上开有槽缝，另一种是用带皱纹的青铜薄片做成窄壁。这两种都是通过机械装置压缩或放松窄壁，使波导宽边尺寸改变的。

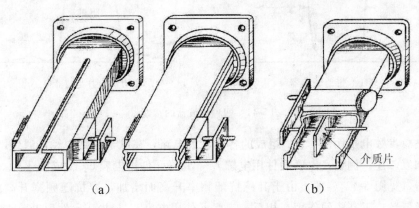

（a）　　　　　　　　　　（b）

图 5-40　波导移相器

图 5-40 （b）是介质移相器。为了不影响阻抗匹配，介质片的两端均做成楔形，并使楔形部分的长度为半个波导波长。由于电场沿波导宽边是按正弦分布的，所以介质片对电磁波相速的影响随其位置而异，在宽边中间时影响最大，两边最小。只要改变介质片的位置，就可以在一定范围内改变电磁波的相位。

5.4　微波滤波器

5.4.1　滤波器的一般概念

微波滤波器的基本用途，是抑制无用频率的信号，而使有用频率的信号顺利传输。滤波器还能将接收到的信号按不同的频段分开，送入各自的通道，或者将来自各通道的信号综合起来一起输送出去，而不互相干扰。

微波滤波器按其所用的传输线类型，可分为同轴线滤波器、波导滤波器，带状线滤波器和微带滤波器；按滤波特性的不向，又可分为低通、高通、带通和带阻滤波器。

微波滤波器的滤波特性，可由其衰减频率特性来表示。图 5-41 表示了低通、高通、带通和带阻滤波器的滤波特性，图中纵座标代表衰减量，横坐标 f 代表频率。

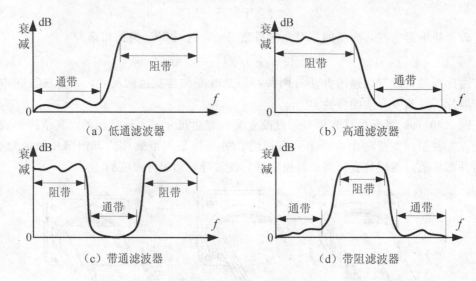

图 5-41　四种滤波器的特性

由集总参数电抗元件 L、C 组成的各种滤波电路，在电子电路中经常遇到，这里再简要地加以叙述。例如，串联元件用电感 L_1，并联元件用电容 C_1 组成的 T 型、Π 型低通滤波器（见图 5-42（a）），由于其感抗随频率升高而增加，容抗随频率升高而减小，可以起通低频、阻高频的作用；相反，串联元件用电容 C_1，并联元件用电感 L_1 组成的 T 型或 Π 型高通滤波器（见图 5-42（b）），则可以起阻低频通高频的作用。为了让某个频带内的信号通过，在这个频带内应使串联元件呈现低阻抗，并联元件呈现高阻抗，因此用两个谐振频率相同的 L_1、C_1 串联，L_2、C_2 并联谐振电路来组成带通滤波器（见图 5-42（c）），而带阻滤波器则相反，在阻带内串联元件需用 L_1、C_1 并联的高阻抗元件，并联元件用 L_2、C_2 串联的低阻抗元件（见图 5-42（d））。

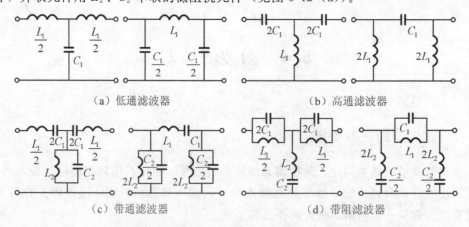

图 5-42　用 LC 集总参数元件组成的滤波器

在各式微波滤波器中，通常用具有分布参数的传输线段来模拟集总参数电抗元件，然后组成滤波器。

在微波波段，传输线应是分布参数电路，但当其长度远小于波长时，可近似地看作集总参数元件。例如一段长度 $l \ll \lambda$、特性阻抗为 Z_0 的传输线，当其特性阻抗远大于端接的负载阻抗时，可将传输线段等效成一个串联电感，其输入阻抗为感抗与负载阻抗串联；而当其特性阻抗远小于端接的负载阻抗时，又可等效成一个并联电容，其输入阻抗为容抗与负载阻抗并联，如图 5-43（a）、（b）所示。这是因为根据传输线输入阻抗公式

$$Z_{in} = Z_0 \frac{Z_1 + jZ_0 \tan\beta(l-z)}{Z_0 + jZ_1 \tan\beta(l-z)} = Z_0 \frac{Z_1 + jZ_0 \tan\beta z'}{Z_0 + jZ_1 \tan\beta z'} \tag{5-26}$$

当 l（z'）$\ll \lambda$ 时，$\tan\beta z' \approx \beta z' \ll 1$。当 $Z_0 \gg Z_1$ 时，上述公式的分母中 $jZ_1 \tan\beta z' \ll Z_0$，所以

$$Z_{in} = Z_1 + jZ_0 \beta z' = Z_1 + j\omega L_1 l \tag{5-27}$$

即电感 $L_1 l$ 与 Z_1 串联（L_1 为单位长度线段的分布电感）。

当 l（z'）$\ll \lambda$、$Z_0 \ll Z_1$ 时，上述公式的分子中 $jZ_0 \tan\beta z' \ll Z_1$，所以

$$Z_{in} \approx 1 \left/ \left(\frac{1}{Z_1} + \frac{1}{j\omega C_1 l} \right) \right. \tag{5-28}$$

即电容 $C_1 l$ 与 Z_1 并联（C_1 为单位长度线段的分布电容）。

又如，在微带线上接一段 $l \ll \lambda$ 的末端开路的低阻抗线，可形成一个并联电容，而接上一段 $l \ll \lambda$ 的末端短路的高阻抗线，又可以形成一并联电感，如图 5-43（c）、图 5-43（d）所示。

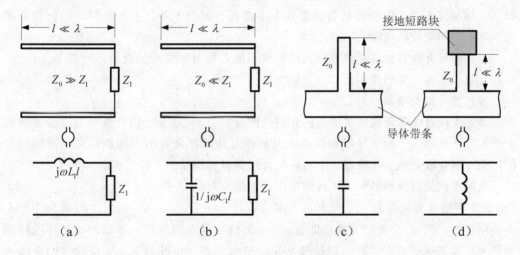

图 5-43　传输线段及其等效电路

5.4.2　滤波器的工作原理

（1）传输线型滤波器

以并联式滤波器为例介绍。这种类型的滤波器多半用来滤除发射机产生的高次谐

波。并联式滤波器的结构如图 5-44 所示。这种滤波器是并接在主传输线上的一段 1/4 波长末端短路线，其特点是对基波呈现的阻抗为无限大，不影响基波的传输；对需要滤去的谐波，呈现的阻抗为零，因而谐波被反射回去，不能输出。

图 5-44 （a）所示的滤波器能够滤去所有的偶次谐波，但不影响基波的传输。因为这种滤波器对偶次谐波来讲，其长度为半波长的整数倍，由 AA' 向滤波器看去的输入阻抗为零，而对基波来讲，其长度为 1/4 波长，输入阻抗为无限大。

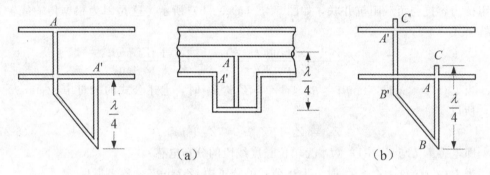

图 5-44　并联式滤波器

图 5-44 （b）所示的滤波器具有滤掉奇次谐波的作用。当 AB 段的长度为某一奇次谐波波长的 1/2 时，这一谐波就可以被滤掉。现以滤掉三次谐波为例来说明。这时 AB 段的长度应等于三次谐波波长的 1/2，于是 AC 段的长度就等于该波长的 1/4（BC 段总长为 $\lambda_3/4 + \lambda_3/2 = 3\lambda_3/4$，而基波波长 $\lambda = 3\lambda_3$，所以 BC 段总长为 $\lambda/4$），而 AB 段末端短路，AC 段末端开路，对三次谐波来讲，它们的输入阻抗都为零，所以三次谐波被滤掉。但对基波来讲，因滤波器总长度为 1/4 波长，相当于并联谐振电路，阻抗为无限大，故不影响基波的传输。

上述两种并联式滤波器尽管接头的位置不同，但对基波所呈现的阻抗都是无限大，因此又起着绝缘支架的作用。

（2）波导型滤波器

以 $\lambda/4$ 耦合波导带通滤波器为例介绍。图 5-45 （a）是 $\lambda/4$ 耦合波导带通滤波器的一种形式，已由 $\lambda/2$ 的波导段和两端的电感膜片构成滤波器的谐振腔，两个谐振腔之间的 $\lambda/4$ 波导段是倒置转换器。下面首先介绍倒置转换器的工作原理。

最简单的倒置转换器是 $\lambda/4$ 传输线段，如图 5-46 （a）所示。

$\lambda/4$ 传输线的负载为 Z_1，则其输入阻抗就是 $Z_{in} = Z_0^2/Z_1$。Z_1 越大，Z_{in} 就越小；Z_1 若是电感性，则 Z_{in} 必为电容性，即有 "$\lambda/4$ 阻抗变换" 的规律，所以若 $\lambda/4$ 传输线的负载为并联谐振回路，则输入阻抗就是串联谐振回路。由此可见 $\lambda/4$ 传输线的负载和输入阻抗之间存在倒置关系，所以称倒置转换器。若在并联谐振回路两端分别接一 $\lambda/4$ 倒置转换器，则 $AA'-BB'$ 之间就可等效为接有串联谐振回路（可这样等效：从 AA' 向右看，是负载为并联谐振回路的 $\lambda/4$ 传输线，可等效为 AA' 向右接有串联谐振回路；从 BB' 向左看，也是一负载为并联回路的 $\lambda/4$ 传输线，也可等效为 BB' 向左接有一串联谐振回路。总的看在 AA' 与 BB' 之间接有一串联回路），如图 5-46 （b）、图 5-46 （c）

所示。

　　根据倒置转换器的作用，我们可以画出图 5-46（a）的等效电路，如图 5-46（b）所示。由 $\lambda/4$ 波导段和电感膜片构成的谐振腔，相当于一个并联谐振回路，所以第一、第三谐振腔可以等效为并联于传输线上的并联谐振回路；对于第二谐振腔来说，在其左右都接有 $\lambda/4$ 倒置转换器，所以它可以等效为一个串联于传输线上的串联谐振回路。当各个谐振电路的谐振频率相同时，就可以起带通滤波作用。

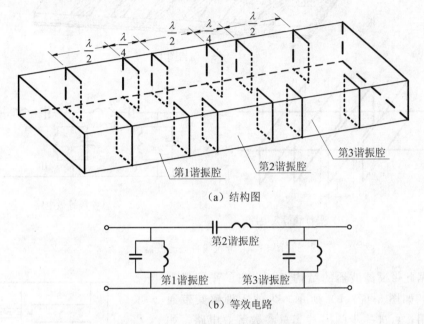

（a）结构图

（b）等效电路

图 5-45　$\lambda/4$ 耦合波导带通滤波器

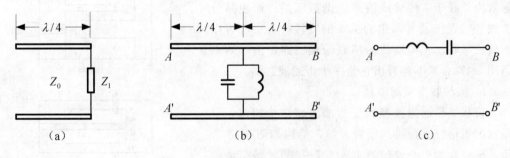

图 5-46　$\lambda/4$ 传输线段的倒置转换关系

　　由于传输线输入阻抗随频率变化的周期性，所以当信号频率为 $3f$、$5f$、$7f\cdots$时，各谐振腔都又能发生谐振，所以存在第二通带、第三通带，一般要求第二通带离主通带尽可能的远。

　　（3）微带滤波器

　　a. 带状线带通滤波器

　　带状线带通滤波器结构见 5-47（a）（图中上接地板未画出）。滤波器的上下接地板均由硬铝制成，接地板与导体带条之间夹有介质板。导体带条的横条部分与接地板组成主传输线，横条两边的分支带条与接地板组成 $\lambda/4$ 末端短路线（其末端短路是靠带条伸长部分下弯被侧板压紧而成的），各分支线之间距离均为 $\lambda/4$。

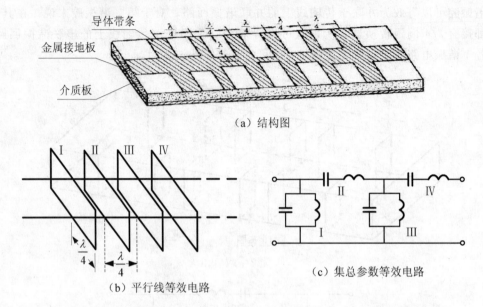

（a）结构图

（b）平行线等效电路

（c）集总参数等效电路

图 5-47　带状线带通滤波器

根据此带通滤波器的结构可画出它的平行线等效电路，如图 5-47（b）所示。为便于理解其带通滤波作用，可进一步画出其集总参数等效电路，如图 5-47（c）所示，其中短路分支线 Ⅰ、Ⅲ、Ⅴ…可等效为并联于主传输线的并联谐振回路；而短路分支线 Ⅱ、Ⅳ…及其两边的 $\lambda/4$ 倒置转换器一起可以等效成串联于主传输线的串联谐振回路，由等效电路图 5-47（c）不难看出它是一个带通滤波器。

b. 梳状线带通滤波器

梳状线带通滤波器和交指滤波器结构相似，只是它的矩形杆平行排列成梳齿形，结构如图 5-48 所示。梳齿长为中心波长的 1/8（或更短），每个齿端与外壳间夹有聚氨酯薄膜，形成终端加载电容，其厚度约 0.05 mm，改变齿的长度和加载电容的大小，都能改变滤波器的频率，为使各谐振器都调谐

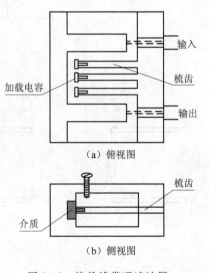

（a）俯视图

（b）侧视图

图 5-48　梳状线带通滤波器

在同一个频率上，在每个齿端加有微调螺钉，螺钉靠近梳齿，电容加大，频率下降；反之，则频率升高。

梳状滤波器结构示意图如图 5-49（a）所示。等效电路的画法和交指滤波器相同，即把每个齿（齿 1、2、3）沿其长度方向从中心线分开成两半，则每个齿的一半与相邻

齿的一半构成一对同端接地的平行耦合线段，由带状线的原理可知，它们可以用图 5-49（b）所示的等效电路表示；两端的梳齿 a 和梳齿 4 也与其相邻齿的一半构成一对异端接地的平行耦合线段，其等效电路如图 5-49（c）所示。把这些平行线等效电路级联起来，并使同一节点处的两个并联短路线合在一起，便得到图 5-49（d）所示的梳状滤波器等效电路。

由等效电路图 5-49（c）可见，当信号频率在中心频率 ω_0 附近时，并联短路分支线长度为 $l=\lambda_0/4$，输入阻抗呈电感性，它与集总电容 C 组成谐振回路；主线上的串联分支可等效为电感（$l<\lambda_0/4$）主线上的 AB 段和 ED 段具有阻抗变换作用，可等效为理想变压器，其等效电路如图 5-50 所示。当信号频率为 ω_0 时，并联回路谐振，输出最大，信号频率偏离 ω_0 时，回路失谐，阻抗减小，输出减小（由于串联电感的作用，使通频带的高端衰减比低端快）。当信号频率 $\omega=2\omega_0$ 时，串联分支线长 $l=\lambda_0/4$〔如图 5-49（d）所示〕输入阻抗成为并联谐振回路，阻抗无穷大，使 B、C、D 之间成开路状态，信号被阻断，所以在 $\omega=2\omega_0$ 处出现第一阻带，当频率 $\omega=4\omega_0$ 时出现第二通带。

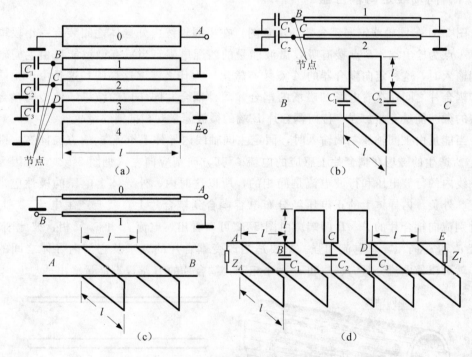

图 5-49　梳状滤波器等效电路

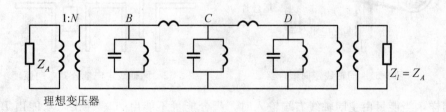

图 5-50　梳状滤波器的集总参数等效电路

5.5 定向耦合器

定向耦合器是一种具有方向性的功率分配器，它能从主传输系统的正向波中按一定比例分出部分功率，而基本上不从反向波中分出功率。定向耦合器在微波技术中有着广泛的应用，例如在微波测量中，利用定向耦合器可以从主传输系统中获得一部分能量，以便于进行微波信号参数的测量、以及监视微波信号源的输出功率及频率的变化等。

定向耦合器的种类很多，按传输线的类型可分为波导型、同轴线型及微带型等几种。

5.5.1 同轴线定向耦合器

图 5-51 是同轴线定向耦合器的示意图。在主同轴线内外导体之间装有一小段耦合片，A 点为输出端，B 点接有吸收微波能量的匹配电阻。当只有微波能量由主同轴线左端输入时，这种定向耦合器的 A 点才有输出。为什么能够这样呢？这是由于主同轴线和耦合片之间存在着电场和磁场的耦合，两种耦合共同作用的结果，使传向耦合片 A 端的微波能量互相加强，传向耦合片 B 端的微波能量互相抵消的缘故。

当能量由主同轴线左端输入时，假定主同轴线内导体上电流 i_1 的方向向右，则电流 i_1 所产生的磁场在耦合片上感应的电流 i_2 其方向则应向左（见图 5-52）。又因为主同轴线内的行波电压和行波电流是同相的，所以这时内、外导体上电压的极性应当是内正、外负。内导体上的正电压经分布电容耦合到耦合片上，就会产生电流 i_3 和 i_4，并分别流向耦合片的 A、B 两端。由图 5-52 可以看出，电流 i_4 和 i_2 反相，彼此削弱；电流 i_3 和 i_2 同相，总电流加强。只要适当改变耦合片的宽窄及它与内导体之间的距离，就可以使电流分量 i_2、i_3 和 i_4 大小相等，耦合片的 B 端没有能量输出。

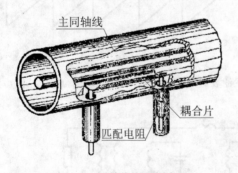
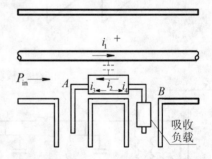

图 5-51　同轴线定向耦合器　　　　图 5-52　同轴线定向耦合器定向原理

同样，当能量由主同轴线右端输入时，耦合能量不能由 A 端输出，只能由 B 端输出，但因 B 端接有匹配电阻，所以能量被全部吸收。

由此可见,上述定向耦合器,只能由主同轴线左端输入微波能量,才能耦合输出。如果将匹配电阻和输出端的位置互换,就可用来输出从主同轴线右端输入的微波能量。

5.5.2　波导定向耦合器

波导定向耦合器是由一段主波导和一段副波导组成,它们之间用小孔或缝隙实现能量耦合。根据定向耦合器原理来区分,可分为单孔和多孔两类。单孔定向耦合器的耦合孔开在波导的宽壁上,既有电场耦合,又有横向磁场耦合.(有时还有纵向磁场耦合),其定向性是各种耦合互相作用的结果。多孔定向耦合器的耦合孔开在波导的窄壁上,只有纵向磁场耦合,其定向性则是各个小孔耦合到副波导的电磁波互相作用的结果。

(1) 圆孔定向耦合器

圆孔定向耦合器的结构如图 5-53 所示。副波导与主波导之间的耦合圆孔开在两个波导宽壁的中央,副波导与主波导之间有一定的交角。副波导的一端装有吸收物质,另一端装有输出插座。

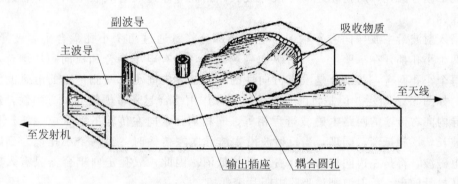

图 5-53　圆孔定向耦合器

由于耦合圆孔开在主波导宽壁的中央,根据 TE_{10} 波的电磁场分布可知,小孔耦合既有电场耦合又有磁场耦合,定向耦合的原理也正是基于这两种耦合的共同作用。

为了使副波导右边的合成电场减小到零,副波导与主波导之间应有一定的交角 θ,如图 5-54 所示。图中 H 代表主波导在小孔处的横向磁场,它沿副波导宽边方向和轴线方向的两个分量为 H_y 和 H_z,三者具有如下的关系

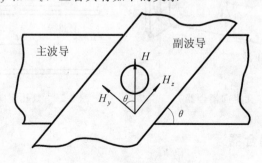

图 5-54　交角 θ 的作用

$$H_y = H\cos\theta \tag{5-29a}$$
$$H_z = H\sin\theta \tag{5-29b}$$

由于沿轴线方向的磁场分量 H_z 不能在副波导内激励 TE_{10} 波，所以对于磁场耦合来讲，只需考虑沿宽边方向的磁场分量 H_y。这一磁场分量的大小随交角 θ 的改变而改变，只要交角适当，副波导内经磁场耦合以及经电场耦合所产生的电场就能够相等，右边的合成电场就能为零，传输的微波能量就只能从左边输出。

当电磁波沿主波导从天线向发射机传输，即主波导内有反射波时经小孔耦合至副波导的能量不会传至左边的输出插座，而只能传至右边并被吸收物吸收掉。

由上可见，在圆孔定向耦合器的副波导内，电磁波的传输方向和主波导内的正好相反。如果输出插座装在靠近发射机的一端，吸收物质装在靠近天线一端，从输出插座输出的就是传向天线的微波能量的一部分，如果将输出插座和吸收物质的位置互换，从输出插座输出的就是从天线反射回来的微波能量的一部分。

（2）双孔定向耦合器

双孔定向耦合器结构如图 5-55 所示，在主波导与副波导相邻的窄壁上开有同样大小的两个耦合圆孔，两孔相距 1/4 波导波长。副波导左边装有吸收电阻片，右边装有耦合探针。

当入射波沿主波导向右传输时，有一小部分能量通过两个小孔耦合到副波导中。由于两个小孔都开在窄壁上，只有纵向磁场耦合，没有电场耦合和横向磁场耦合，所以就每个小孔而言，其耦合是没有方向性的，副波导内向小孔两侧传输的电磁波大小相等，如图 5-56 所示。但是将两个小孔的耦合作用综合起来考虑就有了方向性，这时副波导内向右传输的两路电磁波行程相等，同相加强；向左传输的两个电磁波行程相差半波长，反相抵消。同理，当反射波沿主波导向左传输时，经两个小孔耦合到副波导的电磁波，将是左边同相加强，右边反相抵消。因此，双孔定向耦合器只有入射波才能从探针输出，反射波则被吸收电阻片消耗掉。

如果要使双孔定向耦合器输出反射波，只要将副波导中的吸收电阻片和耦合探针的位置对调即可。

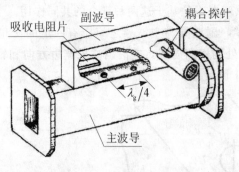

图 5-55　双孔定向耦合器

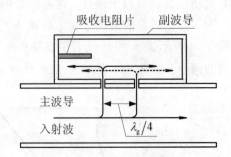

图 5-56　双孔定向耦合器工作原理

5.5.3　微带定向耦合器

微带定向耦合器包括一个主微带线和一个辅助微带线，彼此之间通过分支线或分布互电感、分布互电容进行耦合，在主微带线上传输的功率沿着辅助微带的一个方向传输，在相反方向上，希望传输功率越小越好。微带定向耦合器由于是依靠印刷电路技术制造的，所以与其他微波定向耦合器相比，具有结构紧凑，小型轻便，便于制造等优点，而且频带很宽。

常用的微带定向耦合器有三种：耦合线定向耦合器、分支线定向耦合器和环形线定向耦合器，如图 5-57 所示。它的工作特性是：在四个口都匹配的条件下，若从 1 口输入功率 P_1，则 3 口（或 2 口）与 4 口有输出；2 口（或 3 口）无输出，称隔离口。3 口（或 2 口）与 4 口的输出可按一定的比例分配。若 3（或 2）、4 两口输出功率相同，都等于输入功率的一半，则由于输入功率与 3（或 2）、4 口的输出功率之比正好为三分贝（3dB），故称为三分贝定向耦合器（或称 3dB 电桥）。

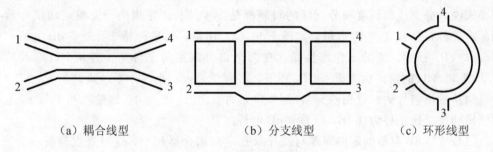

(a) 耦合线型　　　　　　(b) 分支线型　　　　　　(c) 环形线型

图 5-57　微带定向耦合器

（1）耦合线定向耦合器

耦合线定向耦合器结构简图如图 5-58 所示，它是由两根相距很近（间距为 S 的）微带线组成，其能量通过长度为 l 的两线之间的电场和磁场进行耦合，电场耦合与磁场耦合共同作用的结果使它具有方向性：能量由 1 口输入，则 2、4 口有输出；3 口无输出，是隔离口。其定向原理与波导圆孔定向耦合器很相似。

当电磁能由 1 口输入时，若主微带线 1—4 中交变电流 i_1 的方向向右（见图 5-59），根据楞次定律，电流 i_1 所产生的磁场在副线 2—3 上感应的电流 i_4，其方向向左；又因为微带线内的行波电压、行波电流是同相的，所以微带线 1—4 中的电压极性为：导体带条为正，接地板为负。导体带条上的正电压经两微带线之间的分布互电容耦合到线2—3 上，就会产生电流 i_2 和 i_3。如图 5-59 所示，电流 i_3 与 i_4 反相，就是说，电耦合电流 i_3 和磁耦合电流 i_4 的作用相反而能量互相抵消，故 3 口输出为零，称隔离口；电流 i_2 与 i_4 同相，总电流加强，故 2 口有能量输出，称耦合口。由于在副线上耦合输出的方向与主线上电波传输方向相反，故这种定向耦合器称为"返向定向耦合器"。2 口耦合输出能量的多少与两线之间的距离 S 有关，S 愈小，2 口输出的能量越大，但因为 S 太小会使制造困难，所以耦合微带定向耦合器输出功率较小，输入功率与 2 口输出功率之比一般大于 10 dB。

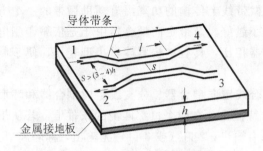

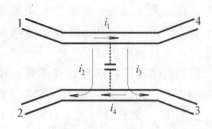

图 5-58　耦合线定向耦合器　　　　　图 5-59　耦合线定向耦合器定向原理

（2）分支线定向耦合器

分支线定向耦合器由两根平行的微带线组成，通过一些分支线实现耦合。对中心频率来说，分支线的长度和分支线的间隔都是 1/4 波长。常用的分支线定向耦合器有两种：一种是两分支 3 dB 电桥，如图 5-60（a）所示；另一种是三分支 3 dB 电桥，如图 5-60（b）所示。它的工作特性是：在四个口都匹配的条件下，若从 1 口输入功率 P_1，则 3、4 口的输出功率 P_3 与 P_4 相等，各等于输入功率的一半，即 $P_3 = P_4 = P_1/2$，并且两路输出信号的相位相差 90°，而 2 口无功率输出，$P_2 = 0$。因输入功率与 3、4 口的输出功率之比正好为 3 dB，故称 3 dB 电桥。

二分支 3 dB 电桥的定向原理与波导双孔定向耦合器相似，这里重点分析三分支 3 dB 定向耦合器。

由 1 口输入的信号，一方面传至 4 口，一方面由Ⅰ、Ⅱ、Ⅲ三个分支传至 3 口和 2 口。由 1 口经三个分支到 3 口的传播距离相等，因而由三个分支传至 3 口的信号同相，相加后为 3 口的输出信号。适当选取三个分支线段的特性阻抗，可使得传至 3 口的信号功率与传到 4 口的信号功率相等。由于传至 4 口的信号经过的距离是 1/2 波长，传至 3 口的信号经过的距离是 3/4 波长。因此，4 口输出信号的相位滞后输入信号 180°，3 口输出信号的相位滞后输入信号 270°，3 口的输出信号比 4 口的输出信号滞后相角 90°。

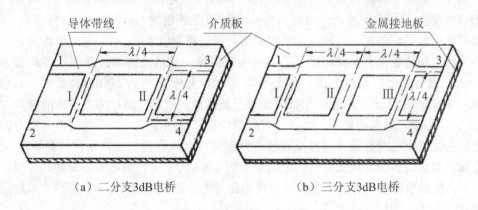

（a）二分支3dB电桥　　　　　　　（b）三分支3dB电桥

图 5-60　分支线 3 dB 电桥

经过Ⅰ、Ⅱ、Ⅲ分支传到 2 口的信号，分别经过的距离为 $\lambda/4$、$3\lambda/4$、$5\lambda/4$，Ⅰ、Ⅱ的信号经过的距离差为 λ，两信号同相；Ⅱ分支的信号与Ⅰ、Ⅲ分支的信号经过的距

离差为 $\lambda/2$，相位相反。若 Ⅰ、Ⅲ 分支的信号之和与 Ⅱ 分支的信号相等，则它们相互抵消，故 2 口输出为零。由于结构上不可能做到完全准确，因此，并不能达到理想情况，一般 2 口的输出功率比 1 口的输入功率衰减 20 dB 以上（即输出是输入的百分之一以下）。

同理，若信号由 2 口输入，则 1 口无输出，3、4 口的输出各为信号功率的一半。

从方向性频率特性来看，三分支 3 dB 电桥的频带宽度将比二分支 3 dB 电桥的宽。下面我们以电波波长向增大的方向偏离中心波长的情况为例，来分析两种 3 dB 电桥的方向性。

先看二分支 3 dB 电桥。当工作频率为中心频率时，由 1 口输入的电波，经分支线 Ⅰ、Ⅱ 送到 2 口的电波 E_1 和 E_2 行程差为 $\lambda/2$，相位相反，互相抵消，2 口无输出，方向性很好，如图 5-61（a）所示。当工作频率减小，即电波波长增大时，两分支线长度和间距均小于 $\lambda/4$，经分支线 Ⅰ、Ⅱ 送至 2 口的电波 E_1 和 E_2 行程差不到 $\lambda/2$，故不完全抵消，2 口将有电波余量 E_{re} 输出，如图 5-61（b）所示，其大小为

$$E_{re} = 2E\sin(\theta/2) \tag{5-30}$$

式中：θ——电波波长改变后，向反方向（2 口）传输的两电波相位差的变化量。

如果电波波长变化不大，θ 很小，$\sin(\theta/2) \approx \theta/2$，则反向传输电波余量可表示为

$$E_{re} = E\theta \tag{5-31}$$

而对于三分支 3 dB 电桥而言，当工作频率为中心频率时，经分支线 Ⅰ、Ⅱ、Ⅲ 送到 2 口的电波 E_1、E_3 相位相同，与 E_3 相位相反，而且 $E_1 + E_3 = E_2$，所以三者互相抵消，如图 5-62（a）所示。当波长增长时，由于三条分支线的长度和间距均小于 $\lambda/4$，这时 E_1 超前 E_2 的相位不到 180°，E_2 超前 E_3 也不到 180°，其相位关系如图 5-62（b）所示，又因 $E_1 = E_3 = E$，$E_2 = 2E$，则反向传输波余量 E_{re} 为

$$E_{re} = 2E - 2E\cos\theta = 2E(1 - \cos\theta) = 2E \cdot 2\sin^2(\theta/2) \approx 4E(\theta/2)^2 = E\theta^2 \tag{5-32}$$

比较二分支 3 dB 电桥和三分支 3 dB 电桥的 E_{re} 表达式可见，当波长变动较小即 θ 很小时，二分支 3 dB 电桥的反向波余量与 θ 成正比，三分支的则与 θ^2 成正比，显然后者随频率的变化小。可见，采用的分支线数目越多，频带就越宽。

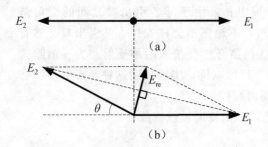

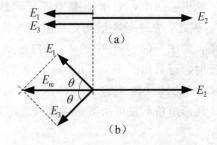

图 5-61　二分支 3 dB 电桥 E_{re} 与 λ 的关系　　　图 5-62　三分支 3 dB 电桥 E_{re} 与 λ 的关系

3 dB 分支线电桥不仅可以用微带线做成，也可用同轴线、波导做成。

(3) 环形线 3 dB 电桥

环形线 3 dB 电桥的结构及 4 个口之间的间隔如图 5-63 所示。

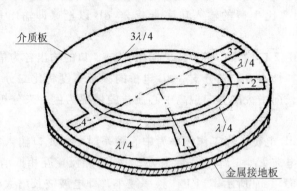

图 5-63　环形线 3 dB 电桥的结构及 4 个口之间的间隔

当信号从 1 口输入时，在微带线内按顺时针和反时针方向传输的两电磁波，其电场是彼此同相的，这两路电磁波传到 4 口或 2 口处的行程，一路为 $\lambda/4$，另一路为 $5\lambda/4$，行程差为一个波长，两电磁波同相，故 2 口和 4 口有能量输出，由于结构的对称性，两口输出的信号大小相等，相位相同。对 3 口来说，情况则不同，按顺时针方向传输的电磁波，行程为一个波长，按逆时针方向传输的电磁波，行程为半个波长，所以在 3 口处，两路信号行程差半个波长，相位相反，互相抵消，3 口输出为零，是隔离口。可见，环形线 3 dB 电桥的 1 口和 3 口是互相去耦的。

当信号从 4 口输入时，两路信号传到 2 口时，行程差半个波长，相位相反，互相抵消，2 口输出为零，是隔离口。对 1 口来说，两路信号行程差一个波长，所以相位相同，1 口有信号输出；对 3 口来说，两路信号行程相同，两信号同相，3 口也有输出。1 口输出信号滞后于输入信号 90°，而 3 口输出信号滞后输入信号 270°，所以两输出口电压反相。

由此可见，当信号由 1 口输入时，通过 2、4 口功率平分输出，而且两输出信号同相，3 口是隔离口；当信号由 4 口输入时，由 1 口和 3 口平分输出，并且两输出电压反相，2 口是隔离口。

这里须指出，对于标准型式环形线三分贝电桥，由于其各引出口之间的交角是 60°，因此，在一般距形陶瓷片上制作此图形时，不论图形怎样安排，其引出口必然有拐角，如图 5-64（a）中的 1、2 口所示，这些拐角必然会带来附加反射。为了消除这种反射，可采用图 5-64（b）所示的"跑道型"环形电桥，实践证明这种环形电桥的驻波比小于 1.3（在（$\Delta f/f > 15\%$）的频带范围内）。

环形电桥不仅可由微带线来做，而且，还可以由硬同轴线或波导来做。

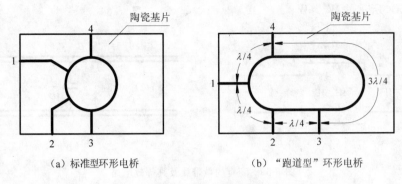

（a）标准型环形电桥　　　　　（b）"跑道型"环形电桥

图 5-64　环形电桥的形式

5.6　微波集成电路简介

微波集成电路就是采用集成电路的方法，将整个微波电路，包括传输线和各种微波元件，都做在一块基片上。和由分立微波元件构成的微波电路相比较，微波集成电路具有体积小、重量轻、适宜于大批生产、成本低等优点。近年来发展很快，中小功率的微波电路有逐步集成化的趋势。

微波集成电路可分为两类：一类是"半集成"，它只将微波电路中的线性元件和传输线一起集成化，而其中的有源非线性元件则仍采用分立元件，另行嵌入电路中，所以又称"嵌入式"。这类半集成电路的基片材料常采用高氧化铝瓷片、石英或蓝宝石片等低损耗电介质，也有为了便于制成非互易元件而采用铁氧体片的。第二类称"全集成"，它的全部元件包括有源非线性元件在内全都是集成化的，其基片材料常采用高纯硅单晶片或砷化镓单晶片，所以它的固体微波元件和器件也是用集成电路法做在基片上的。目前普遍应用的主要是第一类半集成微波电路。

微波集成电路的传输线常采用微带，个别也有用微槽的，微波集成电路的有源和非线性元件都采用固体器件。微波集成电路的无源线性元件一般采用集总参数元件，集总参数元件与分布参数元件的区别在于元件尺寸的大小，元件尺寸远小于波长的是集总参数。微波电路集成化的主要目的在于追求小型化，故采用集总参数元件是很自然的事。

本节主要对常用的微波集成电路元件作一简单介绍，然后举几个具体的微波集成电路实例。一般只限于对工作原理作定性分析，不作定量计算，具体工艺问题也不涉及。

5.6.1　电容

电容是储藏电能的无功元件，微波集成电路中常用的电容有以下几种。

在微带系统中获得并联电容的最简单的方法是增加某段微带的导体带的宽度，如

图 5-65（a）所示的 $W'>W$。

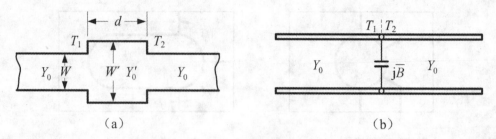

图 5-65　变宽的微带线及其等效电路

这样变宽后的微带的特性导纳 Y_0' 比其两端的正常微带的特性导纳 Y_0 大，用类似于波导膜片的方法可以证明：如果变宽段的长度 d 远小于波长，即 $\beta'd \ll 1$，则此变宽段就等效于如图 5-65（b）所示的并联电容。

另一种获得并联电容的方法是利用如图 5-66（a）所示的终端开路的并联微带分支线，如果分支线的长度 l 远小于波长，即少 $\beta'l \ll 1$，它就等效于如图（b）所示的并联电容。

得到串联电容的最简单的办法是将导体带切断，如图 5-67（a）所示，由于切断所形成的窄缝的边缘效应使电场集中，形成如图 5-67（b）所示的等效串联电容。限于微带的导体带之宽度，这种切断电容的电容量不可能做得很大。

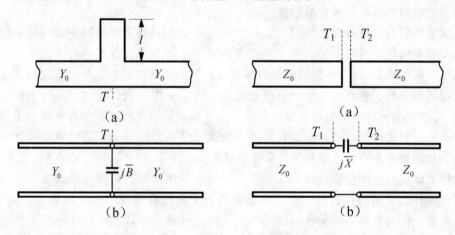

图 5-66　终端开路分支微带及其等效电路　　图 5-67　切断导体及其等效电路

为了获得较大的串联电容，可以将切断处做成如图 5-68 所示的"对插指形"，由于切断处互相交错而使其边缘加长了，故比上述直线形的切断电容的容量大些。这种对插指形电容很容易用集成电路的光刻法制成。

为了获得更大的串联电容，可以采用如图 5-69 所示的叠层式薄膜电容。它由切断后的微带的导体带两端彼此重叠而构成，中间夹以薄的绝缘膜。这种薄膜电容的容量可按平板电容器公式计算

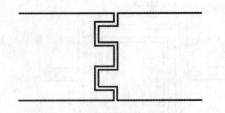

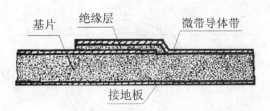

图 5-68 微带的对插指形电容　　　　图 5-69 微带的叠层电容剖面图

$$C = \varepsilon_r \varepsilon_0 S/d \tag{5-33}$$

式中：S——重叠部分的面积；

d——绝缘膜厚度；

ε_r——膜的相对介电系数。

面积 S 的增大受到尺寸的限制，太大了就不再是集总参数电容了，因此增加电容量的办法是减小 d 和增大 ε_r。

5.6.2 电感

电感是储存磁场能的无功元件，微波集成电路中常用的有以下几种。

在微带系统中获得串联电感最简单的办法是将一段导体带的宽度 W' 突然变窄，如图 5-70（a）所示。由于 $W'<W$，故 $Z_0'>Z_0$。由于这种特性阻抗的不同，利用输入阻抗公式和类似关于膜片的分析方法，就可以证明：如果长度 d 远小于波长（$\beta'd\ll1$），则此变窄段等效于一个如图 5-70（b）所示的串联电感。

为了获得较大的电感量，可将上述"直线"电感弯成如图 5-71 所示的圆环形。由于环内磁场相对集中，磁通量增大，所以电感量增大了。这与一根弯成环状的导线比拉直的导线的电感量大的道理是一样的。

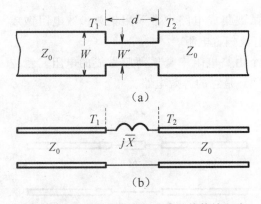

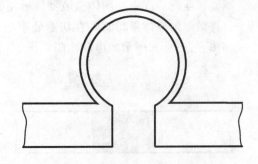

图 5-70 微带的"直线"电感及其等效电路　　　图 5-71 微带的环形电感

如需要进一步增大电感量，可以做成如图 5-72 所示的"蚊香形"平面螺旋电感。就好像增加线圈的匝数可以增大电感量一样，这种螺旋电感的电感量可以做得比单圈的环形电感更大。这种螺旋电感有圆形和方形两种，分别如图 5-72（a）和图 5-72（b）所示。

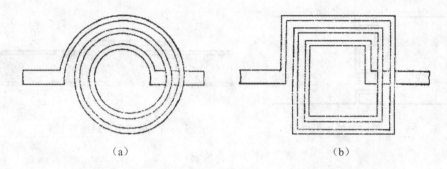

图 5-72　螺旋电感

在微带系统中获得并联电感的最简单的办法是利用如图 5-73（a）所示的终端短路分支短线。在微带中实行终端短路的办法是将导体带与基片反面的接地板直接短接。

如果分支短线的长度 l 远小于波长（$\beta' l \ll 1$），它就等效于一个如图 5-73（b）所示的并联于主线上的电感。

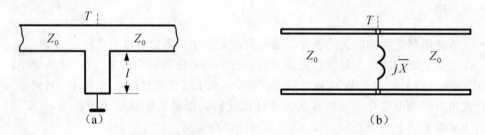

图 5-73　微带的并联分支终端短路线及其等效电路

5.6.3　电阻

电阻是吸收有功功率的损耗性元件，在微波集成电路中常采用集总参数电阻做成衰减器、匹配负载以及固体微波器件所需的直流偏置电阻。

将微带的导体带切断，在切断处串联一个由高电阻率金属薄膜做成的电阻，就构成如图 5-74（a）所示的串联电阻，图 5-74（b）是它的等效电路。

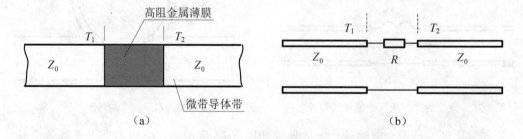

图 5-74　微带的串联电阻

这种简单的金属膜电阻，常用作直流偏置电阻。由于在微带与电阻膜的交界处存在突变不均匀性，会引起微波的反射，因此如果不采取匹配措施，这种电阻的微波匹配性能较差，不适用于构成匹配负载等对匹配性能要求较高的微波元件。改善匹配的方法可以采用渐变，适当控制交界处的电阻膜厚度，使之与微带的界面不是突变，而是有一个渐变的过渡，就可以改善其匹配性能。另一种获得匹配负载的方法是采用具有某种特定图案花纹的电阻膜形状。实验表明，在一定频带内可以得到较好的匹配。

5.6.4　谐振回路

　　利用前述的集总参数电感 L 和电容 C，就可以构成并联或串联的 LC 谐振回路，图 5-75 中给出了几个简单的例子及其等效电路。

　　微波集成电路也可以采用由分布参数电路元件构成的谐振回路，最常用的是如图 5-76 所示的终端开路或短路的 $\lambda/4$ 分支线。这种 1/4 波长线分别等效于如图所示的串联（终端开路）和并联（终端短路）的谐振回路，这些回路都是并联在主线上的。

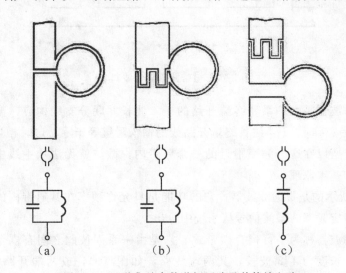

图 5-75　几种集总参数谐振回路及其等效电路

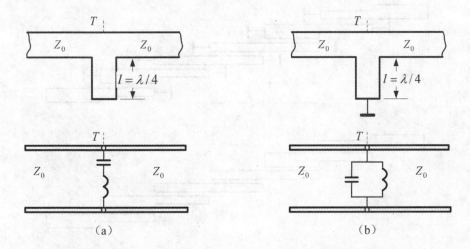

图 5-76　由 $\lambda/4$ 终端开路线和终端短路线做成的谐振回路及其等效电路

5.6.5 滤波器

在微波集成电路中经常要用到滤波器，由微带系统构成的滤波器种类很多，下面只举两个例子。

如图 5-77 所示的是带阻滤波器，它的功能是在一定频带内能阻止微波信号通过。在集成电路的固体器件的直流偏置引线中，为了防止微波信号沿线漏出，可以串入带阻滤波器。

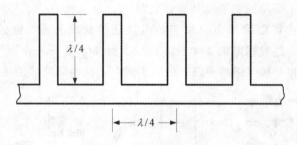

图 5-77　微带式带阻滤波器

这种带阻滤波器是由一系列终端开路的 1/4 波长并联分支线构成，彼此之间距离 1/4 波长。当 $l = \lambda/4$ 时，1/4 波长终端开路线的输入阻抗等于零，这时相当于主线在各分支处被短路，所以在这个频率附近的一个频带内，微波就无法从主线中通过，这就是带阻滤波器的基本原理。

如图 5-78 所示的是带通滤波器，它的功能是只允许频率在其通带内的微波信号通过，常用来将特定频率的微波信号从系统中分出。

这种带通滤波器称为平行耦合微带式，它是由一系列彼此之间有耦合的微带段所组成，微带段的长度为 1/2 波长，其两端短路，如图（a），或两端开路，如图（b）。这种滤波器的原理己在微带滤波器一节中讨论过，这里我们不再讨论。

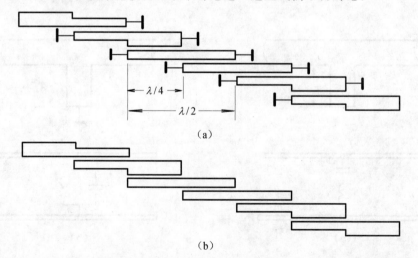

（a）

（b）

图 5-78　平行耦合微带式带通滤波器

5.6.6 微波集成电路举例

上面我们列举了一些比较常见的微波集成电路元件,将这些元件由微带连接起来,就可以构成各种微波集成电路。它们都是由光刻、扩散、外延、掩膜等集成电路工艺做在一块基片上的。在一块不大的基片上可以做出若干个微波电路或整个微波系统。

下面我们举几个微波集成电路的具体例子。

图 5-79(a)所示是一个简单的集总参数低通滤波器,其输入和输出是特性阻抗为 50 Ω 的微带,各自分别与一个环形电感相连接,在两个电感之间,对地并联了一个交叉指形电容,构成了如图 5-79(b)所示等效电路的低通滤波器。

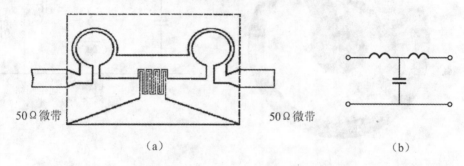

图 5-79 低通滤波器及其等效电路

图 5-80 所示的是一个 2 GHz 输出功率为 1 W 的微波晶体管放大器,它是在厚度为 0.25 mm 的蓝宝石基片上用集总参数元件做成的半集成微波电路,图(a)为其结构示意图,图(b)给出了等效电路图。

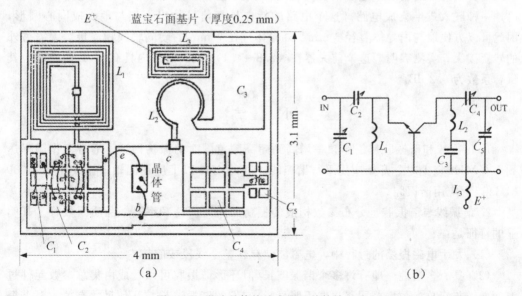

图 5-80 微波晶体管放大器及其等效电路

这个电路中的电容分割成若干小块,以便利用适当的连接方式来调节其电容量。

其中的电感都是用厚（10～15）μm 的导体膜做成的环形（L_2）或螺旋形（L_1 和 L_3）电感，借助于将电感的一部分短路的办法调节其电感量。这种微波集成电路的尺寸很小，在（19.05×25.4）mm 的蓝宝石基片上一次可以制作 25 个这样的电路。

如图 5-81 所示的是隧道二极管放大器，其中图 5-81（a）为结构示意图，图 5-81（b）为等效电路图。

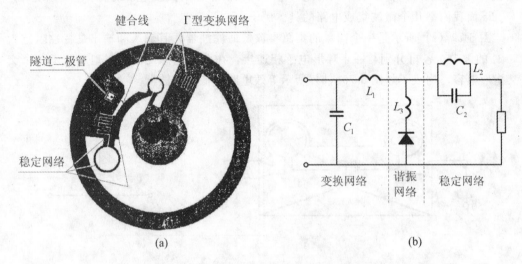

图 5-81　隧道二极管放大器及其等效电路

这个集成电路是制作在一片直径为 9 mm 厚度为 0.5 mm 的石英基片上的，其中 L_1、C_1 组成 Γ 型阻抗变换网络，以获得适当的放大器增益，L_2、C_2 组成稳定网络。其中的电容均为对插指形，电感均为单圈环形。隧道二极管是另外接入到电路中的，所以是一种嵌入式半集成电路。这个电路的特点是其信号的出入端与地做成同心圆形，因此可以方便地与内导体直径 3 mm、外导体直径 7 mm 的硬同轴线相连接，无需另外的转换接头。实测表明。这个前大器在（2.8～4.1）GHz 频带内具有 9 dB 的增益，其噪音系数为 6.2 dB。

小　　结

1. 谐振线和谐振腔是工作频率增高到超高频范围时的振荡回路。通常工作频率达到 100 MHz 以上时，开始应用平行谐振线，300 MHz 以上应用同轴谐振线而在 1 000 MHz 以上应用谐振腔。

2. 谐振线与谐振腔是分布参数构成的振荡回路。振荡频率高，品质因数好。其明显的特征是：

（1）发生电磁振荡的过程中，电磁能储存在整个线段或腔体内。

（2）具有多谐性—即有许多个谐振波长(但环形谐振腔可以看成由集总参数元件过渡而成，与集总参数振荡回路界线不明显)。它们的谐振波长与几何尺寸有关：对谐振线来说，线长愈长，谐振波长愈长；对谐振腔来说，容积愈大，谐振波长愈长。但环形谐振腔的谐振波长，则由等效电感、电容的大小来定。

（3）调谐的方法是：谐振线是改变线长或电容，谐振腔是改变轴向长度或半径；环形谐振腔则用调谐螺钉、叶片或改变金属薄膜等来进行调谐。

3. 转换接头有接触式和阻流式两种，接触式接头是通过直接接触来保持两段传输线电气上连接良好的，这种接头结构简单，工作频带宽，但接触处容易造成接触不良，从而增大损耗，并引起反射。阻流式接头则不同，它利用 λ/4 传输线的阻抗变换作用，可以使机械接触不良的两段传输线之间达到电气接触良好的目的。

4. 波导双 T 接头具有的特性是：从任一臂输入微波能量，在各臂匹配的条件下，只能平均地耦合到相邻两臂中，相对臂为隔离臂；从相对两臂同时输入微波能量，其余两臂输出的场强，一为两输入臂场强之和，一为两输入臂场强之差。

5. 衰减器有吸收式、截止式和全匹配负载等几种。吸收式衰减器是在同轴线或波导内装上吸收物质，使传送的能量受到衰减；截止式衰减器是利用一段截止波长远小于电波波长的波导，使电磁波被截止衰减；全匹配负载是馈电系统的终端装置，用来吸收沿线传输的全部能量。

6. 移相器是一段能够改变电磁波相位的传输线或波导。改变相位的方法是，通过改变线长 l 或改变电波的相移常数达到改变相位的目的。

7. 滤波器是用来滤除无用信号的。对它的要求是：通带内衰减量应尽量小，阻带内衰减量应尽量大。微波滤波器的特点是用分布参数的谐振元件代替 LC 回路，所以阻带、通带具有多值性，通常要求第二通带离主通带尽量远。微带滤波器中考虑到平面电路的特点，应加倒置转换器。

8. 定向耦合器是一种具有方向性的功率分配器，它能从主传输系统的正向波中按一定比例分出部分功率，而基本上不从反向波中分出功率。定向耦合器的种类按传输线的类型可分为波导型、同轴线型及微带型等几种。

9. 微波集成电路采用集总参数元件，与微带一起用集成电路工艺做在一块基片上，结构紧凑，体积很小，便于大量制造，成本较低，为微波技术的推广应用创造了有利条件。

第6章 微波铁氧体器件

铁氧体是微波技术中常用的一种各向异性磁性材料。在恒定偏置磁场下，铁氧体中的自旋电子与微波场产生所谓"回磁共振效应"，具有共振吸收、法拉第（M. Faraday，1791—1867）旋转等非互易特性。利用这些特性做成了微波隔离器、环行器等非互易微波器件，在微波技术中得到广泛应用。

本章主要介绍了铁氧体的基本概念、基本特性以及几种常用的铁氧体器件。

6.1 铁氧体的基本概念

铁氧体又叫铁冷氧或磁性瓷，它是由三氧化二铁（Fe_2O_3）和某些金属（如锰、镍、锌、铜、镁等）氧化物烧结而成，质硬而脆，外表有点像陶瓷。半导体收音机里的磁棒，就是铁氧体的一种。

铁氧体是一种具有高导磁系数和高电阻系数的非金属磁性材料，它既像铁磁物质那样能够被磁化，而呈现很高的磁导率，又像电介质那样呈现很高的电阻率，而允许电磁波在其内部传播。因此它具备了一般铁磁物质或一般电介质所无法同时兼备的双重优点，它已成为一种重要的磁性材料，在现代雷达、通信、电子对抗设备中都已使用了铁氧体器件。

铁氧体按其性能可以分为五类。

（1）软磁性铁氧体：软磁性铁氧体容易磁化也容易去磁，类似电磁铁，并具有体积小、重量轻的优点，这类铁氧体广泛被用作各种磁芯，如收音机天线的磁芯、中频变压器的磁芯以及电视用的显像管扫描线圈的磁芯等。

（2）永磁性铁氧体：经磁化后不易去磁，类似永久磁铁。永磁喇叭和小型电机中都已采用这种铁氧体作为磁铁。

（3）压磁性铁氧体：体积随外加磁场强度的改变而改变，即具有磁致伸缩效应，超声波发生器就是利用磁致伸缩效应原理制作的电子仪器。

（4）矩磁性铁氧体：这种铁氧体的特点是，具有矩形磁滞回线。常用作电子计算机的记忆元件及自动控制设备中的开关元件。

（5）旋磁性铁氧体：当线极化波通过它时，极化方向会发生旋转。这种铁氧体可以做成多种微波元件。例如，隔离器、移相器、环行器等，都是由这种铁氧体制成的。

由于铁氧体性能的定量分析比较复杂，涉及的问题颇多，因此本章只定性地说明铁氧体的主要特性，最后介绍几种常用的铁氧体器件。

6.2　铁氧体的基本特性

用作微波元件的铁氧体，对于微波电磁场具有磁共振特性、旋磁特性和场移特性。这些特性与铁氧体内自旋电子的进动有着密切的联系。

6.2.1　铁氧体内自旋电子的进动

（1）陀螺的进动

我们先看一下日常生活中遇到的陀螺运动。假使有一只陀螺，站在地上不动，若由于某种原因，有了一点偏斜后，其重力 Mg 将产生一个重力矩 $G = R \times Mg$（R 是支点 O' 与力之间的垂直距离），力矩的方向符合右手螺旋定则，四指方向由 R 的方向转向力的方向，则拇指方向就是力矩的方向，如图 6-1 所示。

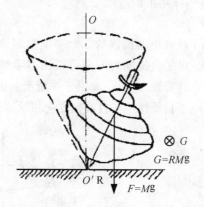

图 6-1　陀螺运动

在力矩作用下，陀螺将倒向地面。然而，竖直放置的高速旋转陀螺，由于它具有稳定转轴方向的特性——定轴性，所以，当它倾斜时，其重力矩 G 不再能使它倒向地面，而是使陀螺的自旋轴围绕着与地面垂直的直线 OO' 转动，如图 6-1 所示。我们把这种旋转物体在受到外力矩作用时，自旋轴围绕直线 OO' 的转动，称作进动。

陀螺的进动方向与所受的力矩方向有关，其相互关系可以从图 6-2 所示的陀螺仪看出。陀螺仪的外环可以围绕 AA' 轴旋转，内环可以围绕 BB' 轴旋转，转子可以围绕 CC' 轴旋转，这样的装置可以使转子的转轴 CC' 在空间作任意方向的改变。

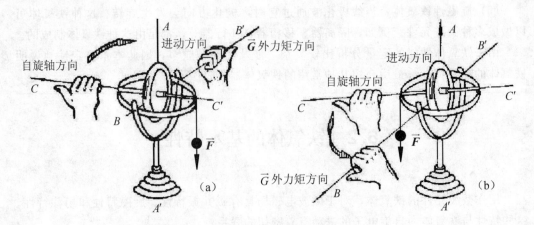

图 6-2 陀螺仪的进动

假设转子的自旋方向如图 6-2 所示，则自旋轴方向指向 C。若在 C' 处挂一重物，如图 6-2（a）所示，其重力指向下，则外力矩方向指向 B'。当发生进动时，转子的自旋轴将向外力矩方向转动；若重物挂在 C 端，如图 6-2（b）所示，自旋轴仍然向外力矩方向（$B'B$）转动。显然，上面两种情形的进动方向相反。

由上述讨论可见，陀螺的进动并不发生在外力 $\vec{F}$ 的方向上，而是沿着外力矩 $\vec{G}$ 的方向进行，或者说，陀螺进动时，自旋轴向外力矩方向转动。这就是进动的规则。

（2）自旋电子在直流磁场作用下的进动

a. 电子的自旋

我们知道，原子是由原子核和电子构成的，电子不但围绕原子核公转，而且本身又在不停的自转，即所谓自旋。电子自旋轴的方向可以用右手螺旋定则确定（即右手四指绕旋转方向，拇指的指向就是自旋轴方向），如图 6-3 所示。由于电子带负电，其自旋时形成逆自旋方向的电流，故电子自旋产生与自旋轴方向相反的磁场 H（见图 6-3）。

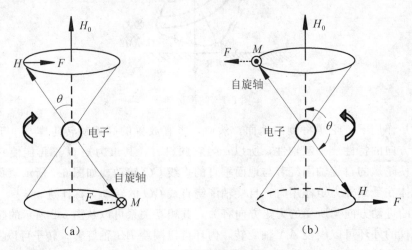

图 6-3 自旋电子的进动

电子自旋时能产生磁场，公转时也能产生磁场，但自转产生的磁场比较显著，公转产生的磁场比较微弱，所以，在研究外加磁场同电子旋转产生的磁场相互作用的时候，只考虑电子自旋磁场与外加磁场间的相互作用。

b. 自旋电子在直流磁场作用下的进动

自旋电子在直流磁场作用下，也会像陀螺一样，产生进动。假设直流磁场 H_0 与自旋磁场 H 之间有一夹角 θ，如图 6-3（a）所示。由于自旋电子具有磁性，又处在直流磁场中，因此它将受到直流磁场的作用力 $\vec{F}$（相当于小磁针在直流磁场中受力）。作用力 $\vec{F}$ 的方向可以这样来确定：H_0 要使铁氧体磁化，迫使自旋磁场的方向与自己的方向一致，因此自旋轴受力的方向如图 6-3（a）中虚线箭头所示，该力产生的力矩如图 6-3（a）中的 M 所示。根据陀螺原理，在力矩 M 作用下，电子自旋轴将向力矩的方向转动，而自旋磁场则将向力矩的反方向转动，因此自旋电子将按图中圆形轨道的箭头方向进动。如果电子自旋方向相反，如图 6-3（b）所示，则自旋轴受力方向如 6-3（b）图中虚线箭头所示，该力产生的力矩 M 方向由纸里向外指，在此力矩作用下，自旋磁场进动方向如图 6-3（b）中圆形轨道箭头方向所示，可见进动方向与图 6-3（d）中相同。

我们把自旋电子在直流磁场单独作用下围绕直流磁场转动的频率，称为电子的本征进动频率，简称本征频率。

根据以上分析可以得出下列重要结论：

（a）不论电子的自旋方向如何，其进动方向都相同；

（b）电子的进动方向决定于外加直流磁场 H_0 的方向，因此，进动方向可以这样来确定：以右手拇指指向直流磁场 H_0 的方向，四指旋进的方向就是电子进动的方向；

（c）电子的本征进动频率 ω_0 与直流磁场 H_0 的大小成正比（$\omega_0 = \gamma H_0$，其中 γ 为常数，一般为 $2.8\,\mathrm{MHz/T}$，称为旋磁比。因为直流磁场越强，促使电子进动的力矩就越大，进动也就越快；

（d）如果没有能量损耗，电子的进动就永远不会停止。事实上损耗总是不可避免的，因此在进动过程中，进动能量将被逐渐消耗，自旋磁场 H 与 H_0 之间的夹角会逐渐缩小，经过很短的时间（约 $0.01\,\mu s$），自旋磁场的方向就会与直流磁场 H_0 的方向趋于一致，θ 变为零，进动停止，铁氧体也就被磁化了。

c. 自旋电子在直流磁场和交变磁场同时作用下的进动

在电子自旋磁场和直流磁场方向一致的情况下，在垂直于直流磁场的方向上再加进去一个交变磁场，该交变磁场将使自旋电子受到一个力矩，导致自旋磁场偏离直流磁场一个角度，并重新围绕直流磁场进动。由于交变磁场一般都远小于直流磁场，所以进动方向和进动频率仍由直流磁场决定。交变磁场消失以后，自旋磁场又迅速转到直流磁场的方向，进动停止。

6.2.2 磁共振特性

交变磁场激励起电子进动以后，它们之间将发生能量交换。当交变磁场的频率与自旋电子的本征进动频率相差很多时，从能量交换的角度来看，就像 LC 振荡回路里加进一个频率失谐很大的信号一样，电子吸收的能量很少，进动十分微弱；当外加交变磁场的频率等于电子本征进动频率时，进动将显著加强，而交变磁场被大大削弱。进动电子的这一特性，称为磁共振特性。

通常外加交变磁场是线极化的。为了便于分析，我们总可以把一个线极化磁场 h 分解成两个旋转方向相反、幅度相等（均为线极化磁场幅度的一半）的圆极化磁场 h^+ 和 h^- 迭加而成，如图 6-4 所示。显然，这种分解方法不是唯一的，就是说，线极化磁场可以在通过线极化磁场 h 的所有平面上分解。但通常是在垂直于直流磁场 H_0 的平面上分解的，即使圆极化平面平行于电子的进动平面（电子进动平面是指自旋磁场 H 的端点轨迹所在的平面）。

所谓圆极化磁场，是指磁场矢量的端点随时间变化的轨迹为一个圆。我们规定：以拇指指向直流磁场 H_0 的方向，其交变磁场矢量沿着右手螺旋方向旋转的，称为正圆极化磁场（也称右圆极化磁场）；沿着左手螺旋方向旋转的，称为负圆极化磁场（又称左圆极化磁场）。图 6-4 中，旋转方向与电子进动方向一致的是正圆极化磁场，记以 h^+；旋转方向与电子进动方向相反的是负圆极化磁场，记以 h^-。通过下面的分析将会看到，正、负圆极化磁场与进动电子之间的能量交换是不相同的。

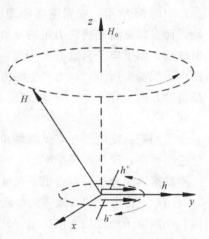

图 6-4　正、负圆极化磁场

（1）正圆极化磁场与进动电子之间的能量交换

假设直流磁场 H_0 的方向与 z 轴平行，而正圆极化磁场位于 xy 平面上，如图 6-5 所示。若某一瞬间正圆极化磁场的方向正好平行于 y 轴，记以 h_1^+，同一瞬间电子的自旋磁场 H_1 在 xz 平面内，这时正圆极化磁场 h_1^+ 对自旋电子的作用力为 F_1，F_1 的方向与电子进动方向一致，在这种情况下，正圆极化磁场就对进动电子做功，促使自旋磁场 H 与 H_0 之间的夹角增大，结果 h_1^+ 把能量交给进动电子，h_1^+ 受到衰减。

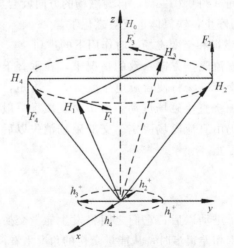

图 6-5　正、负圆极化磁场与进动电子间的能量交换

　　如果正圆极化磁场的旋转频率与自旋电子进动频率相同，那么当正圆极化磁场转到 h_2^+、h_3^+、h_4^+ 方向时，自旋电子的磁场就相应的进动到 H_2、H_3、H_4 方向，则 h_2^+、h_3^+、h_4^+ 对进动电子的作用力分别为 F_2、F_3、F_4，即正圆极化磁场对进动电子的作用力，始终与电子进动方向一致，正圆极化磁场就不断地给进动电子补充能量，于是自旋电子的进动幅度就越来越大，如果没有能量损耗的话，电子进动幅度将无限增大。但是，实际上是有损耗的，而且进动幅度越大，损耗也越大，当补充的能量等于损耗的能量时，进动幅度就不再增加了。

　　由以上分析可见，当正圆极化磁场的频率与自旋电子的本征进动频率相同时，正圆极化磁场将不断地把能量交给进动电子，使自旋电子的进动幅度增大，而正圆极化磁场的能量则迅速衰减，这种现象称为磁共振。由于自旋电子的本征进动频率与外加直流磁场 H_0 成正比，所以当正圆极化磁场的频率一定时，只要适当调节直流磁场 H_0 的大小，就可以产生磁共振。

　　（2）负圆极化磁场与进动电子之间的能量交换

　　若某一瞬间负圆极化磁场 h_1^- 正好在 y 轴方向，进动电子产生的磁场 H_1 在 xz 平面上，如图 6-6 所示。由于负圆极化磁场和自旋电子的磁场的转动方向相反，而频率相同，因此，当负圆极化磁场转到 h_2^-、h_3^-、h_4^- 方向时，相应的自旋电子的磁场分别转到 H_2、H_3、H_4 方向。由图 6-6 可见，当负圆极化磁场为 h_1^- 时，自旋电子的磁场为 H_1，负圆极化磁场对进动电子的作用力为 F_1，与电子进动方向一致，给进动电子补充能量；负圆极化磁场为 h_2^- 时，自旋电子产生的磁场为 H_2，这时负圆极化磁场对电子作用力为 F_2，与电子进动方向相反，进动电子把能量交给负圆极化磁场；同理，负圆极化磁场为 h_3^- 时，又给进动电子补充能量，而负圆极化磁场为 h_4^- 时，进动电子又把能量交给负圆极化磁场。

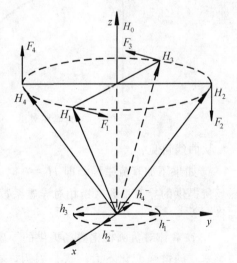

　　由以上分析可见，在负圆极化磁场旋转一周的过程中，有的时候，h^- 使电子进动幅度增大，负圆极化磁场把能量交给电子，如图 6-6 中的 h_1^- 和 h_3^- 的情形；有的时候，h^- 使电子进动幅度减小，负圆极化磁场从进动电子中取得能量，如图 6-6 中 h_2^- 与 h_4^- 的情形。平均地来看，负圆极化磁场在旋转一周的过程中，交出的能量和得到的能量相等，与进动电子之间没有能量交换，所以不会受到衰减。

　　由此可得结论：在磁共振情况下，正圆极化磁场通过铁氧体时，磁场能量将受到强烈吸收，迅速衰减；负圆极化磁场通过铁氧体时，磁场能量不会被吸收，可以顺利地通过。

图 6-6　负圆极化磁场每进动电子的能量交换

6.2.3 旋磁特性

一个频率不等于铁氧体电子本征进动频率的高频线极化磁场通过铁氧体的时候，交变磁场的极化方向会发生旋转，这就是铁氧体的旋磁特性。铁氧体的这一特性是由于它的导磁系数的特殊性质所造成的。

（1）铁氧体的导磁系数

圆极化磁场的磁场强度 h 在铁氧体中会产生一定的磁感应强度 b，b 同 h 的比值称为导磁系数。在这里，我们只讨论，加有直流磁场的铁氧体对于与直流磁场垂直的正、负圆极化磁场所提供的导磁系数。

圆极化磁场强度 h 产生的磁感应强度 b 包括两项。一项是 $\mu_0 h$，它为真空中的磁感应强度；另一项为自旋电子的磁感应强度 B 在圆极化磁场 h 所在平面（xy 平面）上的投影。显然后者同自旋电子的进动情况密切相关，因此，加有直流磁场的铁氧体对正负圆极化磁场将提供不同的导磁系数，如图 6-7 曲线所示。

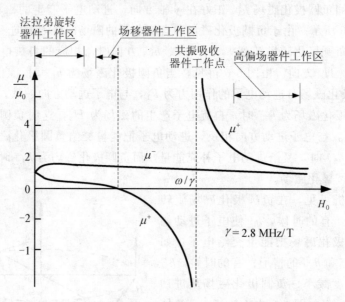

图 6-7 铁氧体对正、负圆极化磁场呈现的导磁系数

从曲线可见：

a. 如果不加直流磁场，即 $H_0 = 0$ 时，电子不作进动运动，铁氧体对正、负圆极化磁场所提供的导磁系数（指相对导磁系数）μ^+ 和 μ^- 相等，此时铁氧体和普通均匀媒质一样。

b. 铁氧体对负圆极化磁场提供的导磁系数 μ^- 为正值，它随直流磁场 H_0（电子进动频率）的增强变化不大。这是因为，在负圆极化磁场作用下，电子进动幅度不大，故自旋电子的 B 在 xy 平面的投影小，铁氧体的磁感应强度 b 主要取决于 $\mu_0 h$ 项。

c. 铁氧体对正圆极化磁场提供的导磁系数 μ^+ 随直流磁场强度 H_0 的变化有明显不同：

（a）在 $H_0 = \omega/\gamma$ 处，电子进动频率 ω_0 和正圆极化磁场频率 ω 相同，发生磁共振，电子与正圆极化磁场同步旋转，电子获得能量最大，进动幅度无限大（不考虑损耗），自旋电子的 B 在 xy 平面的投影也无限大，故导磁系数为无限大。此时正圆极化磁场能量被铁氧体强烈吸收，其磁场强度迅速衰减。这是谐振式隔离器和磁调滤波器的工作点。

（b）$H_0 > \omega/\gamma$ 的区域称为高场区。在高场区内，$\mu^+ > \mu^-$。这是因为，对正圆极化磁场来说，进动电子旋转方向与正圆极化磁场旋转方向相同，进动电子从圆极化磁场中获得能量，进动幅度增大，故自旋电子的磁感应强度 B 在 xy 平面的投影大，所以 $\mu^+ > \mu^-$。而且，H_0 越接近 ω/γ（ω 越接近 ω_0），圆极化磁场与进动电子间能量交换越多，电子进动幅度越大，则 μ^+ 就越大。

（c）$H_0 < \omega/\gamma$ 的区域称为低场区。在低场区内，μ^+ 随 H_0 增大而下降，先从正降为零，再由零降为负。μ^+ 为负值，表示正圆极化磁场在铁氧体内传播要比在空气中传播困难得多，磁场将被排挤出铁氧体外。造成 μ^+ 很小或为负值的原因是在低场区 $\omega < \omega_0$，由于 ω 小，则电子的惰性大了，它的旋转运动将落后于圆极化磁场，要使它跟着正圆极化磁场给它的作用力运动不容易了，从而它比正圆极化磁场滞后一个较大的角度，进动电子的磁感应强度 B 在 xy 平面上的投影与 $\mu_0 h$ 的方向相反，使两者的和变小，甚至变成负的（见图 6-8）。因此，在这种工作状态下，μ^+ 会很小，或者是负的。

（2）法拉第旋磁效应

法拉第效应是讨论沿着直流磁场 H_0 方向传播的电磁场的旋磁特性的。在实际中，小功率旋磁器件一般工作在低场区，而且选择在 $\mu^- > \mu^+ > 0$ 的区域。下面我们就分析工作在这一区域的铁氧体的旋磁特性。

假设加在铁氧体上的直流磁场 H_0 与 z 轴平行，输入的线极化磁场的极化方向垂直于 H_0，传播方向平行于 H_0（见图 6-9）。为分析问题需要，我们把该线极化磁场分解成两个旋转方向相反的正、负圆极化磁场 h^+、h^-，它们都与直流磁场垂直，分布在 y 轴上。此外，因工作于低场区，$\mu^- > \mu^+ > 0$，所以 $H_0 \ll \omega/\gamma$，正、负圆极化磁场通过铁氧体时，幅度的衰减忽略不计。

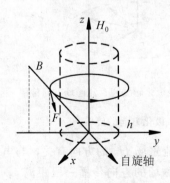

图 6-8　低场区电子进动情况

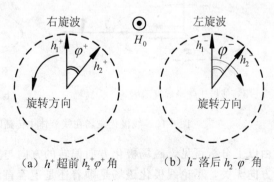

（a）h^+ 超前 $h_2^+ \varphi^+$ 角　　（b）h^- 落后 $h_2^- \varphi^-$ 角

图 6-9　正、负圆极化波相位关系

我们知道，电波沿传输线由电源传输到末端需要一定时间，因此线上各点电波的相位比电源端落后一定角度，传输线上离电源端 l 处的电波相位将比电源端落后相位 φ，它与电波的相移常数 β 和离电源的距离 l 有关，$\varphi = \beta l$。对于正、负圆极化波的传播也一样，只是表示相位超前、落后的方法不同，如图 6-9 所示。对于正圆极化磁场，其旋转方向是右旋，则磁场右旋表示相位超前，左旋表示相位落后，所 h_1^+ 比 h_2^+ 超前相角 φ^+，如图 6-9（a）所示。对于负圆极化磁场，其旋转方向为左旋，则磁场左旋表示相位超前，右旋表示相位落后，所以 h_1^- 比 h_2^- 落后相角 φ^-，如图 6-9（b）所示。

由于铁氧体对正、负圆极化磁场的导磁系数 $\mu^+ < \mu^-$，而电磁波的相移常数 β 与导磁系数的平方根成正比（因为 $v = 1/\sqrt{\mu\varepsilon}$，而相移常数 $\beta = 2\pi/\lambda = 2\pi f/v = \omega\sqrt{\mu\varepsilon}$），因此，正圆极化磁场在铁氧体内的相移常数比负圆极化的小，即 $\beta^+ < \beta^-$。当正、负圆极化磁场 h^+、h^- 顺着直流磁场方向传播距离为 l 时，磁场 h^+ 的滞后相角 $\varphi^+ = \beta^+ l$，要比 h^- 的滞后相角 $\varphi^- = \beta^- l$ 小（$\varphi^+ < \varphi^-$），相移变化情况如图 6-10（a）所示。由于 h^+、h^- 的相移不同，所以它们合成磁场的方向，就向 h^+ 方向旋转了一个 θ 角，即磁场的极化方向右旋了一个 θ 角。旋转角 θ 与相移常数 β、传播距离 l 的关系为

$$\theta = (\varphi^- - \varphi^+)/2 = (\beta^- - \beta^+)l/2 \tag{6-1}$$

公式（6-1）表明：l 一定时旋转角是一定的。

如果磁场逆着 H_0 方向传播，由图 6-10（b）可知，当传播距离为 l 时，在该距离上，磁场的极化方向也向 h^+ 方向旋转了一个 θ 角。

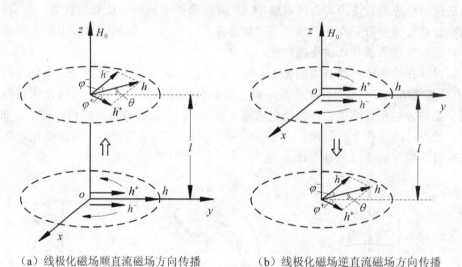

（a）线极化磁场顺直流磁场方向传播　　　　（b）线极化磁场逆直流磁场方向传播

图 6-10　线极化磁场在铁氧体中传播时，极化方向的旋转

由以上分析可见，磁场极化方向偏转的方向与直流磁场 H_0 的方向有关，与电磁波传播方向无关，不论线极化磁场是顺着还是逆着直流磁场的方向传播一段距离 l，其极化方向都会向正圆极化磁场的旋转方向转动一个角度；偏转角度的大小和直流磁场的大小及铁氧体的长度 l 有关。因此，只要合理选择 H_0 的方向、大小及铁氧体的尺寸，便能使磁场的极化方向按所需的方向和角度偏转。人们把磁场极化方向随电磁波的传

播不断旋转的效应称为法拉第旋磁效应，而旋转的角度称为法拉第旋转角。

实验和分析证明，若加在铁氧体上的直流磁场强度很小，电子进动频率比正、负圆极化磁场频率低得多，则磁场极化方向转动的角度与磁场的频率无关，即铁氧体的旋磁特性具有宽频带特性。

6.3 铁氧体微波器件

铁氧体微波器件是利用铁氧体本身的特性制成的应用于微波波段的器件。

铁氧体微波器件的种类很多，可以有很多种不同的分类方法。按所利用的物理效应分，有法拉第旋转效应器件、场移效应器件、磁共振吸收式器件；按直流磁场 H_0 与电磁波传播方向的关系分有：纵场器件、横场器件；按器件的功能分有：隔离器、相移器、环行器，调谐器等。下面我们就按器件功能来分，对各种器件的结构及基本原理作一简要的介绍。

6.3.1 隔离器

隔离器是一种单向传输元件，其特点是：电磁波向一方传播时衰减很小，向反方向传播时衰减很大。在射频传输系统中应用隔离器，可以有效地消除反射波的影响，保证振荡源在负载变化的情况下能正常工作。

按照隔离器的工作原理来分，可以把隔离器分为旋转式、场移式和共振式三种。本书仅以法拉第旋转隔离器介绍。

a. 结构

法拉第旋转隔离器结构如图 6-11 所示。它由一段带铁氧体的圆形波导和两段矩形波导连接而成。两矩形波导的宽壁不在同一平面上，而成 45°角。矩形波导内部有吸收片与波导宽壁平行，故电磁波中若有与宽边平行的电场就被吸收片吸收。圆波导中心放置铁氧体棒，其两端做成圆锥形，以利于匹配。直流磁场由安装在圆形波导外壁上的永久磁铁产生，磁场方向平行于波导轴线，与电磁波的传播方向一致。

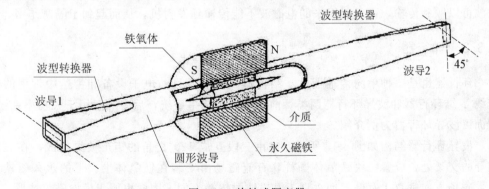

图 6-11 旋转式隔离器

矩形波导内传输 TE_{10} 波，圆形波导内传输 TE_{11} 波，这两种波型通过圆、方形波导进行转换。

b. 工作原理

旋转式隔离器的工作原理是基于铁氧体的法拉第旋磁效应，其特点是：电磁波从波导 1 向波导 2 传播时，波导 2 有输出；反之，电磁波从波导 2 向波导 1 传输时，波导 1 没有输出。

当波导 1 输入的 TE_{10} 波传到圆波导时，TE_{10} 波转换为 TE_{11} 波，波形如图 6-12 所示。

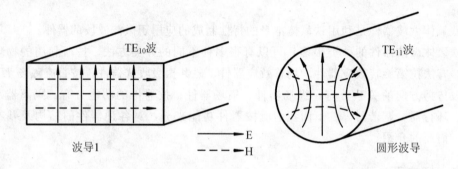

图 6-12　TE_{10} 波与 TE_{11} 波的转换

为了说明问题方便，我们取横向磁场来说明。

TE_{11} 波的横向磁场，可以近似地看作线极化磁场，当它通过铁氧体后，由于铁氧体的旋磁特性，极化方向便旋转一个角度。只要适当地选择铁氧体的长度和直流磁场的强度，使磁场的极化方向正好右旋 45°，这样 TE_{11} 波的磁场就和波导 2 的窄壁垂直，能够在波导 2 中激励起 TE_{10} 波。因此，从波导 1 输入的 TE_{10} 波，能够从波导 2 输出。磁场的旋转情形如图 6-13（a）所示。

当 TE_{10} 波从波导 2 输入时，经过铁氧体以后，极化方向仍会相对于 H_0 右旋 45°，于是 TE_{10} 波的磁场和波导 1 的窄壁平行，而电场则与宽壁平行，被波导 1 中平行于宽壁的吸收片所吸收，波导 1 中无输出，如图 6-13（b）所示。因此，从波导 2 输入的 TE_{10} 波不能从波导 1 输出。

如果波导 1 同发射机相连接，波导 2 同天线相连接，则从发射机向天线传输的电磁波可以顺利传输，而反射回来的电磁波不能传输到发射机，从而起到了隔离作用。

6.3.2　环行器

环行器也是一种单向传输器件。结构形式较多，目前电子设备和雷达中常用的有带线 Y 结环行器和波导环行器两类。前者用于小功率系统，后者一般用于大功率系统。下面以波导环行器为例介绍。

波导环行器结构如图 6-13 所示。它由三段互成 120°交角的矩形波导构成，在三段波导的交叉处，放置一块铁氧体圆柱，直流磁场由安装在铁氧体上、下的永久磁铁产生，磁场方向垂直于宽壁，即垂直于电磁波的传播方向，因此也属于横向磁化情形。

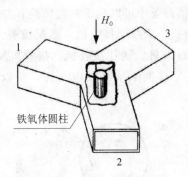

图 6-13　波导环行器结构

Y 结波导环行器，可以看成三个矩形波导通过窗孔耦合于一个圆柱形谐振腔的情况，下面来分析其工作原理［见图 6-14（a）］。从 1 端输入波导中的 TE_{10} 波，进入圆柱形谐振腔后，便激发了腔中的 TM_{110} 驻波，其场分布如图 6-14（a）所示。这一电磁场分布也可以看成由正、负圆极化波迭加而成，如果铁氧体不加直流磁场 H_0，两圆极化波旋转角速度 ω_0 相同，则合成波的波形不变。现在，由于铁氧体中加有直流磁场 H_0，使正、负圆极化波的导磁系数 μ 值不同，则两圆极化波的旋转速度也不同了。正圆极化波旋转速度快，旋转角速度 ω^+ 升高，负圆极化波旋转速度慢，旋转角速度 ω^- 降低，于是正圆极化波将导前负圆极化波一个相位角 φ，其合成的驻波波形就发生了变化，使它朝着正圆极化方向旋转了一个角度。若铁氧体的大小及 H_0 大小合适，可使谐振腔中的场分布正好绕轴旋转 30°，如图 6-14（b）所示，在这种场分布情况下，对波导 3 而言，纵向磁场在宽壁中央最强，故不能在波导 3 中激励 TE_{10} 波，而能在波导 2 激励起 TE_{10} 波，所以能量只能由 2 端输出，于是完成了环行作用。

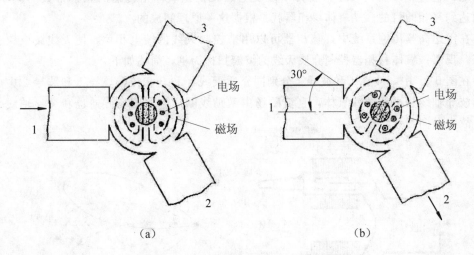

（a）　　　　　　　　　　　　　　（b）

图 6-14　Y 结环行器中电磁场的旋转情况

这种器件可以工作在低场区，也可以工作在高场区。对于低场区，电波环行方向与 H_0 之间符合左手螺旋规则［见图 6-15（a）］。对于高场区（$H_0 \gg \omega/\gamma$、$\mu^+ > \mu^-$），环行方向符合右手螺旋规则［见图 6-15（b）］。

环行器在雷达、电子对抗设备中可以用于收发转换开关，图 6-16 为一四端环行器，波导 1、2、3、4 分别接发射机、天线、接收机、匹配负载。则发射机产生的电磁波只能送往天线，天线接收的电磁波只能送往接收机，接收机反射的电磁波只能送往匹配负载。由于环行器完成收、发转换不依靠放电元件，所以它还可以用于连续波工作状态。

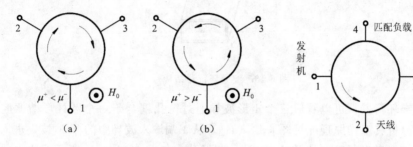

图 6-15 Y 结环行器的环行方向 　　图 6-16 环行器的应用

6.3.3 移相器

由于铁氧体对于正、负圆极化磁场的导磁系数不相同，因此，正、负圆极化磁场在铁氧体中的相移常数也不相同。令正、负圆极化磁场在铁氧体中的相移常数分别 β^+ 和 β^-，那么在铁氧体内传播的线极化波的相移常数为 β^+ 和 β^- 的平均值 β_{av}，即

$$\beta_{av} = (\beta^+ + \beta^-)/2 \tag{6-2}$$

又因为电磁场在铁氧体中的导磁系数随外加直流磁场的大小而改变，因此，只要适当地调整直流磁场的大小，就可以改变电磁波在铁氧体中传播的相移常数的大小，从而达到移相的目的。铁氧体移相器就是根据这一原理制成的。

在雷达高频传输系统中，移相器可以用来控制天线的馈电相位，使天线波束快速扫探。现以铁氧体移相器控制介质天线的波瓣扫探为例，简述如下：

在图 6-17 中，波导 1 和波导 2 分别同介质天线 1 和 2 相接，波导 1 和波导 2 中放有与波导轴线相平行的铁氧体，直流磁场由激励线圈产生，磁场方向也和波导轴线平行，故为纵向磁化情形。

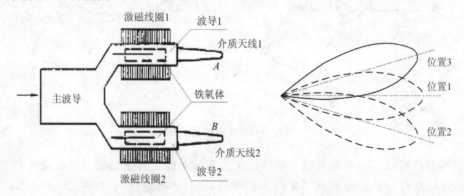

图 6-17 用铁氧体移相器控制介质天线的波瓣扫探

由于这一类移相器是大功率器件，因此工作在高场区。在这一区域中 $\mu^+ > \mu^-$，而且 μ^+ 随 H_0 的增大而减小。我们只要改变激励线圈中电流的大小（即改变 H_0 的大小），就可以改变 μ^+ 的大小，从而控制两个天线的馈电相位，使天线波瓣产生扫探。例如，若两个激励线圈均通以相同的电流，则由于结构的对称性，天线上 A、B 点的馈电相位相同，使能量辐射的最强方向在水平正前方，波瓣处于位置 1（见图 6-17）。若激励线圈 1 的电流增大，则 μ^+ 会减小，使电磁波相速增大，相移常数减小，则 A 点的馈电相位将导前于 B 点的相位，波瓣偏向天线 2 的方向（见图 6-17 位置 2）。反之，激励线圈 1 的电流小于激励线圈 2 的电流时，波瓣则偏向天线 1 的方向（见图 6-17 位置 3）。所以，只要适当控制两线圈的电流，就可以实现天线波瓣的上下扫探。

小　结

1. 铁氧体是一种磁性物质，外加直流磁场后，铁氧体内的自旋电子会产生进动运动；电子进动的方向取决于外加直流磁场 H_0 的方向，进动方向与 H_0 方向之间符合右手螺旋规则；进动频率与直流磁场强度成正比，$\omega = \gamma H_0$。

2. 铁氧体具有磁共振特性

在加有直流磁场的铁氧体中，输入一交变电磁场，当交变电磁场频率与自旋电子本征频率相同时，自旋电子进动显著增强，而交变电磁场被大大削弱，这一特性称磁共振特性。

产生磁共振的方法：输入交变电磁场频率一定时，调节直流磁场的强弱，使电子进动频率等于交变电磁场的频率，便产生磁共振。

3. 铁氧体具有旋磁特性

由于正、负圆极化磁场通过铁氧体时，与自旋电子间的能量交换是不同的，所以铁氧体对正、负圆极化磁场提供的导磁系数也不同。对于小功率旋磁器件来说，H_0 很小，远小于磁共振所需的磁场强度。这时，正圆极化磁场的导磁系数 μ^+，小于负圆极化磁场的导磁系数 μ^-。

因此，当线极化磁场顺着或逆着 H_0 方向在铁氧体中传播时，线极化磁场方向总是向 h^+ 方向旋转一定的角度，铁氧体的这种特性，称为旋磁特性。理论和实践证明，当 H_0 很小时，$\omega_0 \ll \omega$，线极化磁场偏转的角度与其频率无关，即铁氧体的旋磁特性具有宽频带的特性。

4. 铁氧体微波器件的种类很多，按器件的功能分有：隔离器、相移器、环行器，调谐器等。

第7章 天线

任何无线电设备（如通信、广播电视、雷达和导航等设备）都是通过无线电波来传送信息的。而无线电波的发射和接收必须依靠天线来完成，即天线是无线电波的"出口"和"入口"。因此，天线是无线电技术设备中必不可少的一个重要组成部分。如图7-1所示。本章主要介绍天线的基本原理、基本特性，以及几种常用天线的结构原理与基本特性。

7.1 天线的基本原理

天线是用来发射和接收电磁波的装置。向空间发射电磁波的装置，称为发射天线；接收空间传来的电磁波的装置，称为接收天线。天线的种类和形式是多种多样的，并且各有其特点，但是，在特殊性中存在着普遍性，在个性中存在着共性，各种各样的天线也有着它们共同的基本原理。下面分析天线共同的基本原理。

7.1.1 天线的辐射

（1）辐射的基本概念

辐射是一种常见的物理现象。围着火炉可以取暖，是由于有热辐射；灯塔可以引航，是由于有光辐射；电子技术能够实现通信、导航、遥控、遥测以及电子对抗等，则是由于有电磁波辐射。电磁波的辐射，就是指交变电磁场能量，离开天线向空间传播的过程。

我们知道，当有交变电流流过导体时，会在其周围产生交变磁场；同时，由于交变电流相当于随时间变化的电荷，因此，在其周围还会产生交变电场。这种由交变电流、电荷产生的电磁场，其中一部分始终受着电流、电荷的束缚，伴随着电流、电荷的出现而出现，伴随着电流、电荷的消失而消失，只能在导体周围发生变化，而不向外传播，所以在导体附近场强较强，随着距离的加大很快衰减；而另一部分，则是可以辐射的，并能传播到很远的地方。

那么电磁能是怎样离开导体向空间传播的呢？

我们知道当线圈中磁通变化时，线圈上会激起感应电动势

$$e = -\,\mathrm{d}\Phi/\mathrm{d}t \tag{7-1}$$

激起感应电动势的原因可以这样认为：感应电动势的起源是由于变化着的磁场激起电场，电场力作用于导体中的自由电子，使自由电子逆电场方向运动，回路激起感应电动势。因此电磁感应的本质是变化着的磁场在其周围产生电场，导体上的感应电动势不过是在这种电场作用下的表现。即使没有导体存在，这种电场也总是存在的，磁场增加时，电场的方向如图 7-1 所示。

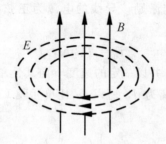

图 7-1　电场的方向

电场的方向是由电磁感应定律——即感应的结果总是反对变化的原因这个关系来确定的。磁场变化率越大，产生的电场越强，这种电场与静电场不同，它的电力线成闭合回路。

同样，交变的电场也会产生磁场。这个概念可以用电容器充电的过程来加以说明。

如图 7-2（a）所示的电路中，当平板电容器被充电时，电路中就有传导电流 i，而在电容器的介质中并没有传导电流，这似乎违反了电流的连续性，但是由于充电电流的存在，平板上的电荷逐渐增加，平板间介质内的电场也就逐渐增强，我们将电场随时间的变化率也看作电流，即

$$\Delta E/\Delta t = I \tag{7-2}$$

这样就满足了电流连续性的原则，这种电流与导体内的传导电流不同，称为位移电流 i_D。位移电流的名称是从介质在电场作用下产生介质极化，介质内的正、负束缚电荷产生位移而得名的。当电压按正弦变化时，位移电流和电压的关系如图 7-2（b）所示。

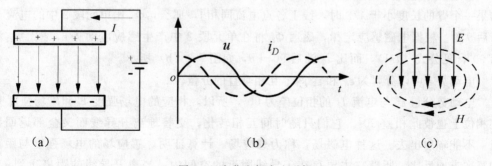

（a）　　　　　　　　　（b）　　　　　　　　　（c）

图 7-2　变化电场产生磁场

但是位移电流的概念不只局限于介质中电荷的位移，在真空条件下，即使没有像在介质中的电荷的位移，同样可以存在电场，当电场随时间变化时，就出现位移电流。实验证明，位移电流与传导电流一样能激起磁场，当电场增强时，变化的电场产生的磁场如图 7-2（c）所示，两者关系也符合右手螺旋定则。电场变化率越大，产生的磁场越强。

这种由交变磁场诱生出来的新的交变电场和由交变电场诱生出来的新的交变磁场，不再受导体上交变电流、电荷的束缚，而能离开导体向空间传播。下面具体分析受束缚和不受束缚的交变电磁场的关系。

如图 7-3（a）所示，假定激励该导线的电源为正弦电动势，在单元段 1 中的电流为

$$i_1 = I_m \sin\omega t \qquad (7-3)$$

它产生一同相的磁通 Φ_1，并以一定的速度 v 向其他单元段传播。到达单元段 2 的磁通为 Φ_{21}，由于 2 距 1 的距离为 d，所以 Φ_{21} 比单元段 1 中的电流 I_1 滞后一个角度 θ，这一角度为

$$\theta = \beta d = \frac{\lambda}{2\pi}d \qquad (7-4)$$

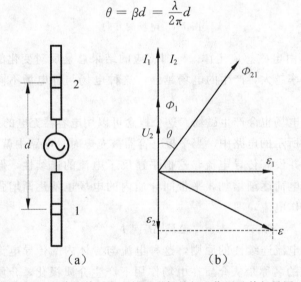

图 7-3　导线两单元段之间电磁场的相互作用及其矢量图

如果导体上各点电流同相［图 7-3（a）为张开的开路传输线，线上电流为驻波，如果一个臂的长度小于 $\lambda/2$ 时，线上各点电流同相］，那么，Φ_{21} 比单元段 2 中的电流 I_2 滞后 θ 角。根据电磁感应定律，磁通 Φ_{21} 将在单元段 2 中产生感应电动势 ε，ε 比 Φ_{21} 滞后 90°，见公式（7-1），而比 I_2 滞后 90°+θ，如图 7-3（b）所示。

电动势 ε 可以分解为 ε_1 和 ε_2 两个互相垂直的分量。

电动势分量 ε_1 与电流 I_2 的相位差为 90°，所以，相应的电场强度 E 和磁场强度 H 在相位上也彼此相差 90°。它们只随时间互相转化，交替地离开导线而又全部返回导线，不能辐射出去。这种电磁场，称为感应场。计算证明，感应场的电场强度与距离的三次方成反比，所以它主要存在于导线附近的空间内，当离开导线的距离达到 $\lambda/6$

以上的时候，就可以忽略不计了。

而电动势分量 ε_2 与电流 I_2 反相，则 I_2 要克服 ε_2 的作用而做功。将 ε_2 的作用等效为一个消耗在"电阻"上的电压 U_2，所以单元段 2 上的电压 U_2（$U_2 = -\varepsilon_2$）与电流 I_2 同相，产生有功功率 ΔP（$\Delta P = U_2 I_2$）。同理，整个导线的每一单元段上都会产生这种有功功率的消耗。这种功率消耗，即使在导线电阻为零的情况下也仍然存在，很明显，这部分能量是转变为电磁波向周围空间辐射出去了。

图 7-4 中画出了电磁能量离开导线的情形。图中 H 表示电流 I 产生的磁场强度，E 表示与电流反相的电动势所产生的电场强度。根据右手螺旋定则（乌莫夫-坡印廷矢量），能流密度 S 就是垂直离开导线的。这种离开导线向空间辐射的电磁场，称为辐射场。交变电、磁场相互依赖，相互连接，成为一个统一体，以一定的速度（光速），传播到很远的地方。

天线的感应场和辐射场还可以用投石于水池中产生的物理现象相比拟。我们可以看到：在石头投掷的中心点近旁，溅起许多水珠，而在较远的区域，又明显地看到水波以中心点向外传播。那么，溅起的水珠就相当于感应场，它不会离开投掷中心附近向四周运动，是由石头与水面接触后直接激起的，并随石头沉入水底而消失；水波则相当于辐射场，它脱离投掷中心向四周运动，并与石头沉入水底无关，石头沉入水底后，它仍向前传播。

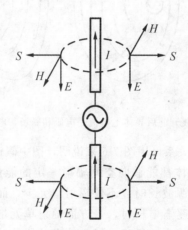

图 7-4　导线辐射能量的示意图

（2）怎样增强电磁波的辐射

以上分析说明，只要有交变电流流过导体，都会辐射电磁波。但是辐射的强弱却与导体的形状和导体的长度等有关。

辐射强弱与导体形状的关系可用图 7-5 来说明。如果导体被折合成图 7-5（b）的形状，由于每一瞬间上、下导体各对应点的驻波电流大小相等、方向相反，而且导体间的距离很近，它们所产生的辐射场在空间各点将是彼此抵消的，因而辐射十分微弱。这也就是间距很小的平行传输线不能用来辐射电磁波的道理。但是，把导体张开成图 7-5（c）所示的状态以后，这时，导体上的电流方向相同，空间各点的辐射场是相互加强的，因而辐射的能量大为增强。

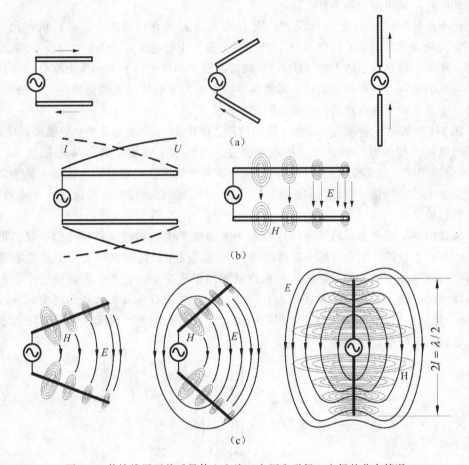

图 7-5　传输线展开前后导体上电流、电压和磁场、电场的分布情况

　　辐射强弱与导体长度的关系可用图 7-6 来说明，图中假设各导体上的电流的振幅和波长相同。由于每一小段导体都能够向空间辐射一定的能量，相当于一个辐射单元，所以当导体的长度远小于电源波长时，不仅辐射单元少，而且电流也很小，导体产生的辐射比较弱；当导体长度逐渐增长时，一方面辐射单元增多，另一方面电流也增大了，因而导体产生的辐射也相应地增强。但是，当导体的总长度增长至略大于一个波长（一个臂长略大于 $\lambda/2$ 时），导体上会出现反方向的电流，辐射又将有所减弱。

　　所以，要保证导体有显著的辐射，在这里要将辐射的导体张开，并使其具有可以与电源波长相比拟的长度。如果导体的长度增加（波长一定时），或者电源的波长缩短（导体的长度一定时），辐射都会增强。通常将上述能产生显著辐射的直导体称为天线或振子。图 7-6（b）所示的振子，因两臂长度相等，所以叫作对称振子。每臂的长度为 1/4 波长，全长为 1/2 波长的振子，称为半波对称振子；全长与波长相等的振子，则称为全波对称振子。

　　由于对称振子可以看作是张开的开路线，线上电压、电流的分布，基本上与开路线相似，所以分析振子上电压、电流的分布时，常采用与开路线相对比的办法；但是振子具有能量的辐射，可以看作反射波小于入射波，所以，电流波腹小于入射波振幅的两倍，电压波节不为零，分布的是复合波。

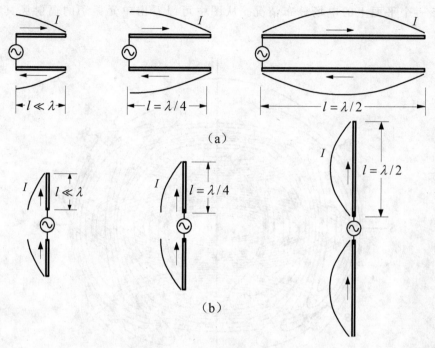

（a）

（b）

图 7-6　辐射强弱与导体长度的关系

（3）辐射场的特性

在有的情况下，常将对称振子分成很多单元振子（见图 7-7）来分析它的工作原理。所谓单元振子就是一个长度很小（$l \ll \lambda$）的线段，单元振子上的电流可以认为是均匀分布的。引用了单元振子的概念后，可将对称振子的辐射场看成是所有单元振子辐射场的总和。

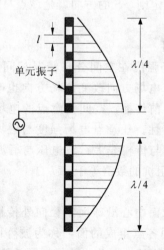

图 7-7　对称振子分成单元振子

单元振子的辐射场如图 7-8 所示。单元振子位于球面的中心，辐射场以 oz 为轴线，四周完全对称。图中虚线为磁力线，是绕 oz 的同心圆；实线为电力线，图中只画出了通过 oz 一个平面上的电场分布情况。从图中可以看出单元振子的辐射场具有下列特点：

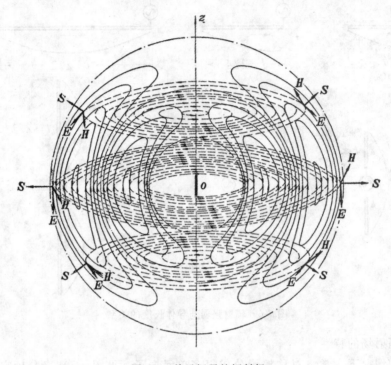

图 7-8　单元振子的辐射场

a. 辐射场是横电磁波

任意一点辐射场的电场和磁场的方向互相垂直，并且都垂直于电磁波传播方向 S，三者之间的方向符合右手螺旋定则，S 的方向就是该点与球面中心 o 点连线的向外辐射的方向。

b. 辐射场具有行波的特性

辐射场中电场强度与磁场强度在空间分布情况相同。即电场强的地方磁场也强，电场为零的地方磁场也为零，电场方向改变磁场方向也改变。随着时间推移，电场与磁场以同样的速度（光速）向前传播，空间任意点的电场与磁场随时间的变化是同相的。所以辐射场具有行波的特性。任意点电场强度与磁场强度的比值等于常数，并且有电阻的性质，称为波阻抗（与传输线上行波电压与行波电流的比值等于传输线的特性阻抗相似）。在空气中，波阻抗的数值等于 377 Ω。

c. 辐射场是球面波

因为辐射场是从振子即球面中心沿球面半径向外传播，与中心等距的球面上电波的相位相同。电波中相位相同各点组成的面，称为波阵面（或波前），如图 7-9 所示。波阵面为球面的电波，称为球面波。因此，单元振子的辐射场是波面球。

距振子很远的地方，接收到的电波只是球面波的一个极小部分，这时波阵面可以看成平面，正如人们看到的地球表面是平面一样。波阵面为平面的电波，称为平面波。

电波的传播方向通常用射线（见图 7-9）表示。不论平面波或球面波，电波的波前始终与射线垂直。

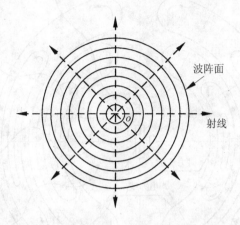

图 7-9　用于同轴线的

d. 任意点辐射场的强度与该点到振子的距离 r 和电波波长 λ 成反比，与振子上的电流的振幅 I_m、振子长度 l 成正比。并与该点到振子的方向有关。数学证明，单元振子的磁场强度与电场强度的振幅可表示为

$$H_m = \frac{I_m l}{2r\lambda}\sin\theta \tag{7-5}$$

$$E_m = 120\pi H_m = 60\pi\frac{I_m l}{r\lambda}\sin\theta \tag{7-6}$$

辐射场与单元振子上电流振幅、振子长度成正比的关系是很明显的，而辐射场强与电波波长 λ 成反比是因为 λ 愈短时，f 愈高，电场与磁场随时间的变化率愈大，则诱生出新的电、磁场亦愈强，所以辐射场强愈强；辐射场强与距离成反比是因为能量扩散的原因，随着与振子距离的加大，球面大了，振子辐射出来的电磁能分布的面积大了，因此单位面积上的能量就小了，电场强度和磁场强度也就小了。这就像离电灯愈远，亮度愈弱一样。

公式（7-5）、公式（7-6）中 θ 称为方向角，是振子轴线 oz 与空间某点到振子中心的连线之间的夹角，如图 7-10 所示。

$\sin\theta$ 一项表示辐射强度与方向的关系，空间各点偏离振子轴线方向角 θ 变大，$\sin\theta$ 也变大，场强增强；当 θ 增至 90°时，即与振子轴线垂直的方向，$\sin\theta=1$ 场强为最大；θ 再增大，$\sin\theta$ 减小，场强也减小；$\theta=180°$，$\sin\theta=0$，场强减至零。这个关系已由实验得到证实。我们可以用图 7-10 帮助理解，由图可以看出，在包含振子的平面上（图所示的平面），与振子轴线垂直的方向，其电力线和磁力线的密度最大，因而场强具有最大值；在振子轴线方向，没有电力线存在，因而场强为零，而在上述两者之间的其他方向上，电力线密度介于最大与零之间，因而场强也介于最大值与零之间，并且愈接近和轴线垂直的方向，场强愈强，反之越接近轴线方向，场强愈弱。图 7-10 中还画出不同方向上场强分布的变化曲线，它们具有不同的幅度。

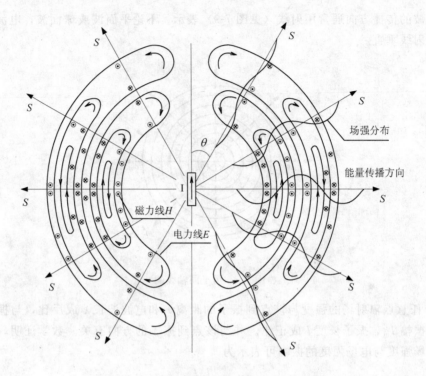

图 7-10　单元振子不同方向上场强分布规律

以上分析了单元振子的辐射场。因为对称振子是很多单元振子的总和，所以对称振子的辐射场就是所有单元振子辐射场的总和，对称振子的辐射场与单元振子一样具有上述基本特性。

7.1.2　天线的基本特性

因为发射天线是将高频交流电能量变换成向空间辐射电磁能量的装置，所以发射天线的基本特性应包含天线对高频交流电源所呈现的特性和天线向空间辐射出电磁波的特性。下面就介绍天线的基本参数，以及这些参数怎样表明天线的基本特性。

（1）辐射电阻

天线将高频电源的能量转换成电磁波向空间辐射，天线的辐射功率向空间扩散出去，不再返回电源，具有有功功率的特性，所以可将辐射功率 P_Σ 看作天线电流流过某一等效电阻 R_Σ 所消耗的功率，即

$$P_\Sigma = I_A^2 R_\Sigma \tag{7-7}$$

这个等效电阻通常就称为辐射电阻。因为一般天线上各点电流并不相同，如图 7-6 所示，为此，通常以电流腹点有效值 I_A 来表示。所以

$$R_\Sigma = P_\Sigma / I_A^2 \tag{7-8}$$

辐射电阻就是天线辐射的功率与天线上腹点电流有效值平方的比值。天线电流一定时，辐射电阻越大则辐射功率越大。因此，辐射电阻的大小表示了天线的辐射能力。天线增长，辐射能力增强，辐射电阻增大。但若天线过长，天线上出现反相电流，则

辐射电阻要减小。计算证明：半波天线的辐射电阻为 73.1 Ω，全长为一个波长的全波对称振子，辐射电阻为 200 Ω。

辐射电阻比辐射功率更能说明天线本身的辐射能力。因为辐射功率的大小，不但与天线结构有关，并且还与电源的功率有关，电源的功率大，天线上电流大，辐射功率也大。而辐射电阻只取决于天线的结构，与电源的功率无关，因电源功率大，天线上电流大，辐射功率也大，其比值不变。需要指出：辐射电阻是一个代表消耗能量的等效电阻，它所消耗的能量就是天线辐射出去的能量，但辐射电阻绝不是天线导体的实际电阻。

（2）效率

天线的效率 η_A 是表明天线转换能量有效程度的参数，它等于辐射功率 P_Σ 与输入功率 P_A 比，再乘以百分数，即

$$\eta_A = P_\Sigma / P_A \tag{7-9}$$

因为天线在转换能量过程中，天线的导线电阻和绝缘介质都要损耗功率，用 P_d 来表示。天线的输入功率一部分辐射出去，另一部分损耗掉，即

$$P_A = P_\Sigma / P_d \tag{7-10}$$

天线损耗功率的大小，可以用一个等效的损耗电阻 R_d 来表示，即

$$R_d = P_d / I_A^2 \tag{7-11}$$

因此天线的效率就可以用下式来表示

$$\eta_A = P_\Sigma / P_A = P_\Sigma / (P_\Sigma + P_d) = 1 / [1 + (P_d / P_\Sigma)] = 1 / [1 + (R_d / R_\Sigma)] \tag{7-12}$$

可见，由于损耗的存在，η_A 总小于 1。辐射电阻越大，损耗电阻越小，则 η_A 越高。在实际维护工作中，保持天线完好无损，接触良好和清洁等都是提高天线效率的重要措施。因为天线变形会引起辐射能力的减弱，天线上不清洁会增加损耗功率。

（3）输入阻抗

为了使传输线送来的高频功率能全部供给天线，必须使天线的输入阻抗与传输线相匹配，为此需要了解天线的输入阻抗及其变化规律。

天线的输入阻抗是天线在输入端对传输线所呈现的阻抗，它等于天线输入端电压 U_{in} 与电流 I_{in} 的比值，即

$$Z_{in} = U_{in} / I_{in} \tag{7-13}$$

当输入端电压与电流同相时，Z_{in} 为纯电阻；不同相时，则 Z_{in} 中有电阻分量 R_{in} 和电抗分量 X_{in}。

对称振子是张开的开路传输线，其输入阻抗的变化规律与开路传输线有相似的地方。但是天线上的电磁场，在运动的过程中向外辐射，这是与传输线不同的特殊矛盾，这种特殊矛盾就构成了它的输入阻抗与传输线不同的特殊本质。

图 7-11 为对称振子输入阻抗随振子臂长度的变化曲线。与开路传输线相比，它们的共同点是：

a. 长度为 $\lambda/4$ 的奇数倍处，输入阻抗为最小，相当于串联谐振，长度为 $\lambda/4$ 的偶数倍处，输入阻抗为最大，相当于并联谐振。

b. 输入阻抗的性质随长度的变化规律相同，如长度小于 $\lambda/4$ 为容抗性，大于 $\lambda/4$

而又小于 $\lambda/2$ 为感抗性。

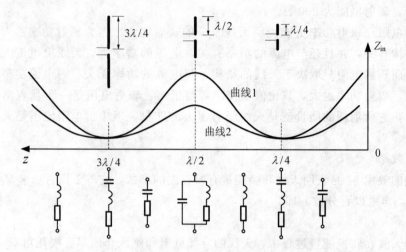

图 7-11 对称振子输入阻抗随长度变化的规律

它们的不同点是:

a. 由于辐射的存在,有能量的消耗,输入阻抗不是纯电抗,而包含有电阻和电抗。

b. 由于辐射的存在,可以看作反射波小于入射波,与负载电阻大于特性阻抗的情形相似,电压和电流的波节点不等于零,所以输入阻抗的最小值不等于零,最大值不等于无限大,相当于实际的串联谐振和实际并联谐振电路。

从图 7-11 中还可以看出对称振子的臂长在 $\lambda/4$ 附近时,输入阻抗曲线比较平坦,若工作波长(频率)略有改变,振子输入阻抗的变化量最小,因而有利于保持振子与传输线的匹配。这就是实际应用中常采用半波对称振子作为天线的原因之一。

下面求半波对称振子输入阻抗的具体数值。

根据公式(7-7)、公式(7-10)和公式(7-11),我们知道振子的输入功率可以用下式表示

$$P_A = P_\Sigma + P_d = I_A^2 R_\Sigma + I_A^2 R_d = I_A^2 (R_\Sigma + R_d) \tag{7-14}$$

因半波对称振子的输入阻抗中电抗分量为零,所以输入功率与输入电流之间的关系也可以用下式来表示

$$P_A = I_{in}^2 R_{in} \tag{7-15}$$

从图 7-7 中可以看出,半波对称振子的输入电流就等于振子上的腹点电流,即 $I_{in} = I_A$,因此,从上两式的关系中,即可得到

$$R_{in} = R_\Sigma + R_d \tag{7-16}$$

一般情况下,天线的 $R_\Sigma \gg R_d$,故 R_d 可忽略不计,则

$$R_{in} \approx R_\Sigma \tag{7-17}$$

即半波对称振子的输入阻抗约等于 73 Ω。需要指出,输入阻抗基本等于辐射电阻,只有在半波对称振子的条件下才成立,因为这时,输入电抗为零,并且 $I_{in} = I_A$;在全波对称振子的条件下,输入电抗也为零,但 I_{in} 为节点,所以输入电阻比辐射电阻大很多,一般要达到几千欧〔姆〕。

当振子直径变粗后，由于分布电容变大和分布电感变小，使天线特性阻抗减小。与传输线相同，特性阻抗减小使输入阻抗也减小。因此输入阻抗随振子臂长而变化的曲线就变得比较平坦，如图 7-11 中曲线 2 所示。这与一般集总参数回路相似，L/C 比值减小后，回路 Q 值降低，谐振曲线变得平坦，通频带变宽。这个特点，在实际天线中得到广泛的应用。

此外，天线的输入阻抗还受天线附近物体的影响。当天线附近有物体存在时，特别是金属物体，其尺寸与波长相近或比波长更大时，由于交变电磁场的相互作用，也会影响天线上的电流和电压，因此影响天线的输入阻抗。这好像互感耦合电路一样，有次级回路存在时，就会在初级回路中造成一个反射阻抗，而使初级回路的阻抗发生变化。这个问题在实际工作中应引起注意。如地面通电检查时，天线附近有汽车、油桶、炸弹、起动车、牵引钢索等物体，或站有人时，这些都会影响天线的输入阻抗，以及电波的反射，从而影响天线辐射和接收信号的强度。

（4）天线的方向性

a. 方向性的概念

从单元振子辐射场的分析中可以看出，在与振子距离相等的各点，场强的大小随着方向的不同而改变。天线辐射场强随方向的不同而变化的特性，称为天线的方向性。因为场强大的方向，辐射功率也强，场强弱的方向，辐射功率也弱，所以天线的方向性也就是天线辐射的功率在不同方向的分配情况。如天线辐射的功率主要集中在某一方向，则称为天线的方向性强，如天线辐射的功率均匀分配在各个方向，则称天线是无方向性的。

天线的方向性根据电子设备的不同工作情况有不同的要求。在雷达设备中为了确定目标的方向，天线辐射的电磁波，像探照灯的光束一样聚集成很窄的波束，所以，雷达天线具有很强的方向性。在电子对抗设备中，由于任务的不同，则要求天线具有相应的方向性。而在一般广播或飞机与地面之间的通信联络方面，为了保证不同方向都能正常工作，则要求天线具有均匀的无方向性。

b. 方向图

为了形象地表明天线的方向性，常采用方向图。天线的方向图是表示距离相同而方向不同，天线辐射场强（或功率）的变化图形。

可以设想把振子放在有一定半径的球体中心，如图 7-12 所示，在球面上测得振子辐射的场强，就可以画出方向图。实用中常以 E 平面和 H 平面的方向图表示天线方向性的基本情况。E 平面是通过振子中心与辐射电场平行的平面，如图中 xz 平面。H 平面是通过振子中心与辐射磁场平行平面，如图中 xy 平面。

从上面的分析中知道单元振子辐射场强在 E 平面中，和振子轴线垂直方向场强最大，越接近于轴线方向，场强越小。根据这个变化规律就可以画出它的

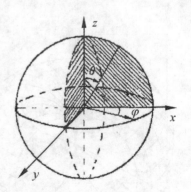

图 7-12　测量方向性的空间坐标关系

方向图，如图 7-13（a）所示，图中角度表示辐射方向与振子轴线的夹角，即前面图 7-10 中 θ 角。箭头长度表示场强，图中用场强的相对值来表示（某方向场强与最大方向场强的比值为场强的相对值）。将各方向场强相对值的变化画成曲线，即将各方向箭头的端点连成曲线，就得到单元振子的方向图。可见 E 平面的方向图是两个圆组成的一个横 8 字形。因方向图像花瓣的形状，所以方向图又称为波瓣图。

在 H 平面中由于振子的对称性，在各方向辐射场强都相等，且等于最大值，所以方向图是一个半径等于 1 的圆，如图 7-13（b）所示。由此可知 H 平面各方向的辐射是均匀的，或者说是没有方向性的。

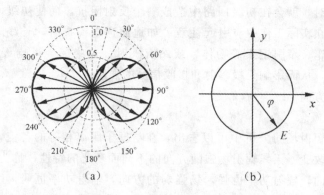

（a） （b）

图 7-13 单元振子的方向图

将上述两个平面内的方向图综合在一起，或将 E 平面内的方向图绕振子纵轴旋转一周，所得到的曲面就是单元振子的立体方向图，如图 7-14 所示。它像一个"苹果"，形象地表示了单元振子场强随方向变化的规律。图中为了观察方便，将方向图"切"去了 1/4。

方向图也可以用辐射功率密度来表示，即某方向单位面积内辐射功率的大小来表示。因为辐射功率密度与电场和磁场的乘积成正比，或者说与场强的平方成正比（电场与磁场的比值等于波阻抗，空间波阻抗是一常数），所以功率密度随方向的变化曲线更显著一些。如某方向场强的相对值为 0.707，则功率密度的相对值为 $(0.707)^2 = 0.5$。单元振子 E 平面功率密度的方向图是两个扁圆构成的横 8 字，如图 7-15 中虚线所示。

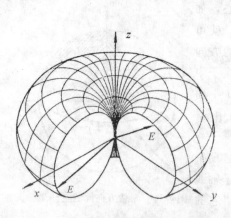

图 7-14 单元振子立体方向图

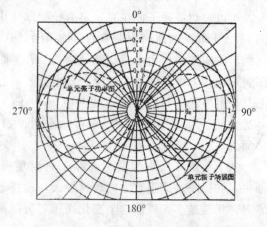

图 7-15 单元振子的场强和功率密度方向图

上述方向图是用极坐标系统画出来的,具有形象的优点,它能直接给出不同方向辐射场强的相对变化情况。需要注意:方向图不能理解为电磁波辐射的一个范围,好像电磁波只有在方向图的波瓣内才存在。

有时也采用直角坐标来绘制方向图,横坐标是方向角 θ 或 φ,纵坐标是场强的相对值。单元振子的直角坐标方向图如图 7-16 所示。

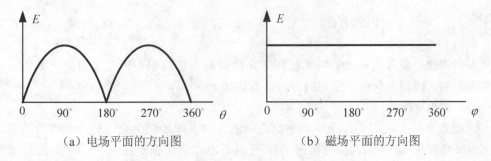

（a）电场平面的方向图　　　　　　（b）磁场平面的方向图

图 7-16　单元振子直角坐标的方向图

由直角坐标方向图可以方便地看出主、副瓣之间的差异,特别是主、副瓣差别较大时(如图 7-17 所示)。直角坐标分贝表示的方向图放大了副瓣,更易于分析天线的辐射特性,所以工程上多采用这种形式的方向图分析强方向性天线,如面天线、阵列天线等。

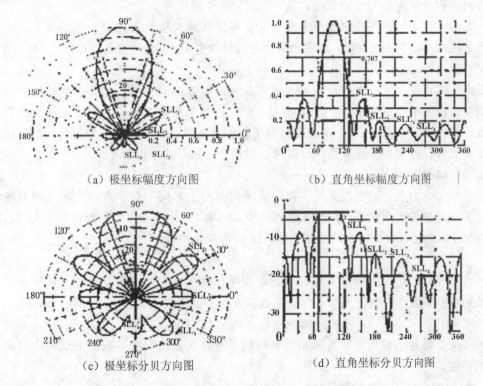

（a）极坐标幅度方向图　　　　　　（b）直角坐标幅度方向图

（c）极坐标分贝方向图　　　　　　（d）直角坐标分贝方向图

图 7-17　二维场强幅度和分贝表示的归一化方向图

功率方向图表示天线的辐射功率在空间的分布情况，往往采用分贝刻度表示。如果采用分贝表示，则功率方向图与场强方向图是一样的。

在有的情况下，天线的方向性也用方向性函数来表示。如半波对称振子的方向性函数为

$$F(\theta) = \cos\left(\frac{\pi}{2}\cos\theta\right) \Big/ \sin\theta \tag{7-18}$$

式中：θ——电场平面内的方位角。

c. 方向性的参数

方向图能形象和准确地表明天线的方向性，但不够简明，因此实用中又常用一些参数来表明天线的方向性。常用的方向性参数如下。

（a）波瓣宽度

波瓣宽度是方向图中两个半功率点之间的夹角，即场强为最大值 0.707 倍的两点之间的夹角，用 $\theta_{0.5}$ 表示。从前面图 7-15 可以看出，单元振子在 E 平面中，波瓣宽度 $\theta_{0.5}=90°$。显然天线的方向性愈强，波瓣宽度愈小。波瓣宽度的数值可以表明天线辐射的功率，主要集中在这个角度的范围内。方向性强的天线的波瓣宽度只有几度。

（b）方向系数

方向系数 D 是表示辐射能量集中程度（即方向图主瓣的尖锐程度）的一个参数，通常以理想的各向同性天线作为比较的标准。所谓理想的各向同性天线是指，在空间各方向的辐射强度都相等的天线，其方向图为一个球体。

方向系数表示：在接收点产生相等电场强度（最大辐射方向上）的条件下，各向同性天线的总辐射功率 $P_{\Sigma 0}$。比定向天线总辐射功率 P_{Σ} 提高的倍数，即

$$D = P_{\Sigma 0}/P_{\Sigma} \tag{7-19}$$

由上式可见，天线方向性越强，则在最大辐射方向同一接收点要产生相同的场强所需要的总辐射功率就越小，D 就越大。所以，方向系数表明了天线辐射能量的集中程度。单元振子的 $D=1.5$，半波对称振子的 $D=1.64$，对米波和分米波天线，D 值为几十到几百，而对厘米波天线，D 值可达到几千、几万甚至几十万。

（c）增益系数

在给定方向上（通常指天线主瓣最大辐射方向上）同一接收点产生相等辐射场强条件下，理想的无损耗各向同性天线的总输入功率 P_{A0}（$P_{A0}=P_{\Sigma 0}$）与定向天线的总输入功率 P_A 之比，称为天线的增益系数，用 G 表示，并且

$$G = P_{A0}/P_A = P_{\Sigma 0}/P_A \tag{7-20}$$

由于实际的定向天线中有损耗，辐射功率比输入功率小，即 $P_{\Sigma 0}<P_A$，所以同一天线的增益系数小于方向系数。增益系数和方向系数的关系为

$$G = P_{\Sigma 0}/P_A = (P_{\Sigma 0}/P_{\Sigma})(P_{\Sigma}/P_A) = D\eta_A \tag{7-21}$$

可见，增益系数是方向系数和效率的积。增益系数比方向系数能更全面的反映天线的特性。

d. 影响天线方向性的因素

天线的方向性是由许多因素所决定的，但总起来说是天线本身的结构和天线周围

的物体两个方面。天线本身的结构是多种多样的，周围物体的影响在飞机上主要是机体的影响。下面以半波天线为例，介绍天线本身的结构和机体对天线方向性影响的分析方法，为以后分析其他类型天线的方向性打下基础。

（a）形成天线方向性的基本因素

分析已知半波对称振子可以看成许多单元振子所组成，因此半波对称振子辐射到空间任意点的电磁场，也就是许多从前面单元振子辐射到该点的电磁场的迭加。显然单元振子辐射场的方向性是形成半波对称振子方向性的基本因素之一。如图 7-18 所示，各单元振子在 A 方向辐射为零，C 方向辐射较强，B 方向辐射最强，则半波对称振子的方向性也是按此规律变化。

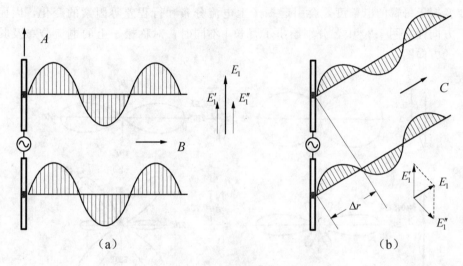

图 7-18　天线方向性的形成

其次，由于各单元振子所辐射的电波到达空间各点的行程（距离）并不一定相等，于是就会产生行程差（距离差），而行程差将引起电波间的相位差。所以各单元振子辐射到空间各点的场强，并不是直接相加的，而是按矢量相加的。例如，在图 7-18 中，取半波对称振子上下对应的两个单元振子来分析。在 B 方向，两个单元振子辐射到空间某点的行程是一样的（因为空间某点离开天线很远处，两单元振子辐射电波的传播路径可以看作平行的），所以行程差为零，两单元振子辐射场强同相相加，合成场强为单个的两倍，如图 7-18（b）右侧矢量图所示。在 C 方向，一方面因单元振子的方向性，两个单元振子的辐射场减弱了，另一方面由于两单元振子到达同一点的行程不同，产生了行程差，即图 7-18（b）中的 Δr，所以下面的单元振子的辐射场的相位就要落后一个角度，两单元振子的辐射场合成的矢量和小于单个矢量的两倍。由于这个原因，半波对称振子在 E 平面的方向图（如图 7-19 中实线所示）比单元振子的方向图（如图 7-19 中虚线所示）要稍微尖锐一些；波瓣宽度要小些，$\theta_{0.5}=78.2°$；方向系数要大些，$D=1.64$。

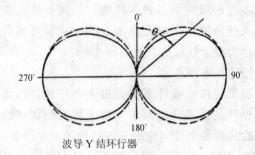

波导 Y 结环行器

图 7-19　半波对称振子和单元振子电场平面的方向图

改变振子每臂的电长度，会引起振子上电流分布和行程差等因素的变化，因而将影响天方向性。图 7-20 中，分别绘出了臂长 l 不同时，对称振子上的电流分布及其电场平面的方向图。

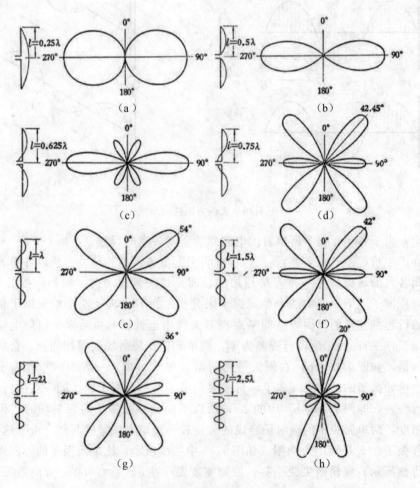

图 7-20　不同长度的对称振子上的电流分布及其电场平面的方向图

（b）机体对天线方向性的影响

飞机上的天线辐射的电磁波遇到机体后，就要产生反射，所以空间的辐射场是天线直接辐射和经过机体反射的总和，由于这两者在不同方向到某点的路程不同，因此合成场强就会发生变化。可见机体的影响会使天线的方向性发生变化。

7.1.3　天线的接收原理

天线不仅可以用来辐射电磁波，同一天线还可以用于接收电磁波。

（1）天线接收电磁波的过程

当空间传来的电磁波掠过天线时（如图 7-21 所示），与天线轴线平行的电场分量，将使导线中的自由电子随电场的变化而来回运动，因而在天线上就产生了与电磁波频率相同的交变电流与电动势。这一现象也可用电磁感应原理来解释，即电磁波中与天线轴线垂直的磁场分量，在电磁波传播的过程中，不断地切割天线，因而在天线中产生了交变的感应电动势和电流。可见，两种解释方法，其结论是一致的。

这说明，天线能将空间电磁波的一部分能量接收下来。其接收的能量，一部分沿着传输线送到接收机中去；另一部分则因天线末端开路而产生反射，从而在天线上形成驻波，其驻波电流和驻波电压的分布与发射天线的情形完全相同。

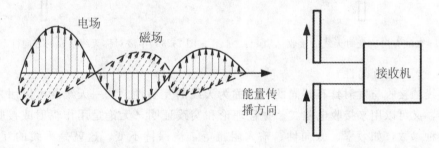

图 7-21　天线接收电磁波的示意图

（2）接收天线的方向性

如电波传播方向 S 与接收天线的轴线夹角为 θ 时（见图 7-22），这时对天线起作用的只是电场 E 中与天线轴线平行的分量 E_1（$E_1 = E\sin\theta$），而与天线轴线垂直的分量 E_2 不能使天线上产生电势和电流。因此天线接收的能量就将减弱。所以当电波的场强一定而传来的方向不同时，天线的接收能力也将不同，这就是说接收天线也具有方向性。现仍以半波对称天线为例来说明

图 7-23 表示半波对称天线对来自不同方向的电磁波的接收情形。可以看出，对于从 A 方向传来的电磁波，因其电场方向与天线轴线平行，所以在天线上产生的感应电动势最大，接收最强；对于从 C 方向传来的电磁波，因其电场方向与天线轴线垂直，所以天线不能产生感应电动势，即天线不能接收；而对于从 B 方向传来的电磁波，天线的接收能力则介于上述两者之间，因为，这时对天线起作用的只是电场中与天线轴线平行的电场分量。

考虑到上述原因，天线接收的方向性与单元振子的方向性相同（与天线轴线的平

行分量 $E_1 = E\sin\theta$，所以接收场强与方向角 θ 的关系和单元振子辐射场的关系一样）。还应该考虑到半波对称振子可以看成很多单元振子组成，当电波来向与振子轴线的夹角 $\theta = 90°$ 时，各单元振子接收电波的相位相同，当 θ 偏离 90° 后，各单元振子由于传来电波到达的先后不同，接收电波的相位也不同，整个半波对称振子接收电波是各单元振子接收电波的矢量和。由此可见，半波对称振子接收的方向性与发射的方向性是一样的。

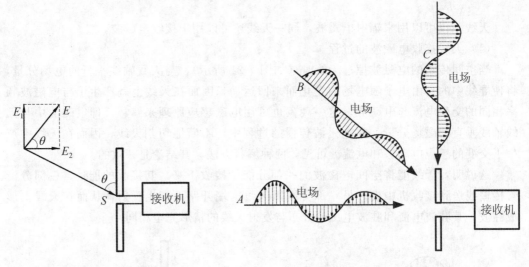

图 7-22　来波方向改变时天线的接收　　　图 7-23　半波对称天线接收的方向性

（3）天线的互易性

天线的接收与发射具有共同的特性称为天线的互易性。同一天线既可以用来辐射电磁波，又可以用来接收电磁波；并且理论和实践证明，无论是用作辐射或接收，天线的各种参数，如效率、方向性、输入阻抗等，均保持不变，这就是天线的互易性。任何天线都具有这种互易性。根据这一特性，对于任何具体天线来说，研究了它在辐射时的性能，则其在接收时的性能也就是已知的了。

（4）接收天线的等效电路及有效面积

a. 等效电路

根据天线的互易性，可以画出接收天线的等效电路如图 7-24 所示。对接收机来说，可将接收天线看成是一个等效电源，此电源的电动势为 ε、内阻抗为 Z_A，接收机对天线来说是负载，Z_L 为接收机在 AB 两点对天线所呈现的阻抗。等效电动势 ε 就是天线在电波的电场作用下，天线上输出的感应电动势，它的大小与平行于天线轴线的电场强度和天线振子的长度有关。因为天线接收和发射时具有同样的输入阻抗，所以等效电路中内阻抗 $Z_A = Z_{in}$，即等于发射时天线的输入阻抗。

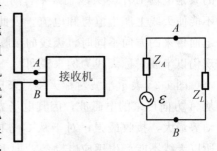

图 7-24　接收天线的等效电路

　　为了使接收天线输给接收机最大的功率，就应该使接收天线与负载匹配。若接收天线直接与接收机相连，则天线的输入阻抗应与接收机的阻抗匹配，若接收天线由馈线接到接收机，则天线的输入阻抗应与馈线的特性阻抗匹配，接收机的阻抗也应与馈线的特性阻抗匹配。

　　b. 天线的有效面积

　　我们知道，发射天线是向四面八方辐射电磁波的，根据互易原理可知，接收天线也能接收来自四周空间的电磁波。这就是说：接收天线不但能够接收直接穿过这个天线的电磁波（如图 7-25 中正对天线的射线 C），而且还能接收离开天线某些距离的电磁波（如图 7-25 中其他射线 A、B、D、E）。根据这一特性，常引入天线有效面积的概念，它是一个等效的吸收电磁波能量的平面，当它垂直放在电磁波传播方向上时，分配在这个平面上的功率数值等于天线传送到接收机的功率。因此，有效面积 A 就是接收天线的输出功率 W 与垂直入射的平面波的功率密度 P 之比，即

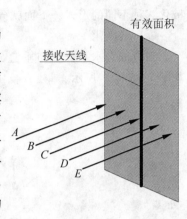

图 7-25　接收天线的有效面积

$$A = W/P \qquad (7-22)$$

　　根据计算证明，天线有效面积与天线增益系数 G 有以下关系

$$A = (\lambda^2/4\pi)G \qquad (7-23)$$

　　可见，有效面积与天线的增益系数成正比。因为天线的增益系数愈大，则天线方向性愈强，因此，天线接收正方向来的电磁波的能力增强了，天线输出功率必增大，所以有效面积 A 也随之增大。

　　对于半波对称天线，根据其增益系数 G 可算出它的有效面积为 $\lambda^2/8$，这面积相当于长 $\lambda/2$ 和宽 $\lambda/4$ 的长方形的面积。显然，其有效面积将大于实际天线所具有的面积。对于抛物面天线，有效面积一般为其实际面积的（50～60）％。

　　(5) 无线电波的极化

　　a. 极化的概念

　　从天线接收电波的原理中，可以看出电波中电场的方向与接收效果有着明显的关系，而电波中电场矢量的变化规律是由天线发射的情况和电波在传播过程中周围环境的影响所决定的。

　　为了表明电波在空间传播过程中场强的方向，引入了电波极化的概念。无线电波在空间传播时，其电场矢量是按照一定的规律而变化的，这种现象称为无线电波的极化。电波的电场方向就称为它的极化方向。

　　b. 极化的种类

　　电波的电场与地面垂直，这样的电波称为垂直极化波，电波的电场与地面平行，这样的电波称为水平极化波。

　　电波的极化方向与发射天线的配置有关，垂直于地面的振子形成垂直极化波，与地面平行的水平振子形成水平极化波。实际上天线辐射的无线电波还需要经过一段复

杂的传播过程才能到达接收天线，在这段传播过程中，电波往往经历不同的路径（在电波传播一节中将会说明电离层和地面对电波极化的影响），接收天线所收到的电波，将是由这些不同路径传来的无线电波的合成。因此，到达接收天线处的电波，将不再是单一极化性的，而是具有垂直极化与水平极化的两个平面波的合成。由于垂直极化与水平极化波的振幅和相位不同，合成后电波的极化将形成：线极化、圆极化和椭圆极化三种不同的形式。下面就分别说明这些极化的变化特点。

（a）线极化

当电波的水平分量与垂直分量的相位相同或相差 180°时，其合成电场为线极化，如图 7-26（c）所示。

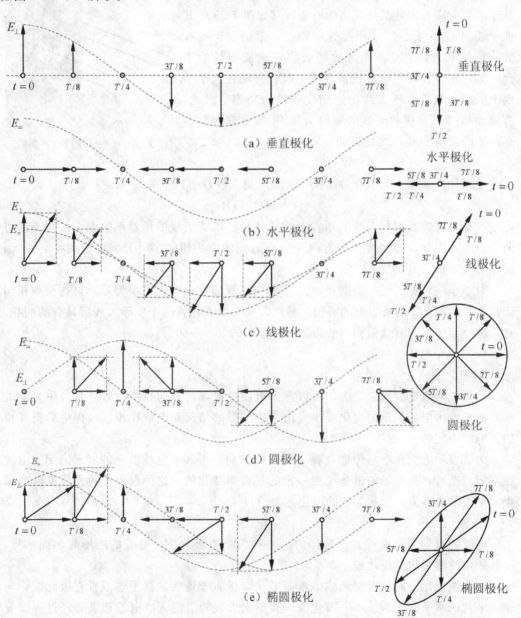

图 7-26　电波的极化

图中左侧表示空间某一点电场矢量不同瞬间的变化情况，右侧将不同瞬间的矢量画在一起的变化情况。合成电场与地面（或水平面）的夹角 α 决定于两电场分量的振幅之比。当水平分量的振幅为零时，夹角 α 为 $90°$，电波的电场与地面垂直，这样的电波就称为垂直极化波。图 7-26（a）表示垂直极化波的变化情况。当垂直分量的振幅为零时，夹角 α 为零，电波的电场与地面平行，这样的电波称为水平极化波。图 7-26（b）表示水平极化波的变化情况。图 7-26（c）表示水平分量和垂直分量振幅不等，而相位相同（图中水平分量和垂直分量，随时间都按余弦变化），结果，合成电场不同瞬时大小不断变化，电场矢量的终端始终在一直线上变化，这样的电波就称为线极化波，当接收这种极化波时，如采用振子天线，则振子的轴线应与电场的极化方向相一致，才能接收到最大的场强。

（b）圆极化

当电波的电场水平分量与垂直分量的振幅相等，但相位差 $90°$ 或 $270°$ 时，其合成电场为圆极化。如图 7-26（d）所示，图中垂直分量随时间按正弦规律变化，水平分量随时间按余弦规律变化，电场两分量的振幅相等，结果合成电场的大小不变，但其方向都随时间以角速度 ω（电波的角速度）旋转，旋转方向决定于二分量的相位差是导前还是落后。因此电场矢量终端旋转的结果是一个圆，如图 7-26（d）右侧所示，这样的电波称为圆极化波。

根据圆极化波旋转方向的不同，可分为左旋极化和右旋极化两种。顺传播方向看去，电场矢量旋转方向是顺时针的，称右旋极化波；若旋转方向是反时针的，称左旋极化波。（也可以这样看：以拇指指向电波传播方向，其电场矢量沿着右手螺旋方向旋转的，称右旋极化波；沿着左手螺旋方向旋转的，称左旋极化波。图 7-27 为前进中的右旋极化波。

接收圆极化波时，只要使天线的导线与波阵面重合，而导线与地面的夹角可以是任意值，天线上感应的电压振幅是一样的。当电波的电场与天线轴线一致时，天线上感应电压最大；电场与天线轴线垂直时，天线上感应电压为零；圆极化波电场矢量旋转一周，天线上感应出变化一周的交流电。

有的天线中，采用一定的结构，获得电场矢量振幅相等、互相垂直、相位差 $90°$ 的两个分量，这样就可以辐射或接收圆极化波。

（c）椭圆极化

当电波电场的水平分量与垂直分量的振幅和相位之间的关系不符合线极化和圆极化

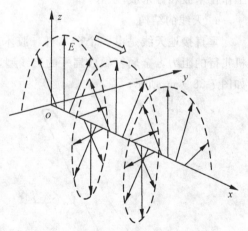

图 7-27　右旋极化波

条件时，其合成电场即为椭圆极化，如图 7-26（e）所示，图中水平分量随时间仍按余弦规律变化，而垂直分量随时间的变化规律比余弦落后了 $45°$，结果两者的合成电场的大小和方向都随时间而变化，电场矢量的终端运动一周是一个椭圆，如图 7-26（e）右侧所示，这样的电波称为椭圆极化波。椭圆极化波有几个重要参数：椭圆长、短轴之比称为轴比；左旋、右旋称为旋向；椭圆长轴方向称为极化取向。

一般情况下，电场的水平分量和垂直分量不容易满足线极化和圆极化的条件，因此在接收点收到的是椭圆极化波。所以椭圆极化是电波最一般的极化形式，而线极化和圆极化则可以看成是椭圆极化的两种特例。不过在一般情况下，垂直或水平分量中一个分量是主要的，所以合成的电场是非常扁窄的椭圆，近似于线极化。

上面我们只分析了垂直于电波传播方向的一个平面上的情况。实际上，不论哪一种极化波，都是不断前进的。图 7-27 为前进中的圆极化波的电场变化情况。

图中，电波沿着 x 轴方向传播，电场矢量与 zoy 平面平行，一面沿 x 轴方向前进，一面旋转，电场矢量终端旋转和前进的结果形成一条螺旋线，如图中曲线所示，这与螺旋桨飞机飞行时，螺旋桨随飞机前进并旋转，螺旋桨翼尖运动形成的螺旋线相似。

7.2 常用天线

7.2.1 振子类天线

（1）垂直接地天线

垂直接地天线结构简单，体积较小，安装方便，在飞机上应用较多，一般作为通信电台、应答机、询问机、干扰机、侦察机以及其他电子设备的天线。这种天线通常工作在米波和分米波段。

a. 天线的结构

垂直接地天线是由一个金属杆、胶木底座和馈线插座等几部分组成。为了减小飞机飞行的阻力，金属杆做成扁平的流线型，锐面如刀口，所以这种天线又称刀形天线，如图 7-28（a）所示。

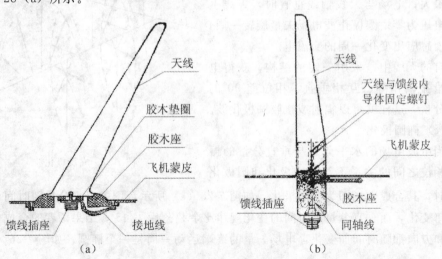

（a）　　　　　　　　　　　（b）

图 7-28　垂直接地天线的结构

有的为了进一步减小对飞机飞行的阻力，金属杆由铝合金制成，并向后倾斜一个角度，如图 7-28（b）所示。天线表面涂有绝缘漆，这一方面可以保护天线不易损坏，另一方面从电性能来说，由于飞机天线曝露在机外，飞行中，天线和气流中带电质点（水珠、尘埃等）相接触，这样会造成天线上有不断变化的电压和电流，干扰接收机的工作，涂了不导电的漆，就可以减小这种影响。电源能量通过馈线与馈线接头送到辐射体上。

b. 天线的基本工作原理

垂直接地天线是一种不对称的振子，它的原理电路，如图 7-29（a）所示。

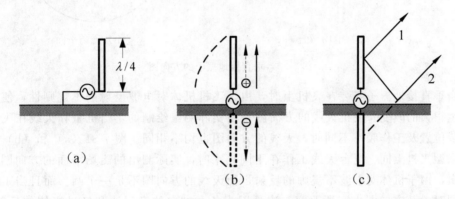

图 7-29　垂直接地天线的镜象分析

由于馈电端，一端接振子，一端接机体，所以可以看成天线与机体构成张开的开路线。机体对天线辐射特性的影响，可以用镜像法来分析。根据镜像原理，天线的镜像与天线长度相等，镜像电流与天线电流方向相同，因此天线和它的镜像，共同构成一个对称振子，当天线长度等于 $\lambda/4$ 时，天线和它的镜像构成半波对称振子，如图 7-29（b）所示，线上电流振幅的分布，也与半波对称振子的相似。

实际上，天线的辐射，一部分是直接射向空间（图 7-29（c）中的射线 1）的，另一部分则是经过机体的反射（图 7-29（c）中的射线 2）后到达空间的，所以机体的反射可用天线的镜像来代替，它起到了对称振子另一臂的作用。垂直接地天线的基本原理，采用镜像法后，它就可以完全和对称振子相等效了。

c. 垂直接地振子的辐射电阻

垂直接地振子和其镜像合在一起，可以等效成对称振子，但镜像的作用，只是表示地面对电波的反射，本身并不辐射能量，所以垂直接地振子辐射的能量只有对称振子的一半，因此，表示垂直接地振子辐射能力的辐射电阻也比对称振子的辐射电阻小一半。如 $\lambda/4$ 垂直接地振子的辐射电阻是半波对称振子辐射电阻（73 Ω）的一半（36.5 Ω）。

d. 垂直接地振子的方向性

根据镜像原理分析，机体对天线的影响可以用它的镜像来代替，垂直接地振子与它的镜像构成对称振子，因此它的方向性也就与对称振子相似。只是因为实际上只有对称振子的上半部，所以方向图也是对称振子的上半部分。当垂直接地振子长度为 $\lambda/4$

时，其方向图也就是半波对称振子的一半，如图 7-30 所示，图 7-30（a）为电场平面方向图，图 7-30（b）为磁场平面方向图。

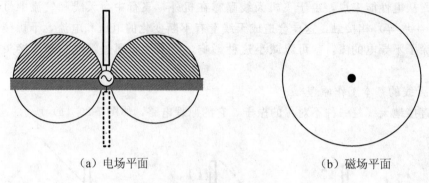

（a）电场平面　　　　　　　　　（b）磁场平面

图 7-30　垂直接地振子的方向图

当垂直接地振子安装在飞机上时，由于飞机机体对电波反射的不规则性，使方向图发生很大的改变。飞机天线的方向图是由实际测量绘制的，当机型和天线在飞机上的安装位置及工作频率不同时，天线的方向图也均不相同。图 7-31（a）和（b）是安装在某型飞机上同一电台天线工作在不同频率时，实际测出的磁场平面的方向图。可以看出，由于机体对电波不规则的反射，使天线的方向图不是一个圆。而且当工作频率不同时，其方向图也有所改变，这是因为各个方向的直射波和经过机体的反射波，由于路程差带来的相位差随着 λ 的改变而改变了，所以各方向场强的合成势必发生变化，这样，方向图也就不一样了。

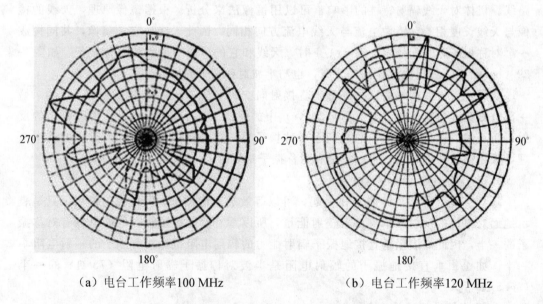

（a）电台工作频率100 MHz　　　　　　（b）电台工作频率120 MHz

图 7-31　实际测出的电台天线磁场平面的方向图

在电场平面的方向图实际测量的结果也是多瓣形的，理由同上，不再赘述。

（2）盘锥天线

为了改善天线的宽频带特性，可以采用增大天线直径的方法。天线越粗，则特性阻抗越小，输入阻抗随频率变化的曲线越平坦，宽频带特性就越好。盘锥天线就是采用增大天线直径的方法做成的一种宽频带天线。

a. 盘锥天线的结构

盘锥天线可看作垂直对称振子的一种变形，图 7-32 为某干扰机的盘锥天线结构示意图。它是将对称振子的一臂加粗制成圆锥体，而另一臂加粗变形制成圆盘状，这样就可以使振子的特性阻抗大大降低，获得较好的宽带特性。由于其输入阻抗较小，可用特性阻抗为 50 Ω 左右的同轴线直接馈电。同轴线内导体接到上部圆盘的中点，外导体接下部锥体的顶端（两者直径同），圆盘与锥体间距离为 $S=0.6a$，靠空气绝缘。为减小空气的阻力，将天线装在天线罩内。它安装在飞机机身的下部，固定在飞机蒙皮上。

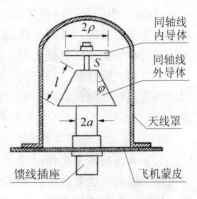

图 7-32 盘锥天线

为得到较好的宽带特性，天线张角 φ 应足够大，一般取 $\varphi=25°\sim60°$；锥体长 $l\approx0.28\lambda$（λ 为最长的工作波长）；锥体下端直径取 $d=2(l\sin\varphi+a)$；圆盘的直径取 $2\rho=0.7d$。

b. 天线的特性

由于盘锥天线是垂直对称振子的一种变形，因而其方向性与对称振子相似。在水平平面内，其方向图近似为一个圆，但由于机体的不规则，机体对电波反射产生一定影响，所以其方向图略有偏移，若最大辐射方向场强为 100，则最小为 85，如图 7-33（a）所示。在垂直平面内，若不考虑机体的影响，则当 l/λ 较小时，垂直面方向图接近于对称振子的方向图，是横 8 字形；当工作频率升高到低端的 3～4 倍时，即锥体电长度 l/λ 为 0.75～1 时，其方向图的波瓣将有一定的倾斜角，加上机体的影响，其垂直面方向图如图 7-33（b）所示。

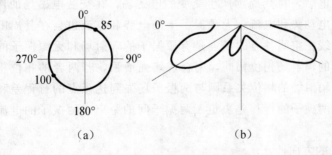

（a） （b）

图 7-33 盘锥天线的方向图

盘锥天线的输入阻抗和方向性，在较宽的波段范围内变化很小，波段系数可达 4。

（3）引向天线

引向天线是米波波段和分米波波段常用的一种方向性天线。这种天线具有方向性强、馈电比较方便、结构牢固等优点，所以它在电视、定向通信、引导雷达、警戒雷达、探照灯雷达和飞机上的电子设备等方面都有应用。

a. 引向天线的结构

引向天线又称波道型天线或八木天线，其结构如图 7-34 所示，它由一个有源振子（一臂等于 $\lambda/4$）、一个反射振子（一臂稍长于 $\lambda/4$），和若干个引向振子（一臂稍短于 $\lambda/4$）构成。引向振子的数目通常从一个到几个，各引向振子可以具有同样长度，也可以具有不同的长度，离开有源振子越远，长度越短。反射振子（又称反射体）和引向振子（又称引向体）都是无源振子，它们在中点短路，不接电源。各振子间的距离均在 $\lambda/4$ 左右。所有振子位于同一平面上，轴线互相平行，中点在一条连线上。振子均用硬铝管或铝棒制成。图 7-34（a）为对称引向天线，它通常用在电视、定向通信和地面雷达中；图 7-34（b）为不对称引向天线，体积较小，用于飞机的应答机上。

b. 引向天线的基本工作原理

引向天线的基本工作原理，主要是分析无源反射振子和无源引向振子对引向天线方向性的影响，也就是说，无源反射振子是怎样起反射电波的作用，而无源引向振子是怎样起引向电波的作用，从而使天线具有单方向的辐射。

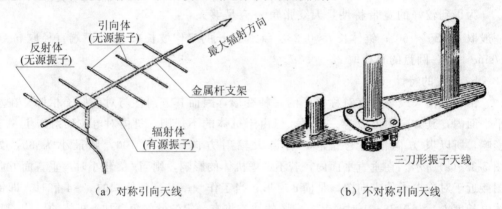

（a）对称引向天线　　　　　　　　（b）不对称引向天线

图 7-34　引向天线

有源振子馈电后，在其周围产生交变的电磁场，在交变电磁场的作用下，无源振子上会产生感应电动势和电流，无源振子上的电势和电流也会在其周围产生交变的电磁场，因此，天线在空间各点的场强是有源振子的辐射场和无源振子的辐射场在该点的总和。若两者的辐射场相位相同，则合成场强增强，若两者的相位相反，则合成场强减弱。而两者辐射场的相位关系则与两振子场强到达该点的行程差和两振子中电流的相位差有关，两振子的行程差决定于两振子间的距离，两振子的电流相位则决定于振子的电长度。

c. 引向天线的方向性

由于反射体和引向体的作用使天线的方向性增强，所以，天线的方向性与天线的结构有关，图 7-35 为一个多引向体天线的电场平面的方向图，在 $\theta=0°$ 方向各辐射场的相位相同，合成场强最强。在 $\theta=180°$ 方向，因为无源振子的电流比有源振子的电流小，合成场强不能全部抵消，所以，方向图有尾瓣。在其他方向，由于无源振子与有源振子的电流相位关系，不像理想情况时那样简明，再加上电场平面内，振子本身的方向性，所以在不同方向上，各辐射场的振幅和由行程差造成的相位差，变化规律比较复杂，合成场强有大有小，在方向图中出现不少副瓣。在磁场平面内，由于振子没有方向性，因此，主波瓣的宽度要比电场平面的宽一些。

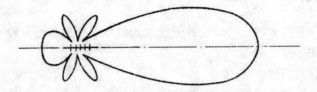

图 7-35 多引向体天线的电场平面方向图

引向体的数目愈多，可使天线的方向图愈加尖锐一些，但是增加的引向体离有源振子愈远，所起的作用将愈弱，而天线的尺寸却增加得很多，损耗加大。因此，引向体的数目也不宜增加得过多。通常引向体的数目为 3～7 根，此时主瓣的宽度为 25°～45°，但根据实际的需要，有些天线的引向体只用一根。

另外，由于无源振子的能量都取自有源振子，因而使有源振子的输入电流增大，输入阻抗减小。为了提高有源振子的输入阻抗，以便与特性阻抗较高的传输线相匹配，在引向天线中，有源振子常采用半波折叠振子，它的结构如图 7-36（a）所示。半波折叠振子可以看成长度为 λ/4 的短路线（见图 7-36（b）），在 λ/4 处向外侧折叠而成。因此折叠振子可以看成两个平行的半波振子，并且两个半波振子上的电流大小和方向相同。

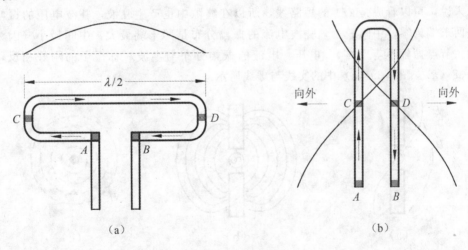

（a）   （b）

图 7-36 半波折叠振子

折叠振子的输入电阻是普通半波振子的输入电阻的 4 倍。所以折叠半波天线的输入电阻为

$$R_{in} = R'_{\Sigma} = 4R_{\Sigma} = 4 \times 73.1 \approx 300\Omega \tag{7-24}$$

一般电视天线用特性阻抗为 300 Ω 的平行传输线馈电，基本上满足匹配的要求。

引向天线的缺点是，工作波段很窄，所能容许的频率变化范围一般在 ±3% 以内。

因为当工作频率改变时，各振子的长度及相互距离（相对于工作波长）都会发生改变，致使天线的方向性以及与传输线的匹配情况变坏，所以当更换工作频率时，还得必须通过实验的方法，重新调整各振子的长度和距离。

7.2.2　缝隙天线

缝隙天线是一种厘米波天线。这种天线结构简单，外形平整（没有凸出部分），很适合于高速飞机和导弹上应用。

（1）缝隙天线的结构

在波导（或谐振腔和同轴线）上，开一个或几个缝隙，用以辐射或接收电磁波的天线，称为缝隙天线。缝隙天线又称裂缝天线或开槽天线，其结构如图 7-37 所示。电磁能由同轴线经探针激励送入波导，在波导中以 TE_{10} 波传播时，波导壁上有电流流动。缝隙截断壁上的电流时，在缝隙上就形成位移电流，它就能向空间辐射电磁波。

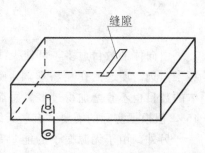

图 7-37　缝隙天线

（2）缝隙天线的基本工作原理

缝隙天线的基本工作原理可以将缝隙天线与振子天线进行对比来阐述。将一个放在空间的半波对称振子和开在很大金属平板上的长度为 $\lambda/2$ 的缝隙，对它们都在中间馈电，如图 7-38（a）、图 7-39（a）所示。半波对称振子馈电后，线上电压、电流的分布，如图 7-38（a）所示；而缝隙的输入端，对中间的电源未说，可以看成是 $\lambda/4$ 的短路线，所以在缝隙中也产生驻波，驻波电压的振幅分布是两末端为零，中间最大，驻波电流的振幅分布是两末端最大，中间最小（因为有辐射，节点振幅不等于零）。电压、电流的振幅分布与半波对称振子的刚好相反，如图 7-38（a）、图 7-39（a）中的实线与虚线所示。

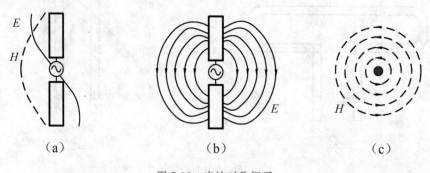

（a）　　　　　　　　　　（b）　　　　　　　　　　（c）

图 7-38　半波对称振子

缝隙在交变电源的激励下形成的电磁场如图 7-39（b）和图 7-39（c）所示。由于交变磁场不能穿透金属面，缝隙天线上驻波电流所产生的磁场与实际平行线周围的磁场不同，它不能像平行线那样围绕着导线闭合成环，而只能穿过缝隙，在缝隙两侧构成闭合回线，如图 7-39（b）所示（也可以这样来理解，缝隙中间的交变电场就是位移电流，交变磁场围绕位移电流形成闭合环）。因为缝隙上的电流两末端最大，所以磁场也是两末端最强。缝隙上的驻波电压在缝隙中形成电场，因为交变电场在金属表面只有垂直分量，所以在缝隙周围的电力线，如图 7-39（c）所示，其电场为中间最强，两端最弱。对比缝隙天线的电磁场和振子天线的电磁场，可以看出：缝隙天线的磁场分布与振子的电场分布相似，缝隙天线的电场分布与振子的磁场分布相似。由此可以确定，半波缝隙天线和半波振子是可以等效的，只要把它们的电磁场互换位置即可。这一原理称为双重性原理。所以缝隙和振子一样可以辐射和接收电磁波，但是它的极化方向较振子的相差 90°，即缝隙天线辐射的是水平极化波，振子天线辐射的是垂直极化波。

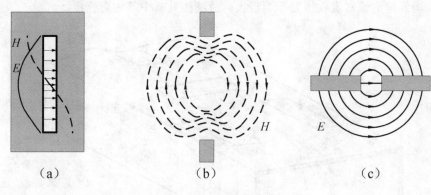

（a）　　　　　　　　（b）　　　　　　　　（c）

图 7-39　半波缝隙天线

（3）缝隙天线的方向图

根据双重性原理，缝隙天线可以与振子天线相等效，所以半波缝隙天线的方向性也可以与半波对称振子的方向性相等效，不同的只是缝隙天线磁场平面的方向图与振子天线电场平面的方向图相同，缝隙天线电场平面的方向图与振子天线磁场平面的方向图相同，图 7-40（a）为理想半波缝隙天线的立体方向图。由于实际上缝隙并不是开设在极大的金属板上，而是开设在波导管壁或谐振腔壁上，且缝隙只向空间一方有辐射，所以方向图与理想的有所不同，如图 7-40（b）和图 7-40（c）中的实线所示。从图中可以看出，磁场平面的波瓣宽度要比理想的稍窄一些，而电场平面还有一定的方向性。

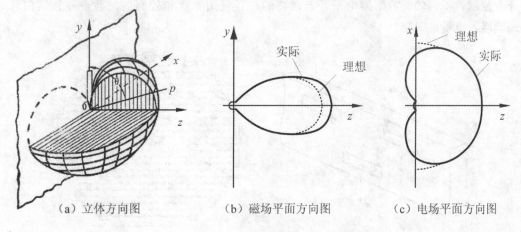

（a）立体方向图　　　　　（b）磁场平面方向图　　　　　（c）电场平面方向图

图 7-40　缝隙天线的方向图

（4）缝隙天线的激励

缝隙天线的激励，通常是在波导、谐振腔或同轴线上开槽来获得的。缝槽的开设，必须切断管壁电流，才能产生电磁波的辐射。下面举出几种在波导壁上切槽的方法：

我们知道，当波导内有 TE_{10} 波传播时，在波导壁上有横向电流和纵向电流流动，如图 7-41 所示。没有开设缝槽时，电流只在壁内流动，当在管壁上开设缝槽时，还要视其位置是否恰当，如果缝槽垂直于最大管壁电流密度的方向（见图 7-41 的 1 槽），切断电流最大，缝槽辐射最强；如果缝槽与管壁电流方向相切（见图 7-41 的 2 槽），则缝槽不切断管壁电流，不能产生辐射；如果缝槽在图 7-41 的 3、4 位置，缝槽能够切断管壁电流，但管壁电流密度在该处不为最大，故缝槽具有中等辐射强度。

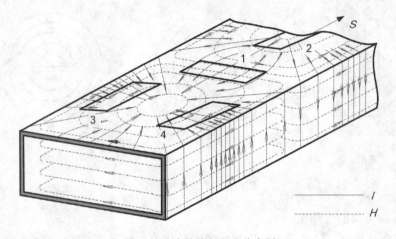

图 7-41　波导壁上电流分布图

和单个半波振子一样，单缝隙天线的方向性也是不强的，为了增强方向性，可采用多缝槽组成的天线阵，如图 7-42 所示，这样开槽，槽缝所截断的管壁电流其方向是相同的，相当于同相馈电的天线阵，因而主波瓣变窄，方向性增强。

采用多缝槽组成的天线阵，可以构成高增益、低副瓣的平面天线，如图 7-43 所示的平面裂缝天线阵面上共有 634 个纵向辐射缝。这种形式的天线可以得到较好的口径分布控制，得到较低的副瓣电平，有较高的口径利用系数和较高的增益，并且结构形式紧凑，重量也很轻。

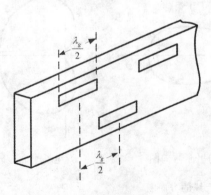

图 7-42　多缝槽的开设

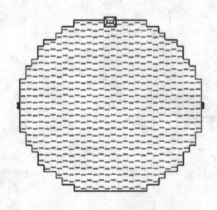

图 7-43　平板裂缝阵天线

缝槽宽度可根据绝缘强度来决定，为避免击穿，缝槽中心的最大电压（$U_{\max}$）应比击穿电压（U_B）小 3～4 倍。即

$$U_{\max} = U_B/(3 \sim 4) = E_B d(3 \sim 4) \tag{7-25}$$

则缝槽宽度 d 与 $U_{\max}$、E_B 的关系为

$$d = (3 \sim 4)U_{\max}/E_B \tag{7-26}$$

7.2.3　喇叭天线

喇叭天线是一种宽频带特性较好的定向天线。结构简单而牢固，损耗小，它在飞机雷达、电子对抗和超高频测量中都有应用。

（1）喇叭天线的结构

喇叭天线是由一段均匀波导和另一段截面逐渐增大的渐变波导构成的，其形状主要有扇形、角锥形和圆锥形等三种，如图 7-44 所示。喇叭天线可以用同轴线馈电，也可以用波导直接馈电。

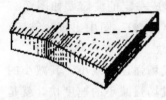 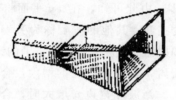 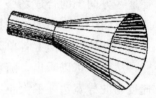

(a)扇形喇叭天线　　　　(b)角锥形喇叭天线　　　　(c)圆锥形喇叭天线

图 7-44　几种喇叭天线结构

（2）喇叭天线的基本工作原理

为了说清喇叭天线的基本工作原理，还得先从波导口辐射电磁波谈起。

a. 波导口天线的辐射

在厘米波波段中，常用波导管来传输电磁能，如果波导的末端没有封闭，那么，电磁波就从波导管开口的一端向空间辐射，利用这种特性，就可做成天线。这种天线称为波导口天线，它与振子式天线不同，整个波导口平面都辐射电磁波，因此，又称面形天线。

波导口辐射电磁波可用惠更斯原理来说明。惠更斯原理指出：在波的传播过程中，波面上各点可以看成波的新波源（或二次辐射源），这些新波源又产生向四面八方传播的波，在空间传播的波就将是这些波的合成。

设有一开口波导，传播的是 TE_{10} 型波，如图 7-45 所示；我们可以把波导开口平面内的同相场强，看成是由许多同相馈电的单元辐射体所产生的，如图 7-46 所示。这样，空间辐射场就是这些单元辐射体所产生的辐射场的矢量合成。

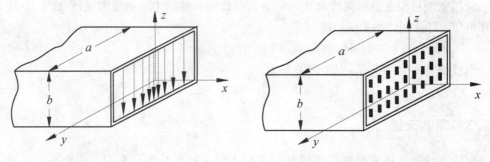

图 7-45   开口波导   图 7-46   波面等效为单元辐射体

b. 喇叭天线的方向性

在 xy 平面内沿 x 轴的方向上，各单元辐射体的电波行程相等，所以合成电场最大；偏离 x 轴方向时，各单元辐射体的电波由于存在着行程差，所以合成电场将减小；当行程差所引起的相位差，恰好使各单元辐射体的电波在某些方向上互相抵消时，则在这些方向上的合成场强为零。由此可知，在 xy 平面将形成一定的波瓣，如图 7-47 所示。图中正中央的波瓣称为主瓣，其他的波瓣称为旁瓣（副瓣）。图中出现边波瓣，是由于在这些方向上各单元辐射体的电波并不互相抵消的缘故。

从图中可以看出，随着偏离 x 轴方向角度的增大，合成场强逐渐减小，其减小的速度与波导宽边 a 的大小有关。当波导宽边 a 增大时，合成场强减小的速度快，就是说只要稍微偏离 x 轴的方向，就可使合成场强为零。这是因为当 a 增大时，方向改变所引起的行程差增大（见图 7-48）。因此，当波导宽边 a 增大时，可使主波瓣变窄，方向性增强。但同时副瓣也会增多一些。

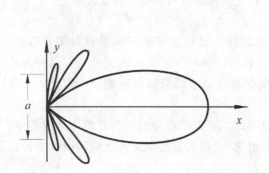

图 7-47   开口波导在 xy 平面内的方向图

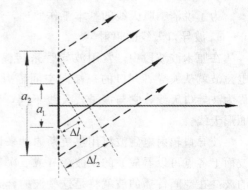

图 7-48   波导口尺寸 a 增大引起路程差增大

同理，在 xz 平面内的方向图也具有多波瓣；并且增大波导窄边 b 时，其主波瓣变窄，边波瓣也增多。

综上所述，改变波导宽边 a 的尺寸，就能改变 xy 平面内的方向图，而改变波导窄边 b 的尺寸，就能改变 xz 平面内的方向图。因此，逐渐增大波导的口径，从而形成各种喇叭天线，就能增强辐射的方向性。

但是增设喇叭口以后，由于从喇叭颈部到喇叭开口面上的各点距离是不同的，在扇形喇叭天线中波面将由平面波变为柱面波，而在角锥形和圆锥形喇叭天线中波面将由平面波变为球面波。这样，在喇叭开口面上的电波不再是同相位面了，会使天线的主瓣变宽，方向性变弱。为了减小这种不利的影响，应减小喇叭的张角，但张角减小时喇叭的口径将随之减小，也会使天线的方向性变弱。因此，在减小张角的同时，应该加长喇叭的长度。所以，要使喇叭天线具有需要的方向性，必须综合考虑喇叭的开口面和喇叭的长度。

喇叭天线不包含有谐振元件，因而工作频带宽，结构简单而牢固，但要获得较好的方向性必须有较大的几何尺寸。

由上面分析可见，一般的喇叭天线，不管是矩形的或圆锥形的，它们在电场平面和磁场平面的方向图，其波瓣宽度是不相等的，用这种喇叭口来作抛物面天线的辐射器，许多电性能做不到预期的指标。这种方向图宽度不等的原因主要是口径面上电磁场分布不均匀引起的。为了改善口径面上电磁场的分布，可以采用改变喇叭壁上的边界条件的办法，目前在卫星通信、电子对抗设备中广泛应用的一种叫波纹喇叭。

波纹喇叭是采用槽深为 $\lambda/4$ 的极薄的齿牙构成的波纹表面，作为喇叭口的内壁，其结构示意图如图 7-49 所示。为了改善光壁波导与波纹喇叭间的匹配状况，可在光壁波导与波纹波导之间采用槽深从 0 到 $\lambda/4$ 的渐变段。

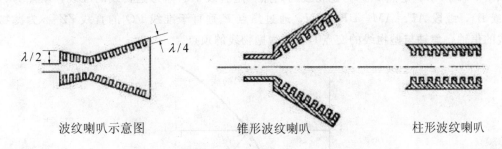

| 波纹喇叭示意图 | 锥形波纹喇叭 | 柱形波纹喇叭 |

图 7-49　波纹喇叭结构示意图

采用波纹结构的喇叭口，可以使电场、磁场在喇叭内壁具有相同的边界条件，从而在喇叭口面上得到相同的电场、磁场分布，使它在电场平面、磁场平面内方向性相同，具有相同的波瓣宽度，并能使副波瓣相应减小。

但是和普通喇叭比较，波纹喇叭的加工比较困难，口径也比较大，对于应用带来了一定限制。

7.2.4　抛物面天线

抛物面天线是一种具有窄波瓣和高增益的微波天线。它在分米波波段中，特别是在厘米波波段中应用极为广泛。

（1）抛物面天线的结构

抛物面天线主要由辐射器和抛物面反射体（简称抛物面）两部分组成。辐射器用以向抛物面辐射电磁波。抛物面则使电磁波聚集成束，集中地射向空间某一个方向。

常用的抛物面有旋转抛物面［见图 7-50（a）］，和由旋转抛物面割截而成的矩形截

面抛物面 [见图 7-50 (b)]，有时也采用柱形抛物面 [见图 7-50 (c)]。

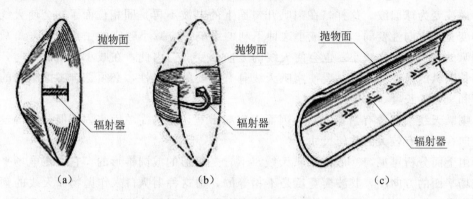

图 7-50　几种抛物面天线的形状

（2）抛物面的基本特性

旋转抛物面是以抛物线围绕其轴线旋转一周而形成的曲面。所以抛物面的基本特性是以抛物线的几何性质为基础的。

由几何定理知道，抛物线是指，与一定点 F 和一定直线 PQ 等距离的点的轨迹，如图 7-51 所示。定点 F 称为抛物线的焦点，定直线 PQ 称为抛物线的准线，动点为 A（或 B），线段 $AF=AM$，$BF=BN$，通过焦点 F 垂直于准线 PQ 的直线 ZZ' 称为抛物线的焦轴，焦轴与抛物线的交点 O，称为抛物线的顶点。

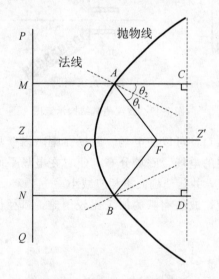

图 7-51　抛物线的几何特性

抛物线有下列几何特性：

第一，抛物线上任意一点（如 A 点）的法线，把由焦点到该点的射线（如 FA）和经该点平行于抛物线焦轴的射线（如 AC）之间的夹角平分为两半，即 $\theta_1=\theta_2$。

因此，由焦点所发出的电磁波，经抛物面反射后，其传播方向彼此平行且平行于焦轴。

第二，从焦点 F 到抛物线上任意一点，又从此点到达与抛物线焦轴相垂直的线段 CD，其距离之和是恒定的，例如，$FA+AC=FB+BD$，因此，从焦点所发出的电磁波，经抛物面反射后，到达抛物面口的平面时，相位相同。

应用抛物面的几何特性，如果在旋转抛物面天线的焦点上放置一个辐射器，辐射器向抛物面发出的虽是球面波，但经抛物面反射后，在口径面上可以获得传播方向彼此平行、相位相同的平面波束。可以设想，口径面就是一个辐射面，因此抛物面天线也是一种面形天线。

（3）抛物面天线的方向性及影响方向性的因素

由于抛物面天线也是面形天线，它更易获得窄波瓣的方向图。其分析方法与前（喇叭天线方向性的分析）相同，这里不再重复。

根据抛物面的基本特性可知，只要当辐射源在焦点并且是一个点波源向抛物面辐射时，就可以得到理想的方向图。但是，实际上还需要作具体的分析。

a. 辐射源的直接辐射对方向性的影响

如果置于焦点上的辐射源，它除了向抛物面辐射外，还向开口面直接辐射，如图 7-52 所示。这样，开口面的同相位面和平面波受到了破坏，就会增大抛物面天线的波瓣宽度，并增加了若干副瓣。

为了消除这类不良现象，应采用单向辐射源。常用的单向辐射源有喇叭式和振子式等，振子式单向辐射源如图 7-53 所示，振子式单向辐射源是依靠反射器的作用来实现的。

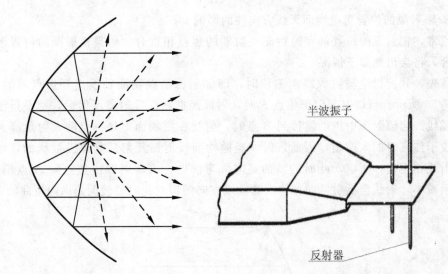

半波振子

反射器

图 7-52　直接辐射对方向性的影响　　　图 7-53　振子式单向辐射源

b. 辐射源的方向性对抛物面天线方向图的影响

图 7-53 所示的辐射源，由于辐射体是半波对称振子，其电场平面内的辐射场是有方向性的，但是磁场平面内却是均匀的。所以，振子的辐射场经抛物面反射后，在开口面处电场平面上的场强分布是不均匀的，即场强在中心处强而在边缘处弱，如图 7-54 中实线所示，这种情况相当于场强作均匀分布时，则有效口径尺寸减小了；而在开

口面的磁场平面上的场强分布却是均匀的，如图 7-54 中虚线所示，相当于抛物面的有效口径尺寸并未减小。因此，抛物面天线的主波瓣，在电场平面的宽度将略大于在磁场平面的宽度。其主波束的立体图形如图 7-55 所示，这种波束通常称为针状波束。它在电场平面和磁场平面的波瓣宽度可分别按下式近似地求出

$$\theta_E \approx (80\lambda/d)° \tag{7-27a}$$

$$\theta_H \approx (72\lambda/d)° \tag{7-27b}$$

式中：d——抛物面开口面的直径；

λ——电波的波长。

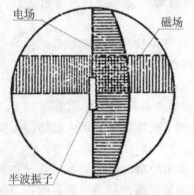
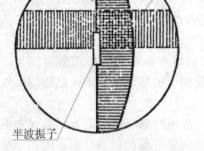

图 7-54 抛物画开口面上的场强分布情况   图 7-55 针状波束

c. 辐射源的位置对抛物面天线方向性的影响

通常，辐射源的位置都和抛物面反射器的焦点相重合。如果辐射源的位置和焦点不重合，将会出现如下情况。

首先，我们讨论辐射源纵向偏移时，即辐射源沿抛物面轴线离开焦点时的情形，如图 7-56 所示。当辐射源位于焦点 F 时，射线经抛物面反射器反射后，都平行于抛物面的轴线。当辐射源由焦点偏移到 B 点时，射线在抛物面上每一点的入射角都大于辐射源位于焦点时的入射角，因此，射线经抛物面反射器反射后是成发散状的，由于波前与射线相垂直，所以，此时的波前是向外弯曲的。当辐射源由焦点向 A 点偏移时，入射角减小，射线经反射后向抛物面的轴线方向倾斜，此时的波前是向内弯曲的。

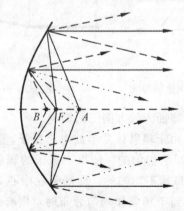

图 7-56 辐射源纵向偏离焦点时

对抛物面天线方向性的影响

显然,辐射源纵向偏移时,波前由平面波变为向外弯曲或向内弯曲,但不改变波前对抛物面轴线的对称性,因此,形成的波束图仍与轴线对称,只是波束变宽,方向性变差。

其次,我们讨论辐射源横向偏移时的情形,如图 7-57 所示。当辐射源在焦点 F 时,射线 1 和 2(用虚线表示)到达开口面时的路程相同,因此,开口面就是它们的波前。当辐射源横向(向上)偏移到 F' 点时,射线 $1'$ 和 $2'$ 经抛物面反射后,到达开口面所经的路程不同,因而其波前已不再在开口面上,只有在图(a)所示的新波前上,射线 $1'$ 和 $2'$ 所经的路程才相同,因此,在该面上相位相同,但波前却倾斜了一个角度。显然,此时抛物面天线的最大辐射方向不再与抛物面轴线相一致,而有一个向下倾斜的夹角 α,如图 7-57(b)所示。

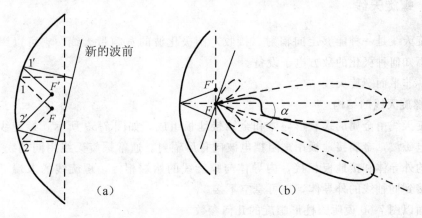

图 7-57　辐射源横向偏移时的波面和波束

由上可见,辐射源从抛物面的焦点作横向(向上或向下)偏移时,则天线的主瓣将向相反的方向(向下或向上)偏转一个角度。

d. 抛物面的大小和形状对抛物面天线方向性的影响

当辐射源一定时,抛物面天线的方向性与抛物面口径 d/λ 的大小有关。口径 d/λ 愈大时,则波瓣宽度愈窄,通常,为了获得窄的波瓣,抛物面天线的口径 d/λ 都在 10 以上。

但是,由于雷达的用途不同,对波瓣形状的要求也往往不同。波瓣形状决定于抛物面的形状。使用旋转抛物面时,可以使天线具有针状的方向图;在有些场合下需要使天线具有扇形的方向图,即天线的方向图在一个平面内是窄的,而在另一个平面内是宽的,就常使用截割式旋转抛物面,如图 7-58 所示。图 7-58(a)为矩形截面抛物面,它使水平方向的电波受到较多的反射,垂直方向的电波反射较少,所以水平波瓣很窄,垂直波瓣较宽,图 7-58(b)为橘瓣形的抛物面,它使垂直方向的电波受到较多的反射,水平方向的电波反射较少,故垂直波瓣很窄,水平波瓣较宽。

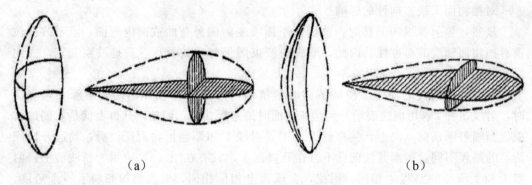

$$（a）\qquad\qquad\qquad（b）$$

图 7-58　截面抛物面及其方向图

7.2.5　螺旋天线

螺旋天线是一种能够定向辐射（接收）圆极化波的宽频带天线。它可以用来侦察和干扰不知何种极化的敌方电子设备。

（1）非平面螺旋天线

a. 螺旋天线的结构

螺旋天线由金属的螺旋形导体和金属接地板组成，如图 7-59 所示。螺旋线用来定向辐射电磁波，金属接地板用来阻挡电波向背后辐射。通常螺旋天线用同轴线来馈电，同轴线的外导体和接地板相接，内导体与螺旋线的始端相接，螺旋线的末端可以通过金属杆接到同轴线的外导体，也可悬空不接。

下面以图 7-60 说明圆柱形螺旋的几何参数。

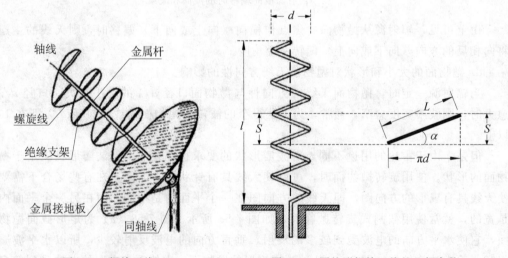

图 7-59　螺旋天线　　　　　图 7-60　圆柱形螺旋天线的几何参数

图中：l —— 螺旋轴线的长度；

　　　　d —— 螺旋的直径；

　　　　L —— 线圈的周长（或称圈长）；

S ——各线圈之间的距离（绕距）；

α ——绕距角；

n ——圈数。

螺旋线中的某一圈自然展开是一个直角三角形，底边为圆周长 πd，对边为绕距 S，斜边为绕成一圈的圈长 L，三者之间的关系可由勾股定理求出

$$L^2 = (\pi d)^2 + S^2 \tag{7-28}$$

绕距角的大小，可由三角函数求出

$$\tan\alpha = S/\pi d \tag{7-29}$$

当绕距 S 等于零，也即是绕距角 α 等于零时，则圈长 L 就等于圆周长 πd，它就是一个平面线圈，螺旋轴线的长度也可以写成

$$l = nS \tag{7-30}$$

b. 螺旋天线的基本工作原理

螺旋天线的方向性，在很大程度上取决于螺旋的直径与波长之比值 d/λ。由实验可知，当螺旋的直径很小（$d/\lambda < 0.18$）时，螺旋天线在垂直于螺旋轴线的平面上有最大的辐射，并且在这个平面上得到圆形对称的方向图，如图 7-61（a）所示。它类似于在较低的频率范围所采用的环形天线的方向图。螺旋天线的这种工作状态称为无向性的辐射状态。

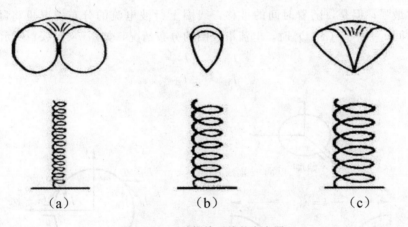

图 7-61　三种螺旋天线的方向图

但是在超高频天线中，具有实际意义的是螺旋天线的另一种工作状态：轴向辐射状态。在这种情况下，螺旋直径与波长之比值 d/λ 应为 $0.25 \sim 0.46$，天线则在沿轴线方向具有最大辐射，如图 7-61（b）所示。如果进一步增大比值 d/λ 时，螺旋天线的方向图变为圆锥形，如图 7-61（c）所示。

在实际应用中，都采用沿轴向有最大辐射的那种螺旋天线（$d/\lambda = 0.25 \sim 0.46$），所以我们主要讨论这种天线。

这种天线，电磁波在螺旋线上是边传输边辐射的。因而沿着螺旋线传输的能量逐渐减少。当电磁波到达螺旋线的末端时，几乎不会再有能量反射（因此，螺旋线末端与外导体是否相连，都能正常工作），所以说，在螺旋线上传输的是行波。

当行波电压、电流经过每一个螺旋圈时，每一螺旋圈都辐射圆极化波。并且距离馈电点越远，电压、电流的相位越滞后，因而螺旋天线相当于一个端射天线阵（不同相馈电的一组天线，称为端射天线阵。它向一端辐射很强（电流滞后的辐射体的一端），而向相反的一端辐射很弱（电流导前的辐射体的一端），所以称为端射（能够定向地辐射）。

螺旋天线的工作原理是以单个螺旋圈的辐射特性为基础的。为了分析问题的方便，可把单个螺旋圈视为平面线圈（$\alpha=0°$），如图 7-62（a）所示。

当螺旋天线工作于中心波长 λ_0（$\lambda \approx 3d$，介于 $d/\lambda = 0.25 \sim 0.46$）时，螺旋圈的周长 L（$L \approx \pi d$）大致相当于一个波长。由于螺旋线上传输的是行波，在不同瞬间螺旋圈上的行波分布也不同，如图 7-62（b）、（c）所示。在某一瞬间 t_1 时，线圈上的电流分布如图 7-62（b）所示，图（b）的左侧表示线圈展开成直线时电流的分布情况，而右侧则表示平面线圈中电流的分布情况。图中，A、B 点和 C、D 点对称于 y 轴，而 A、D 点和 B、C 点则对称于 x 轴，箭头表示电流 I 的方向，可以将它们分解为平行于 y 和 x 轴的两个分量。不难看出，此时

$$I_{XA} = -I_{XB} \tag{7-31a}$$

$$I_{XC} = -I_{XD} \tag{7-31b}$$

因此，由交变电流 I_{YA}、I_{YB}、I_{YC}、I_{YD} 在空间形成辐射场。并且在轴向（z 轴）方向，辐射最强；但是，随着时间的推移，线圈上行波电流的分布情况也将随之移动。例如在时间 $t_2 = t_1 + (T/4)$ 时，电流沿线圈的分布情况，如图 7-62（c）所示。此时

$$I_{YB} = -I_{YA} \tag{7-32a}$$

$$I_{YD} = -I_{YC} \tag{7-32b}$$

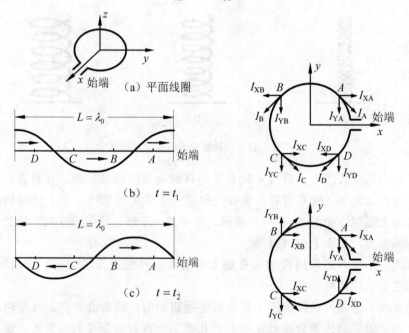

图 7-62 单个螺旋圈的辐射特性的分析

而由 I_{XA}、I_{XB}、I_{XC}、I_{XD} 在空间形成辐射场，轴向仍为最大辐射方向。由上分析可以看出，t_2 瞬间与 t_1 瞬间比较（相差 $T/4$），电流有效矢量反时针旋转了 $90°$，则其辐射场（电场或磁场）也旋转了 $90°$，随着时间的推移，它们将继续反时针旋转，在一个周期 T 的时间内转 $360°$。这样，天线就能沿轴向辐射圆极化波。圆极化波的旋转方向与螺旋线旋转的方向相同，图 7-62 所示螺旋线是左旋的，那末就辐射左旋圆极化波；反之，就辐射右旋圆极化波。

为了加强天线的轴向辐射，螺旋线是由多个螺旋圈构成的，螺旋天线相当于一个端射天线阵。由于螺旋线上传输的是行波，各个螺旋圈上的电压、电流是依次滞后一定相位角的，如果螺距选择适当，则在轴线方向，每一圈的辐射场强，将是同相相加（电流滞后的相位差正好弥补了由行程差所引起的相位差），而获得最大场强。

为了进一步削弱螺旋天线在其相反方向的辐射，还采用金属制成的接地板（又叫反射盘）或接地网；板或网的直径比螺旋线的直径要大，以保证螺旋天线的单向辐射特性。

c. 螺旋天线的定向性与宽频带特性

当螺旋线的圈长 $L \approx \lambda_0$，并采用多个螺旋圈和金属接地平板后，就可获得最大轴向辐射的良好条件。但是在螺旋天线的工作波长和几何尺寸发生变化时，它的波瓣宽度 θ 和增益系数 G 也不相同，经多次测试的结果，其关系可表示为

$$\theta \approx 52 \frac{\lambda}{L} \sqrt{\frac{\lambda}{nS}} \tag{7-33}$$

$$G \approx 15 \left(\frac{L}{\lambda}\right)^2 n \frac{S}{\lambda} \tag{7-34}$$

式中：λ——工作波长；

　　　L——螺旋线的圈长；

　　　S——绕距；

　　　n——圈数。

螺旋天线的定向性也可以用方向图来表示。图 7-63 表示的是某一螺旋天线的实验方向图。由图中可以看出，当这个天线工作频率由 290 MHz 变化到 500 MHz 时，方向图的变化并不显著，仍保持轴向辐射，这说明螺旋天线的通频带较宽。在轴向辐射的频带内，螺旋线上的电磁波接近于行波状态，天线的输入阻抗可近似地看作是电阻性的，输入阻抗为

$$Z_{in} \approx R_{in} = 140L/\lambda \tag{7-35}$$

如果将螺旋线做成直径渐变的锥形，如图 7-64 所示，还能进一步展宽通频带。这是因为锥形螺旋线对于中心及其附近的工作波长来说，总有一部分螺旋圈的周长接近于一个波长，而处于最佳辐射状态；但是圆柱形螺旋线则不然，在中心工作波长时，所有螺旋圈都处于最佳辐射状态，一旦离开中心工作波长，则辐射性能同时变差。因此，对比之下，在一定的频带内，锥形螺旋天线的辐射性能变化较小，而圆柱形的变化较大。也就是说，锥形螺旋天线具有更宽的通频带。

近代制造的等角或对数螺旋天线，根据理论分析，如果螺旋线是无限长的话，它

的方向图和阻抗几乎不受频率变化的影响。所以，它更适应于作干扰和侦察用的天线。这种天线很容易用印刷技术制造，图 7-65 就是它的构造图。

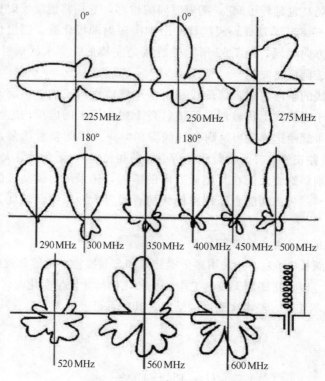

$l=118$ cm $n=6$ S=19.6cm   L=78cm   金属地板直径D=60cm

图 7-63   螺旋天线在不同工作频率时的方向图

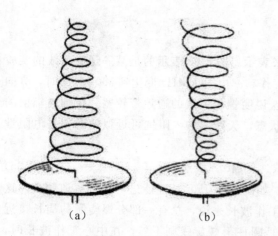

图 7-64   锥形螺旋天线

图 7-65   对数螺旋天线的结构图

（2）阿基米德平面螺旋天线

阿基米德（Archimedes，公元前 287—前 212）平面螺旋天线，是一种厘米波天线。天线的结构如图 7-66 所示。它由阿基米德平面螺旋、反射腔、圆锥喇叭、同轴

线—双线平衡变换器等组成。阿基米德平面螺旋的作用是定向辐射电磁波；反射腔的
作用是消除背向辐射，提高天线增益，圆锥喇叭的作用是减小波束宽度，吸收圆筒用
来吸收对方向图有影响的反射腔圆筒壁上的反射波；平衡器则是连接在同轴线与平衡
负载（天线）之间的平衡变换装置，以便给天线馈电。

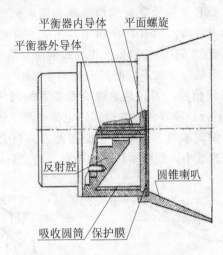

图 7-66　阿基米德天线结构

　　平面螺旋线是按阿基米德螺线（$\rho = a\theta$）绕制在同一平面上的，它采用两条具有一
定宽度的阿基米德螺旋带，其结构图如图 7-67（a）所示，示意图如图 7-67（b）所示。
两条螺旋线的数学表达式为

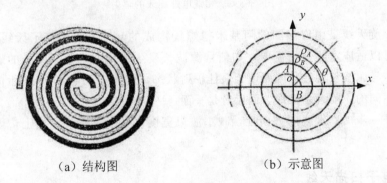

（a）结构图　　　　　　　（b）示意图

图 7-67　阿基米德平面螺旋线

$$\rho_B = \rho_0 + a\theta \tag{7-36a}$$

$$\rho_A = \rho_0 + a(\theta - \pi) \tag{7-36b}$$

式中：ρ——螺旋线上任意一点的极坐标矢径；

　　　θ——螺旋线上任意一点的极坐标辐角；

　　　a——螺旋线的增长率；

　　　ρ_0——$\theta = 0$（对 ρ_A）或 $\theta = \pi$（对 ρ_B）时的矢径。

　　两条螺旋带通过平行传输线反相馈电，即某一瞬间，A 点电流为流出时，则 B 点
电流就为流进。

平面螺旋天线，其电磁波是沿螺旋线边传输边辐射的。并且天线阻抗逐渐增大（因为线间距离随螺旋线半径的增大而增大，阻抗随之增大）而趋向自由空间阻抗，所以匹配程度更高，行波系数很大，而处于行波工作状态。

这种天线的工作原理，也是以单个平面螺旋圈的辐射特性为基础的，工作波长大致与一圈的圈长相等。但是它由两条螺旋线通过反相馈电同时进行辐射，所以，在轴线方向，可以获得更强的辐射场。如图7-68所示，在某一瞬间，将A圈与B圈的电流分布，展开成直线（见图7-68左），它们是反相的；但由于馈电点在原点两侧，而在空间的方向上，它们的电流都是与y轴平行的同向矢量（见图7-68右），所以，它们向轴线方向辐射的场强，为同相相加，场强是单螺旋圈辐射的两倍。经过$T/4$，电流矢量反时针旋转$90°$而与x轴平行，随着时间的推移，电流矢量继续反时针旋转，而在轴线方向形成一个圆极化波。偏离轴线方向后，它们在此方向将会产生行程差，行程差形成相位差而使合成场强迅速减小，偏离轴线方向越远，合成场强越弱。

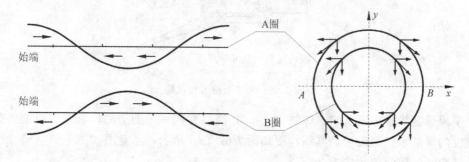

图7-68　反相馈电螺旋线的辐射

平面螺旋天线是由许多圈的阿基米德螺线构成的。一方面提高了天线的方向性，另一方面可以适应宽频带的需要，如信号源波长发生变化时，不同圈长的螺旋圈总有一部分与信号源波长相近，因而近于最佳辐射状态，这和图7-64（b）所示的螺旋天线相似，所不同的，前者是锥形，而后者是平面。

为了进一步提高天线的方向性，减小波束宽度，在平面螺旋天线上，还装有圆锥形喇叭。

7.2.6　电子扫描天线

在雷达或侦察干扰设备中，为了完成对目标的搜索、定位和跟踪的任务，常常需要使天线波束相对于机体或地面作方位、俯仰上的转动（称为扫描）。凡能使辐射的波束扫描的天线统称之为扫描天线。

（1）扫描天线的分类

扫描天线可分为三类。

a. 机械扫描天线

整个天线作旋转或俯仰转动，使波束作相应的转动。这种扫描方式的优点是扫描过程中辐射波束的形状不变。缺点是机械惯性大，要进行快速扫描相当困难。

b. 半机械扫描天线

形成方向图的天线主体不动,而是尺寸较小的部件运动,以改变天线电流的相位关系或口径场相位分布,从而使波束扫描。如圆锥扫描的抛物面天线就属于这一类。

c. 电子扫描天线

这种天线是通过电磁学方法改变天线阵之间的相位关系而使波束扫描的。电子扫描具有扫描速度快,可灵活控制波束,并能对多个目标同时进行搜索、跟踪等优点。其缺点是结构复杂、造价高。尽管它有这些缺点,但它仍是目前电子技术中很有发展前途的天线。下面简要介绍三种电子扫描电线。在介绍电子扫描天线之前,先介绍一下阵列天线的概念。

(2) 阵列天线的概念

阵列天线和引向天线相似,也是利用多个振子改善方向性的一种天线。它由多个同相馈电的振子和金属反射网组成,矩形阵列振子天线的结构如图 7-69 所示。各个半波振子皆水平放置,利用 $\lambda/4$ 的金属绝缘支架固定在反射网上,左右按相等的间隔排成“行”(横向排行),上下按相等的距离排成“列”(纵向排列),组成矩形的天线阵,各振子组成的平面称“阵面”。金属反射网安装在天线阵的背后,与天线阵平行。使用多振子组成天线阵的目的,是为了加强天线的定向性,使用反射网则是为了消除背向辐射。

现以图 7-70 所示的二行四列阵列天线为例,简要说明其定向性。如果各个振子同相等电流馈电,振子间的距离和间隔都等于半个波长,则在天线阵的上下两方,两行振子辐射的电磁波因行程差为 $\lambda/2$,故相位相反而互相抵消,辐射为零;而在天线阵的左右两方,则因属于各振子的轴线方向,各振子本身辐射为零,故也没有辐射;只有在天线阵的正前方和正后方(即垂直于天线阵面的方向),各振子本身辐射最强,且各振子辐射的电磁波相位相同,故同相相加,合成场强最强,其他方向则随着偏离 z 轴角度的增大而很快减弱,其立体方向图如图 7-71 (a) 所示。但是,天线阵背后是装有反射网的,向后方辐射的电磁波将被反射折向前方,根据镜像原理可知,它对前方的辐射起加强作用,其立体方向图如图 7-71 (b) 所示。由图可见,辐射的最强方向(波束方向)是与阵面垂直的 $+z$ 方向,其波阵面(等相面)必然与阵面平行。

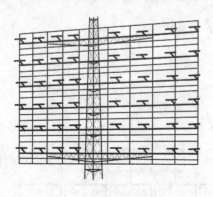

图 7-69　矩形阵列天线

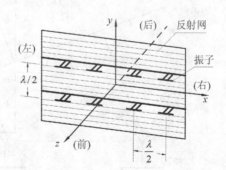

图 7-70　二行四列阵列天线

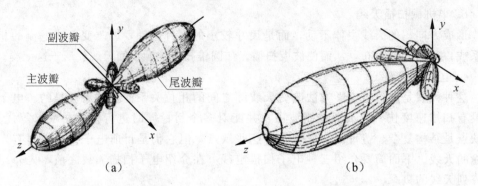

图 7-71   二行四列阵列天线立体方向图

（3）几种电子扫描天线

a. 相位扫描天线

相位扫描天线是由许多天线单元排成阵列而组成；与阵列天线相似，所不同的是各天线单元的馈电相位不同。相位扫描天线中各天线单元都分别接有移相器，利用电子计算机来控制天线阵的各移相器，从而改变阵面上的相位分布，促使波束在空间按一定规则扫描，因此也称相控阵天线。下面用波阵面的概念来说明相控扫描天线的基本原理。

由前面的讨论知道，同相等电流馈电的阵列天线，其波阵面与天线阵面相平行，波束方向与阵面相垂直，如图 7-72 所示。为了使波束在空间迅速移动，可以给各移相器加一定的相移量，若其相移量自右至左递增 Φ，即相移分别为 φ_c、$\varphi_c+\Phi$、$\varphi_c+2\Phi\cdots$，如图 7-72所示，则波阵面（即等相位面），就会向右偏转一个角度 θ。例如，阵元 1 比阵元 2 落后相角 Φ，在电波辐射的 θ 方向上，阵元 2 比阵元 1 多走一段距离 $d\sin\theta$，引起相位差 $(2\pi/\lambda)d\sin\theta$，若行程差引起的相位差正好等于其初始相位差 Φ，则等相位面就是与阵面夹角为 θ 的平面，由于其他阵元相移量是逐渐递增的，可以证明在此平面 M_1 上，各辐射元辐射的电波相位相同，所以这时波阵面变为 M_1，而波束方向变为 θ 方向。θ 角就由关系式

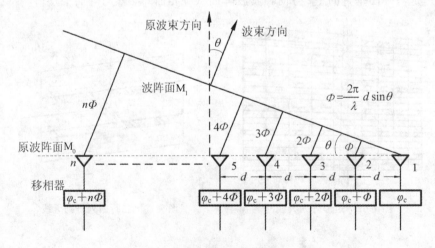

图 7-72   带移相器的天线阵

$$\Phi = \frac{2\pi}{\lambda} d \sin\theta \tag{7-37}$$

决定，控制各移相器的相移增量 Φ，就可以使波束方向任意改变。

相位扫描天线的缺点是，若相移增量 Φ 不随频率而变，是一个常数，由公式(7-35)看出，则 $\sin\theta/\lambda$ 也应该是一个常数，那么，扫描角 θ 就会随频率而变，所以当工作频率变化时，天线系统也需要作相应的调整。为了避免频率变更的影响，可以采用改变延迟时间的方法来改变波束方向，即采用延时扫描天线。

b. 延时扫描（延时阵）天线

在延时扫描天线中，每个辐射元与一延时器相接，如图 7-73 所示。就是说，用变时延时器代替移相器，它的工作原理与相控阵天线类似。

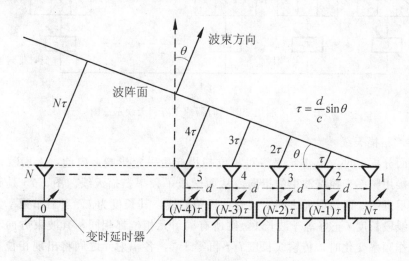

图 7-73　带延时器的天线阵

设波束方向为 θ，相邻两辐射元辐射的电波的行程差为

$$S = d \sin\theta \tag{7-38}$$

其时间差为

$$\tau = S/c = \frac{d}{c} \sin\theta \tag{7-39}$$

式中：c —— 光速。

只要使相邻两辐射元中左边的时间提前 τ，就能使波束方向为 θ，所以只要使各辐射元所接的变时延时器，从右至左的延迟时间分别为 $N\tau$，$(N-1)\tau$，$(N-2)\tau$，…，0，就可得到方向为 θ 的波束。调整延迟时间 τ，就可以改变波束的方向。

由此可见，波束方向（θ 角）只与延时器的延迟时间 τ 有关，而与频率无关，故工作频率改变时，扫描方向不变。

在延时扫描天线中，由于每个辐射元都需要一个延时器，而变时延时器的结构又比较复杂，这样就会使天线结构复杂，造价高。为此，可改用如图 7-74 所示的形式，用一个变时延时器控制一组子阵列，子阵列中的各辐射元再分别由移相器控制其相位。这样可以加宽相控阵天线的频带宽度（与单纯用移相器控制相位相比）。

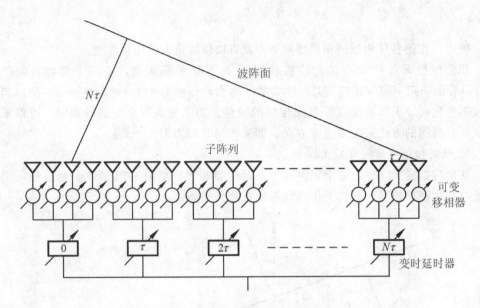

图 7-74　应用变时延时器的子阵列天线示意图

c. 频率扫描天线

由前面分析可见，工作频率将对相位扫描产生一定影响，因此，人们就设想不用相位而直接用频率来控制波束的指向，从而做成了频率扫描天线。图 7-75 是频率扫描天线阵的示意图。两辐射元之间，接有一段传输线，其长度为 l。当工作频率为某一特定值时，线段长度 l 正好等于波长 λ，则所有辐射元相位都相同，其波束方向与阵面垂直。当工作频率变化时，传输线长度 l 不再等于 λ，各辐射元之间将出现相位差，使波束发生偏移，所以就能用工作频率来控制波束方向。

频率扫描天线的优点是不用移相器或延时器等元件，结构比较简单，但它的缺点是不能自由改变发射信号的频率，且要求工作频率十分稳定，此外，频扫天线的馈线很长，损耗大，制作困难，而且由于存在暂态效应，频扫速度不能太快等。

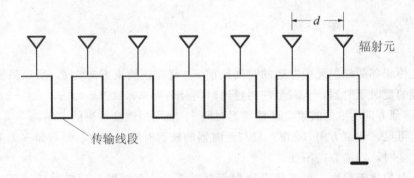

图 7-75　频率扫描天线示意图

小 结

1. 当有交变电流通过导体时，就可以产生电磁波的辐射。但要获得显著辐射，需将导体张开，并具有可与信号源波长相比拟的长度。

2. 根据发射天线的用途，对其最基本的要求有三个方面。

（1）能从传输线（或发射机）中获得尽可能大的功率

根据这个要求，天线就必须与传输线（发射机）相匹配，因此，需要掌握天线输入阻抗的变化规律。对于振子来说，其输入阻抗的大小和性质，决定于振子的电长度、粗细以及天线周围环境的影响。

（2）能将输来的功率尽可能多地转换为电磁波

根据这个要求，天线就必须具有较高的效率。天线的效率取决于天线的辐射电阻和损耗电阻的相对大小。一般来说，天线的电长度增长，辐射电阻增大。在实用中，半波对称振子有着最广泛的应用。保持天线接触和绝缘良好是减小损耗电阻的有效措施。

（3）能将电磁波辐射到所需的方向上

根据这个要求，天线必须具有所需的方向性。天线的方向性是指辐射能量在空间的分配关系。对于某些设备（如广播和电视）来说，要求天线为无方向性，对于某些设备（如火控雷达）来说，则要求天线有尖锐的方向性，而对于电子对抗设备的天线来讲，有的需要强方向性，有的则需弱方向性或无方向性。

学习天线基本原理，就是要从这三个方面来掌握它的性能。

3. 天线的方向性用方向图——即场强（或功率密度）随方向改变的图形来描述，也可用波瓣宽度、方向系数、增益系数等参数来表示。

天线的方向性基本采用单元振子在空间辐射场的总和来进行分析，因此影响天线方向性的因素，主要是由单元振子辐射电波的方向性、辐射单元上电流的相位以及电波到达空间各点的行程差来考虑的。在实用中，正确利用影响天线方向性的各种因素，可以满足对方向性的要求。

4. 任何一种天线，既可用于辐射电波，也可用于接收电波，且其特性和参数均保持不变，这就是天线的互易特性。在研究天线基本原理时，常以发射天线为例阐述天线的特性。

5. 天线的具体形式很多，但按其基本结构与原理来看，则可归纳为振子形天线和面形天线两类。振子形天线的辐射和接收电波以及方向性的改变，都是依靠振子（单个或多个振子）来实现的，而面形天线则是依靠面积远大于波长平方的表面来实现的。

振子形天线根据架设形式的不同，基本上可分为垂直接地振子和水平对称振子两类，面形天线根据结构形式的不同，可分为喇叭天线、抛物面天线与平面螺旋天线等。

6. 不管是振子形天线还是面形天线，对它们所研究的问题，一般是方向特性、频率特性和天线的几何尺寸。我们在实际工作中要了解电子设备天线对这三者关系的要求。

　　方向特性：主要运用单元振子在空间辐射的总和、辐射单元的电流相位以及电波到达空间某点的行程差进行综合考虑。

　　频率特性：主要考虑工作频率变化时对阻抗匹配和方向性的影响。

　　天线几何尺寸：主要考虑几何尺寸与方向特性的依从关系。

第 8 章　微波测量方法

　　微波测量是对微波信号或微波器件进行性能定量测试的技术。

　　在低频电工学和普通无线电技术中，测量的基本参量是电压、电流和频率。随着频率的提高，情况发生了变化。当频率提高到微波波段以后，电压、电流不仅已经失去了原来的意义，而且根本无法直接测量，所以不能作为微波测量的基本参量。微波测量的基本参量是功率、反射和频率，其他参量（如阻抗、导纳、增益、衰减、品质因数等）的测量，原则上都可以由基本参量导出。

　　微波电子管的测量通常分为"冷测"和"热测"两类。热测是测量微波管在工作状态（其中有电子发射的"热状态"）的各种参量，如输出功率、效率、频率、增益和负载特性，以及相位、频谱和噪声等。冷测是指在没有电子发射的"冷状态"下，对微波管的高频性能或其高频部件的电参量进行测量，例如，谐振腔和慢波系统的参量测量，以及输入、输出装置的匹配程度的测量等。这些参量的种类虽然很多，但绝大多数可以归结为上述基本参量的各种组合。

　　微波测量一般都是在由若干波导或同轴型微波元件组成的微波测量系统上进行的，根据功率电平不同，可分成低功率与高功率两类测量系统。

　　图 8-1 是一种较常用的低功率电平波导测量系统的示意图。信号源产生的微波信号通过同轴——波导转换进入测量系统。采用铁氧体隔离器作为去耦衰减器，防止反射波进入信号源影响其输出功率与频率的稳定。可调衰减器用来调节输出功率的大小，使指示器有适度的指示。正接的定向耦合器从主波导中分出部分功率到副波导中供监视功率和测量频率之用，频率计和监视功率的检波器接在定向耦合器的副波导中，这样的安排可以防止在测量频率时对主波导的影响，但在简单的测量系统中也有将频率计直接接入主波导的。测量线用来测量主传输线中的驻波参量，待测元件就接在驻波测量线后面。

　　必须指出：以上仅是一个例子，由于测量对象和所采用的测量方法的不同，测量系统的布置也相应地有所变化。低功率电平同轴线测量系统与波导测量系统类似，只是所用微波元件的具体结构不同，这里不再列举。

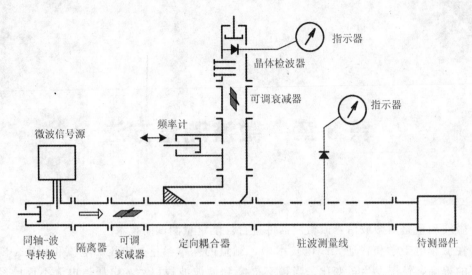

图 8-1 低功率电平波导测量系统示意图

高功率电平测量系统主要用来测量大功率微波管的特性。如图 8-2 为磁控管热测装置的示意图。主波导的终端接以匹配的水负载（或者量热式功率计）。频率计、频谱仪和检波器等都通过定向耦合器接在其副波导中，这一方面是为了避免对主波导的影响，另一方面也是为了通过其过渡衰减以降低电平。为了观察检波信号的脉冲波形以及测量频率时作指示，采用脉冲示波器作为指示器。其中的频谱仪是用来观察高频脉冲频谱的。失配器实际上就是一个可调的阻抗变换器，接在待测磁控管的输出端，其作用在于提供一定的负载阻抗，目的在于测量磁控管的负载特性。

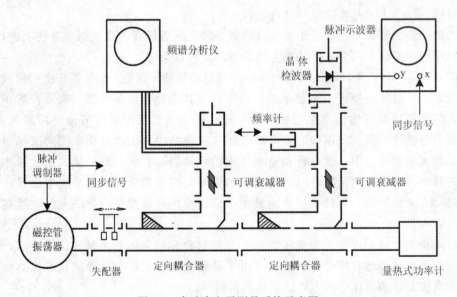

图 8-2 高功率电平测量系统示意图

8.1　微波功率测量

微波功率测量是微波测量的基本测量技术之一，所用仪器称为微波功率计。通常按功率大小划分为如下三种量程范围：

小功率 —— 功率电平低于 100mW；

中功率 —— 功率电平由 100mW～10W；

大功率 —— 功率电平高于 10W。

当然上述划分只是一种大致的范围，并无统一的严格划分标准。例如，也有将小功率定为 10mW 以下而将大功率定为 1W 以上的。

对于连续的等幅微波信号，功率一般是指其时间平均值；而对于由矩形脉冲调制的脉冲波，其脉冲功率定义为脉冲持续时间内的平均功率，而其平均功率定义为整个脉冲周期内的功率平均值。

大多数的功率测量方法只能直接测量平均功率。在矩形脉冲调制的情况下，脉冲功率 P_i，可以由测得的平均功率 $\overline{P}$ 和脉冲持续时间 τ 与脉冲调制的重复频率 f_r，按下式计算：

$$P_i = \frac{\overline{P}}{\tau \cdot f_r}$$

8.1.1　微波功率计的类型

微波功率计按照测量原理大致可分为以下两种类型。

（1）吸收式微波功率计

它是利用接在波导或同轴线终端的匹配负载（水负载、热电偶、热敏电阻等），将微波能量全部吸收转换为热，然后想办法测量单位时间内产生的热量，根据热功当量即可算出功率。

属于这类功率计的有：量热计式功率计、热敏电阻功率计、热电偶式功率计以及光度计式功率计等。它们的区别仅在于测量热的方式不同。热量计式直接测量热量；热敏电阻式和热电偶式利用由热所引起的电效应（电阻变化或热电动势）进行间接测量热量；而光度计式则通过测量由细金属丝受热后的发光亮度进行间接侧热。

这类方法测量的是传输线终端匹配负载所吸收的微波功率。

（2）通过式微波功率计

这类方法不是直接测量终端负载吸收的功率，而是测量传输线中的通过功率。例如，所谓"光压计式"功率计即属于这一类，它是通过测量高功率微波信号通过波导时，在其壁上施加的辐射压力（也就是广义的光压），而间接推算出通过功率的。

利用接入定向耦合器副线的吸收式功率计。也可以测出主线中的通过功率，采用此法时还可以扩大功率计的量程，即利用中、小功率计测量大功率。

按照微波功率的校准方式可划分为：①绝对功率计：它可以直接给出微波功率的绝对值，无须另行校准。②相对功率计：它本身只能给出微波功率的相对值，需要利用绝对功率计进行校准。③功率指示器：它只是指示功率的相对值，一般不进行校准，如晶体检波器即属于这一类。

8.1.2　热量计式大功率计

图 8-3 所示为热量计式大功率计的原理图，由一个水负载和一套测量水流量和进出口水温差的装置所组成。水负载应尽量做到匹配，使入射的微波能量几乎全部为水所吸收并转化为热能，产生的热量使水负载出口处的水温高于进口处的水温，只要测出了进出口的水温差及水的流量 M，就可以按下式算出功率

$$P = cM(T_2 - T_1) = 4.18cM(T_2 - T_1)$$

式中：$c = 1\text{kcal}^{①}/$（kg · ℃），为水的比热容；

　　　M 为水的流量，单位为 kg/s；

　　　（$T_2 - T_1$）为进出口水的温度差，单位为℃；

　　　4.18 为热功当量，即 $1\text{kcal/s} = 4.18\text{kW}$。

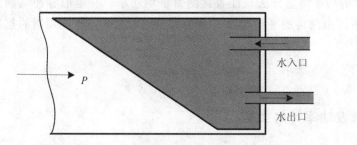

图 8-3　热量计式大功率计的原理图

为了避免直接测量流速及温差的麻烦，实际工作中常采用直流或交流替代法进行测量，图 8-4 是一种测量大功率的桥式热量计的示意图。它用置于波导中的聚苯乙烯楔形水负载来吸收微波功率。铂丝电阻（热敏元件）R_1 和 R_2 放在水负载的入口和出口处。流出的水引入加热器中，该加热器由 220V、50Hz 交流电源单独加热，在它的入口和出口的水流中放入铂丝电阻 R_3 和 R_4。4 只电阻的特性必须完全相同，并按图示的顺序接成惠斯顿电桥电路。不难证明，当水负载的温差和加热器的温差相等，且温差小于环境温度时，电桥获得平衡。还应注意，必须使水负载和加热器有相同的热损耗，才能不影响电桥的正确平衡。测量时，先调节系统，使桥路平衡，然后输入微波功率，则桥路平衡受到破坏，用交流电源给加热器加热，使桥路平衡。则电源消耗的功率即等于待测的微波功率。

热量计法测量的最小功率为瓦级，最大为几百瓦至几千瓦，其限制主要决定于水负载的形状能否保证不发生击穿。热量计测量误差一般为 5～10。热量计法具有误差

---

① 1kal（千卡）＝4.1868kJ。

小、能在极短的波长上使用、量程大、工作频宽等优点。缺点是测量费时、结构笨重复杂、使用不够方便。

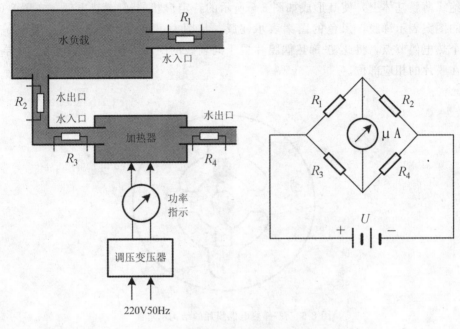

图 8-4 大功率的桥式热量计原理

8.1.3 热电式小（中）功率计

两种不同的金属连接在一起，加热节点，在其两个自由端便出现与该两端的温度差成比例的直流电动势，这种现象称为热电效应。这一对特定的金属称为热电偶（简称热偶），其产生的电动势称为热电势。

利用热电效应可以做成热电式小功率计，这种功率计由探头和指示线路组成。

图 8-5 为同轴型热电式小功率计微波功率探头结构图，它既是吸收微波的终端匹配负载又是热转换元件。

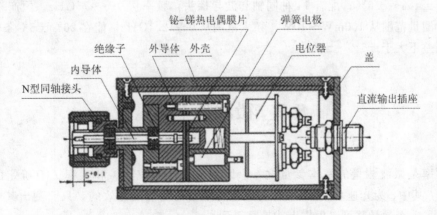

图 8-5 同轴型热电式小功率计探头

　　功率计探头中的主要部件是铋-锑热偶膜片，它既是吸收微波的匹配负载，又是热电转换元件，其结构示意图如图 8-6 所示。它是用真空镀膜的方法将金属铋和锑分别蒸镀在绝缘薄膜基体上，使其形成如图 8-6 所示的特定形状的铋-锑热电偶。在图 8-6 中，白色的图案表示锑膜，黑色的图案表示铋膜，从图中可以看出有 a_1、a_2、b_1、b_2、b_3 共 5 个热电偶节点，将此铋-锑热偶膜片置于同轴线的终端，使同轴线的内、外导体分别压在膜片的相应部位。

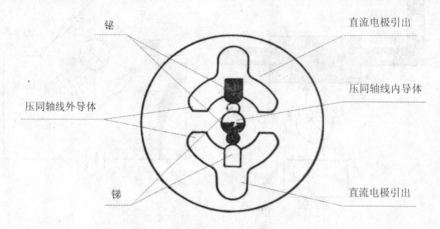

图 8-6　铋-锑热电偶膜片的结构示意图

　　当有微波功率输入时，其中 a_1、a_2、两个节点位于同轴线内外导体之间的高频场中，有高频电流流过，吸收微波能量变为热，使结点温度上升，成为热电偶的热端。而 b_1、b_2、b_3 三个节点则被同轴线的内外导体的端部所压紧，既吸收不到微波能量，而且散热条件也好，所以仍保持为室温，成为冷端。这样就在铋-锑热电偶的两组节点之间形成温差，产生正比于所吸收微波功率的温差热电动势，由引线引出，经过放大后推动表头偏转，在事先校刻好的电表上可以直接读出微波功率的数值。

　　为了保证宽带匹配，而又有高的灵敏度，铋-锑薄膜的形状和阻值，是经过反复试验、精心设计的。这种小功率计的频带较宽，灵敏度和稳定性都较好，使用也方便。国产 GX2A 型微瓦功率计，测量范围从 $10\mu W$ 到 $100mW$；在 $20℃\pm5℃$ 条件下，误差不大于 $\pm4\%\sim\pm6\%$；配有 11 种同轴和波导探头，频率从 $0.5\sim75GHz$。国产 GZ3 中功率计测量范围从 $100mW\sim10W$，频率范围从 $0\sim12.4GHz$，能在 $20℃\pm5℃$ 条件下工作，误差不大于 $\pm6\%\sim\pm8\%$。

8.2　微波频率测量

　　频率是微波测量的基本参量之一。因为自由空间波长 λ 和频率 f 有确定的关系（$\lambda=c/f$ 其中 c 为光速），所以波长的测量与频率的测量是等效的，只要测出其中一个参量，另一个参量就可以根据上式换算得到。

从原理上说，波长的测量与频率的测量是有区别的，前者归结为长度的测量，而后者实际上就是时间的测量。现在由于有了精确的光速测量值，所以在微波测量中统一为测量频率，测量微波频率的仪器称为微波频率计。

微波频率计按其工作原理可分为两类：第一类利用谐振腔的谐振选频特性进行测量，故称为谐振式频率计；第二类利用超外差原理，将微波信号直接与频率标准相比较进行测量，称为外差式频率计。下面将介绍几种谐振式频率计的结构原理和使用方法，并简单介绍外差式频率计的基本原理。

8.2.1　谐振式频率计

根据谐振腔的谐振选频原理可知，单模谐振腔的谐振频率决定于腔体尺寸，利用调谐机构（常用活塞）对谐振腔进行调谐，使之与待测微波信号发生谐振，就可以根据谐振时调谐机构的位置，判断腔内谐振的电磁波的频率。这就是谐振式频率计的基本原理。

谐振式频率计大多采用同轴腔和圆柱腔。在 10cm 或更长的波段通常采用同轴腔作为频率计。图 8-7 是一种 S 波段同轴型频率计的结构示意图，它是由一端短路另一端开路的一段同轴线构成的所谓"$\lambda/4$ 同轴腔"，其最低模式谐振时，腔的长度接近于 $\lambda/4$，故有此名。利用测微计接头改变内导体的插入深度进行调谐和读数。采用同轴线输入，其内导体经过圆锥形过渡后插入腔内形成电耦合。输出采用小环作磁耦合，输出信号经晶体检波后可由微安表直接指示，或者经过放大后再推动表头指示。这种同轴腔 Q 值不高，属于中等精度的频率计。

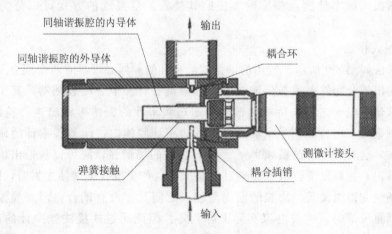

图 8-7　S 波段同轴型频率计结构示意图

用于较高频率的谐振式频率计常采用圆柱腔，如图 8-8 所示的两种圆柱腔频率计就是属于这一类。中等精度的谐振式频率计常工作于 H_{111}^0 模式，这种频率计的圆柱腔之 Q 值在 x 波段约为 5000 左右。国产的 3cm 波导谐振式频率计（PX16）定标误差不大于 $\pm 0.3\%$。高精度谐振式频率计常采用高 Q 值的 H_{011}^0 腔，在 X 波段其 Q 值可达 10000 以上，所以谐振曲线很尖锐，对频率的分辨能力较好，测量精度相应提高。

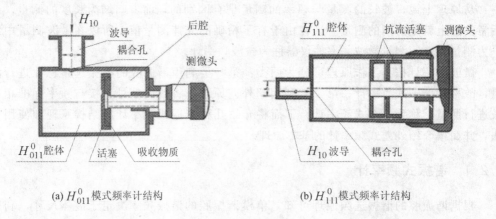

(a) H_{011}^0 模式频率计结构　　　　　　(b) H_{111}^0 模式频率计结构

图 8-8　圆柱腔频率计

谐振式频率计的读数方式通常有两种：第一种方式采用校正曲线（或校正表）进行读数，由制造厂在出厂以前用外差式频率计进行校准，并给出校正曲线（或校正表）。测量时可在调谐机构的测微计上进行读数，然后在校正曲线（或校正表）上查出频率的数值。第二种方式称为"直读法"，将利用外差频率计校准的频率读数直接在测微计的外圆筒上进行刻度，测量时就可以在频率计上直接读出频率的数值。直读式频率计无须查校正曲线（或校正表），使用很方便，但是由于直接校刻的精度较难保证，故误差稍大。

（1）谐振式频率计测量频率时接入测量系统的方式

利用谐振式频率计测量频率时，按照其接入测量系统的方式可以分为如下两种接法。

a. 通过式接法

这种接法如图 8-9 所示。所用的谐振式频率计的腔体必须具有两个耦合元件，通过其输入、输出耦合元件串接在传输线中，其两端各有一个去耦衰减器，其中一个可调的兼作调节信号电平之用。待测微波信号通过频率计的腔体再输出进行检波和指示。测量时，频率为 f 的待测信号从输入端进入频率计腔体内，调节频率计的调谐活塞使谐振腔谐振，这时腔体的谐振频率 $f_0 = f$，腔中的场最强，故可以从输出耦合装置得到最大的输出，相应地检波电流 I_0 也达到最大值。如果改变调谐使之失谐，即 $f_0 \neq f$，此时腔中场就变得很微弱，故腔的输出与输入之间几乎没有耦合，因而检波电流变得极微小，严重失谐时，检波电流实际上降到零。因此通过式接法频率计的谐振指示，是由其输出端的检波电流 I_0 达到最大值来判断的。

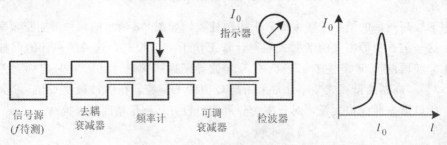

图 8-9　通过式接法谐振式频率计

在实际测量时只要连续调节调谐机构，同时注意观察检波电流 I_0，看到 I_0 达到最大值，此时调谐机构的读数就是谐振时的读数，如果是直读式频率计，就可以从调谐机构的频率刻度上直接读出相应的频率。

b. 吸收式接法

只有一个耦合元件的频率计可以按图 8-10 所示接成吸收式。采用这种接法时频率计的腔体通过耦合元件与待测微波信号的传输波导相连接，形成波导的分路。腔体两边的衰减器作去耦之用，同时也可以用来调节信号电平。在腔失谐时，腔中场极为微弱，故它不吸收微波功率，也基本上不影响波导中电磁波的传输，这时波导终端的检波器具有正常的检波电流 I_0 输出。

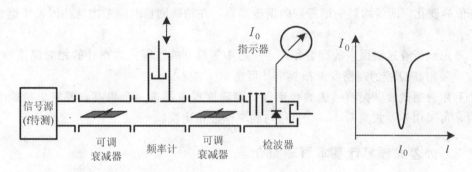

图 8-10　吸收式接法谐振式频率计

在测量频率时，调节频率计的调谐机构，将腔体调谐到谐振，$f_0 = f$，这时腔中场很强，谐振腔内损耗功率很大，因此在谐振时波导中就有相当部分的功率进入到谐振腔内，而另一部分则从耦合元件处反射回去。总之，在腔体谐振时，它对传输波导中的电磁波能量影响很大，使得到达检波器的微波功率明显下降。因此吸收式接法的频率计的谐振指示，是根据接在波导末端的检波电流 I_0 到达最小值来判断的。测量时只要读出对应于 I_0 的最小值时调谐机构的读数，就可以确定所测量的频率。

（2）谐振式频率计的精确度

谐振式频率计的精确度与很多因素有关，主要有以下几方面。

a. 腔体的 Q 值

谐振腔的有载品质因数 Q_L 越高，谐振曲线就越尖锐，因而其分辨能力就越高。可以证明谐振腔的半功率频宽 Δf 与其谐振频率 f_0 和 Q_L 之间有下列关系

$$\frac{\Delta f}{f_0} = \frac{1}{Q_L}$$

由此可见，要提高频率计的分辨能力，必须提高 Q_L。这就要求腔体具有尽可能高的 Q_0 值，而且在保证指示灵敏度的条件下，应适当降低耦合度，通常用作频率计的谐振腔均为欠耦合。

b. 腔体的尺寸精度

腔体的结构和几何尺寸都必须保持尽可能高的精确度，如果腔体几何形状畸变，就容易激发起干扰模式，这种寄生模式与工作模式相耦合并从中吸收能量，使工作模式的 Q 值降低，这将严重地影响频率计的分辨能力。频率计的调谐活塞的定位直接影

响腔的长度和读数的精度，一般用测微计接头定位和读数时，误差为 0.01mm 左右，由此引起的测量频率的相对误差在 3cm 波段约为 0.03%。

c. 负载影响

频率计的校准是在一定的耦合度和匹配负载条件下进行的，故其耦合度不允许改变，测量时也必须保证负载匹配。如果测量时谐振腔的输入、输出端不匹配，它所引起的反射波通过耦合元件进入到腔内，就可能引起腔体 f_0 的变化，从而造成测量误差。因此为了减少负载影响，应在频率计的输入、输出端接以去耦衰减器。

d. 环境影响

温度变化会引起腔体尺寸的微小变化，温度和湿度的变化都会引起谐振腔内空气的 ε 值的变化，两者均影响谐振腔的谐振频率，在精确测量时应考虑这些因素所造成的误差。

考虑到所有这些因素的综合作用，一般中等精度的谐振式频率计的相对误差约为 ε 左右，采用高 Q 腔的高精度谐振频率计可达 10^{-4} 左右。

利用普通微波谐振腔做成的频率计的精确度很难再进一步提高，要求更精确的测量时，可采用外差式频率计，或直接与频率标准相比较。

8.2.2　外差式频率计基本原理简介

外差法是无线电技术中常用的一种精确测量频率的方法，基本原理是将待测信号与本机振荡信号通过"差拍"进行频率比较，因此提高测量精度的关键是本机振荡的频率必须高度准确并且稳定，通常利用石英晶体稳频。

图 8-11 所示为外差式频率计原理框图，它由石英晶体稳频的本机振荡器、混频器、声频放大器与"零拍"指示器等组成。测量时将频率为 f_x 的待测信号与已校准的频率为 f_L（一般 $f_L \leqslant f_x$）的本机振荡信号同时送入到混频器，利用其非线性特性进行混频，在混频器的输出中出现了组合频率，其中包含"差拍"频率

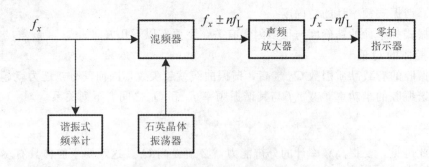

图 8-11　外差式频率计原理框图

$$f_0 = f_x - nf_L \quad (n=0,1,2,3,\cdots)$$

组合频率中包含很多分量，从低音频一直到微波频率都有，但输入到后级音频放大器以后，由于声频放大器的低通滤波特性，将组合频率中的所有高频分量均滤除，只允许差拍中的声频分量通过并放大。然后输入到"零拍"指示器，例如，是一副普

通的耳机，这时从耳机中可以听到频率为 f_n 的声频信号。测量时连续改变本机振荡器频率 f_L，差拍频率 f_n 相应改变，直到在耳机中听不到声音时，即为"零拍"，这时

$$f_n = f_x - nf_L = 0$$

或 $\qquad\qquad f_x = nf_L \qquad (n = 0, 1, 2, 3, \cdots)$

从经过校准的本机振荡器的频率度盘上就可以读出 f_L，再由上式确定 f_x 的数值，其中 n 为正数。

因此利用外差式频率计测量频率时，必须用谐振式频率计先进行粗测，以便大致确定被测频率的范围，这样才能够知道 n 应取什么值，从而正确地选择标准频率振荡器的频率档数。

8.3　驻波测量

驻波测量的目的在于确定微波传输系统在待测负载下的驻波比参数，为此需要测量传输系统中高频电场的沿线分布。驻波测量所采用的仪器称为驻波测量线，简称为测量线。

8.3.1　驻波测量线

图 8-12 为驻波测量线的结构示意图，它由一段开有纵向长槽的波导［见图 8-12（a）］或同轴线［见图 8-12（b）］与一个可沿线移动的带有晶体检波器的探针接头［见图 8-12（c）］所组成。探针从槽中伸入传输系统，从中拾取微波功率用以测量电场幅值沿线分布，探针的纵向位置可在游标尺或附加的测微计上读出。

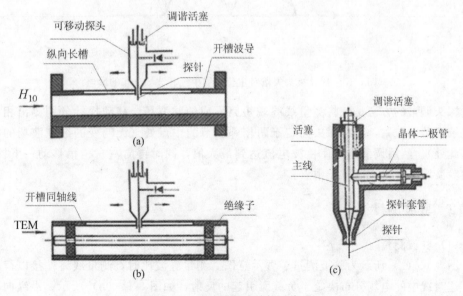

图 8-12　驻波测量线结构示意图

波导型测量线中的 H_{10} 波导的纵向长槽开在宽壁中线处，长为几个波导波长，由于这种槽不切断 H_{10} 波的电流，是无辐射槽，基本上不影响波的传播，如果槽宽小于波导壁厚，则辐射损耗也可以忽略。槽的两端呈尖劈形是一种缓变过渡以减少反射。同轴线中的 TEM 波只有纵向电流，故开纵向长槽也是允许的。

图 8-12（c）给出一种同轴型探针接头的结构示意图，探针接头的主线是一段较粗的同轴线，它的下端通过锥形过渡到一段很细的同轴线，其内导体为针状，延长后插入测量线的纵向长槽中作为探针，其外导体形成探针套管，伸入到槽中，以防止槽内的寄生"槽波"进入探针接头造成测量误差。探针接头主线的上端有调谐活塞，可对探针回路进行调谐。检波二极管置于并联同轴支线的内导体中，检波电流由引线接到检流计。

可以证明：插入开槽传输线中的探头对于主传输线而言，等效于一个并联于主线的分支线，它对主线的影响可由其输入导纳 $\overline{Y}=\overline{G}+j\overline{B}$ 表示，$\overline{Y}$ 的实部 $\overline{G}$ 代表进入探头中为检波晶体所吸收的有功功率，而其虚部 $\overline{B}$ 则代表进入探头的无功功率，它与探头中的高频场所储存的电场能与磁场能的差额成正比。$\overline{Y}$ 的数值与探针的插入深度和调谐活塞的位置有关，如果探头是失谐的，则 $\overline{B}\neq 0$，这种失谐探针接头对主线中待测高频场有较显著的影响。当主线中为纯驻波时，如果探针回路失谐，则其电场分布将会发生如图 8-13 所示的畸变（主要是波腹向一边偏移）。这种畸变会影响驻波测量的精度，故在进行驻波测量以前应先对探头进行调谐，即调节活塞的位置，做到 $\overline{B}=0$。这时不仅可以消除主线中场的畸变，而且进入调谐探头的功率也最大，从而提高了灵敏度。

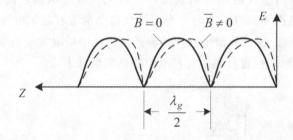

图 8-13　探针接头失谐对主传输线中纯驻波场分布的影响

探头调谐的方法是：将测量线终端短路形成纯驻波场，移动探针分别测出相邻两个电场波节的位置，再将探头固定于两相邻波节的中点处（无畸变的纯驻波场的波腹应在此处）。然后调节活塞使检波电流达到最大值，同时再向左右稍稍移动一下探头，以检验波腹是否确实已位于中点。

8.3.2　驻波测量

（1）驻波测量

图 8-14（a）所示为驻波测量装置示意图。测量驻波比时，测量线终端接以待测负载，这时线中的电场分布决定于负载所引起的反射，如图 8-14（b）所示。沿纵向移动

测量线的探针，测得对应于主线中电场强度最大值 E_{max} 二的检波电流 I_{0max} 和对应于电场强度最小值 E_{min} 的检波电流 I_{0min}。如果 $I_{0max} < 10\mu A$，按小信号平方律检波即可算出驻波比为

$$\rho = \frac{E_{max}}{E_{min}} = \sqrt{\frac{I_{0max}}{I_{0min}}}$$

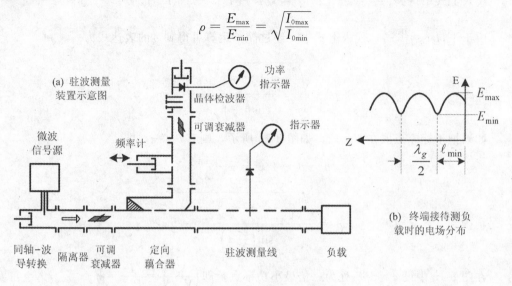

图 8-14 驻波测量装置示意图

由于负载参量与频率有关，故测量时必须同时测出频率，所以测量系统中还接有频率计，在图 8-14（a）中频率计与监视功率用的检波器一起接入定向耦合器的副波导中。主波导中的隔离器的作用在于去耦，以组成无二次反射的匹配信号源，可调衰减器用来调节功率电平。

8.3.3 极大和极小驻波比测量

用上述简单方法测量驻波比的范围大为 $1.02 \sim 6$。当被测驻波比大于 6 以后，在电场强度最大点的 I_{0max} 和最小点的 I_{0min} 相差太大（36 倍以上）。如果在最小点（I_{0min}）检波晶体的输出能使指示电表有足够大的偏转，则在最大点 I_{0max} 的读数不仅超过电表量程，而且检波晶体的检波特性将可能偏离平方律。如果使 I_{0max} 减小到电表的满度，则 I_{0min} 太小，不容易读准，且易受零点漂移影响。因此采用上述直接法测量大驻波比有困难，需采用特殊方法。

常用所谓"二倍最小功率法"测量极大驻波比。此法的基本思想是：只在电场强度最小点附近测量驻波电场的分布规律，而避免测最大点。这样既克服了以上提出的困难，又减小了探针电导加载所引起的测量误差，因为测量都是在最小点附近的低阻抗区域进行的，所以探针电导 $\overline{G}$ 对主线的影响较小。

下面讨论二倍最小功率法的基本原理。

有反射（$\Gamma \neq 0$）时传输线中等效电压幅值 V 沿线分布为

$$\frac{V}{V_+} = \sqrt{1 + |\Gamma|^2 + 2|\Gamma|\cos\left(\theta_0 - \frac{2\pi}{\lambda_g}z\right)} = \sqrt{1 + |\Gamma|^2 + 2|\Gamma|\cos\theta}$$

其中，V_+ 为入射电压之幅值，而电压最小值为

$$V_{\min} = V_+ - V_- = V_+ (1 - |\Gamma|)$$

代入上式中得到：$\dfrac{V}{V_{\min}}(1 - |\Gamma|) = \sqrt{1 + |\Gamma|^2 + 2|\Gamma|\cos\theta}$

由于 $|H| = \dfrac{\rho - 1}{\rho + 1}$，代入上式中，经过简单运算可得到 ρ 的表达式为

$$\rho = \frac{\sqrt{\left(\dfrac{V}{V_{\min}}\right)^2 - \sin^2\left(\dfrac{\theta}{2}\right)}}{\cos\left(\dfrac{\theta}{2}\right)}$$

如果把坐标原点取在 $V_{\min}$ 处，如图 8-15 所示，则有 $\theta_0 = \pi$，即

$$\theta = \theta_0 - 2\beta z = \pi - \frac{4\pi}{\lambda_g}z$$

则得到

$$\rho = \frac{\sqrt{\left(\dfrac{V}{V_{\min}}\right)^2 - \cos^2\left(\dfrac{2\pi}{\lambda_g}z\right)}}{\sin\left(\dfrac{2\pi}{\lambda_g}z\right)}$$

在图 8-15 中设 $z = \pm\dfrac{d}{2}$ 处为二倍最小功率点，即 $\left(\dfrac{V}{V_{\min}}\right)^2 = \dfrac{P}{P_{\min}} = 2$

则得到

$$\rho = \frac{\sqrt{2 - \cos^2\left(\dfrac{\pi d}{\lambda_g}\right)}}{\sin\left(\dfrac{\pi d}{\lambda_g}\right)}$$

当 $\rho \gg 1$ 时，$d \ll \lambda_g$，上式近似为

$$\rho \approx \frac{\lambda_g}{\pi d} \qquad (\rho \gg 1)$$

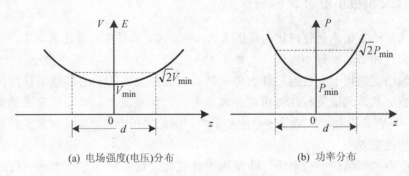

(a) 电场强度(电压)分布　　　　　　(b) 功率分布

图 8-15　二倍最小功率法示意图

采用此法测极大驻波比，只要在电场强度最小点附近测出对应于最小功率的二倍处的两点间距离 d 和波导波长 λ_g，就可以按上式算出驻波比 ρ。

测量极小驻波比的困难是传输系统中的电场分布接近于行波状态，这时电场分布的最大点与最小点相差甚微，由于附加反射以及测量线本身机械缺陷造成的误差将严重地影响测量结果，故也需要采用特殊的测量方法。一种方法是将被测负载与一个精

确的标准匹配负载通过魔 T 电桥相比较，此法的精确度决定于魔 T 的隔离度与标准匹配负载的精确变。另一种方法是设法直接测量负载吸收的功率和入射功率，然后倒算出 $|\Gamma|$、$\{r\}$ 和 ρ。

8.3.4 误差分析

测量驻波参量的误差主要有以下几方面。

（1）晶体检波律

晶体检波的平方律只是小信号情况下的近似关系。因此按公式计算驻波比有误差，当检波电流 I_0 较大（大于 $10\mu A$）时，要精确地测量驻波比，应事先测出探头中所用晶体的检波特性曲线，即 $E = f(I_0)$ 的关系。I_0 可由检流计直接读出，问题在于确定对应于 I_0 的电场强度 E。由于驻波比是两个电场强度之比值，故只需要知道电场强度的相对值。

在传输系统终端短路为纯驻波状态时，其中电场振幅相对值的沿线分布为

$$\frac{E}{E_0} = \left| \sin\left(\frac{2\pi}{\lambda_g}z\right) \right|$$

可以利用这个关系来测量晶体二极管的检波特性。先将测量线终端短路形成纯驻波，仔细地将探头进行调谐使探针电纳 $\overline{B}$（否则如电纳 $\overline{B} \neq 0$，将引起电场分布的畸变，这会造成很大误差）。然后测出 λ_g 以及探针位置 z 与检波电流 I_0 之间的关系，利用上式就可将 z 换算成，电场强度振幅之相对值，绘出如图 8-16 所示的晶体检波特性曲线。利用检波特性曲线，就可以从前述的 I_{0max} 和 I_{0min} 查出对应的 E_{0max} 和 E_{0min}，这样算出的驻波比更准确。

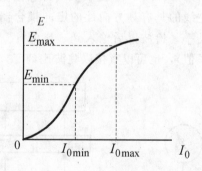

图 8-16 晶体检波特性校正曲线

（2）探针的形响

对探头进行调谐只能使探针电纳 $\overline{B}$ 等于零，此时探针导纳 $\overline{Y} = \overline{G}$ 为纯电导，这表示探针总是要从主线拾取一部分功率。由于探针的插入，还会引起附近场的畸变和主线中波的附加反射，这些都会引起误差。探针插得越深，这种误差就越大，因此总是力求把探针插得浅些（通常插入深度约为波导窄壁的 $5\% \sim 10\%$），但这种插入深度较浅的探针所拾取的功率就少了，显然与提高用灵敏度高的检流计和较大功率的振荡器；或用隔离器代替衰减器作去耦，以增大输入功率；或对振荡器加以调制，以便在检波后再放大，以提高检波灵敏度。

（3）附加反射引起误差

要测的负载驻波参量是由负载反射引起的，但除此以外，由于各种实际原因还会有附加反射。除前述探针反射外，还有测量线长槽端部引起的反射，波导连接处或其他不均匀性引起的反射，以及去耦衰减量不足时能源不匹配造成的二次反射等。这些附加反射有些叠加在负载引起的待测反射波上，有些互相影响引起波的多次往返反射，总之都会造成测量误差。故为了提高测量精确度必须力求减少附加反射，并采用足够大的去耦衰减量（普通衰减器至少 10dB，隔离器反向衰减至少 20dB）。

（4）测量线机械结构缺陷和探针定位不准确造成的误差

由于测量线机械结构精度不够高，探针在作纵向位移时有误差，不论是纵向的误差，或横向的偏离波导中线，或是插入深度变化，都会引起误差，均应力求避免。探针定位如果用游标尺，精度为 0.05～0.02mm，采用百分表则为 0.01～0.005mm，如采用千分表加块规则可达微米级。

8.3.5 反射计及扫频反射计

驻波参量的测量需要测几个数据还要经过运算后才能得出结果，而且不同频率的参量要逐点测量，这样不仅工作效率低，而且妨碍了测量工作的自动化。近年来工业生产上大量的测试任务要求有一种简便的、最好是在整个频带内自动进行的快速测量方法，这就促进了"扫频技术"的发展；而宽频带高方向性的定向耦合器的研制成功，为直接测量反射参量提供了可能。

（1）反射计

反射计用于直接测反射系数。图 8-17 是以反射计测量反射系数的系统示意图，其中有两个以相反方向接入主线的具有高方向性的定向耦合器，各自按同一比例分出入射波与反射波的一小部分功率，检波以后输入到"比值计"就可以在经过校准的仪表上读出反射系数的大小（幅值），也可以直接以驻波比刻度。

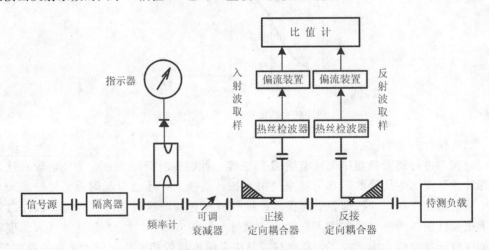

图 8-17 用反射计测量反射系数的系统示意图

反射计的准确度首先决定于所用定向耦合器的方向性。方向性越高，误差就越小，要求能在整个工作频带范围内大于 30dB。其次，准确度还与检波器特性以及比值计的准确度有密切关系。入射与反射通道的检波器特性必须在整个频带内一致，如果用晶体二极管检波，应事先经过挑选配对，选出具有一致特性的晶体二极管。为了克服二极管检波器长期稳定性差和配对困难，可以采用细铂丝做成的热丝检波器，它的稳定性好，特性一致，但缺点是惯性大、响应较慢。比值计是对输入的两路（反射与入射）检波信号（1kHz 的方波或正弦波）进行除法运算的电子仪器，其输出给出两个信号的比值，可由表头指示或输入到示波器显示。国产 TB1 型比值计测量反射系数的范围为 1%～100%，误差为 ±4%～±8%。

（2）扫频反射计

采用"扫频技术"进行测量的反射计称为"扫频反射计"。

所谓"扫频技术"就是使测试信号源的频率自动在很宽的频率范围内扫描，然后利用反射计和示波器直接显示被测参量在整个频带内的变化。要实现扫频测量，首先要有扫频信号发生器，即要求信号源的频率能随时间作周期的线性变化。为此常采用返波管，返波管是一种小功率的微波自激振荡器，其振荡频率 f 可以在很宽的频率范围内（可达倍频程）随加速极电压作线性变化，而同时保持输出功率变化很小。此外还有电压调谐磁控管和用 YIG 铁氧体调频的固体微波振荡器也具有类似的特性，也可以作为扫频信号源。

图 8-18 是用扫频反射计测反射参量的装置示意图，电源产生的慢扫描锯齿波电压，一方面加到返波管的加速极上使其频率随时间作周期的线性变化；另一方面加到慢扫描示波器的 x 轴上作为扫描电压，这样 x 轴的偏转就与信号发生器的频率成正比，偏转就与信号发生器的频率成正比，x 轴就成为代表频率变化的频率标度。接入主线中待测负载前的反射计，其正、反两个方向的定向耦合器分别对入射波和反射波进行取样，检波后输入比值计，比值计的输出加到示波器的 y 轴，因此 y 轴就是代表反射系数大小的反射系数标度。这样随着信号发生器的频率扫描，在荧光屏上就自动画出了一条反射系数随频率变化的曲线，经过校准以后可以直接在屏上的透明标度板上读出反射系数的模 $|\Gamma|$（或驻波比 ρ）的数值。而频率的读数则可利用频率计在荧光屏上形成的增辉的"亮点"或减辉的"暗点"读出。其原理是将高 Q 腔做成的频率计的输出检波信号（尖脉冲）经过放大整形后输入到示波器的 z 轴（电子枪控制栅）上，这样就可以在扫描到频率计腔体的谐振频率时，在荧光屏的曲线上形成一个"亮点"（正脉冲）或"暗点"（负脉冲），与此点相应的频率可在频率计的调谐度盘上读出。调节频率计的调谐机构，就可以使"亮点"移动，从而读出曲线上任意一点所对应的频率。

利用 PIN 管电调衰减器对扫频信号发生器进行自动稳幅，可以使扫频仪更简单。实际上如果能使信号源输出的入射功率在整个频带内保持不变，则入射信号就是一个常数，这时相应的反射信号就代表了反射系数的变化，无须再与入射信号相除，因此比值计就可以省去，只要直接显示反射信号随频率的变化就行了。

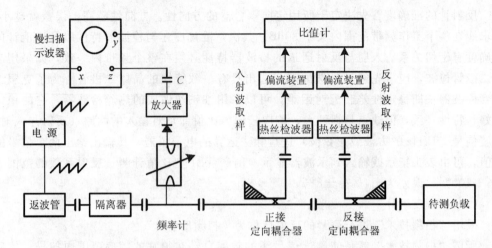

图 8-18　用扫频反射计测量反射系数的装置示意图

　　图 8-19 所示为这种扫频反射计的测量装置示意图，其中由正接的定向耦合器对输出功率取样，检波后经过放大器加到 PIN 管的控制极上。这样如果输出功率增大，则检波输出随之增大，PIN 管的偏流也就增大，其衰减量相应增加，输出功率就自动减小。这是一种负反馈，结果能使输出的入射功率自动稳定在一定的电平上，以保证在扫描过程中入射波功率基本上不随频率而变。这个方案省去了误差较大的比值计，有利于提高精度。此外，自动稳幅的信号源是一个很好的匹配信号源（因为从负载来的反射不影响其入射波功率），这也有利于提高测量精度。

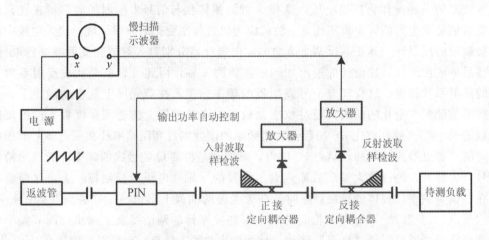

图 8-19　采用自动稳幅信号源的扫频反射计的测量装置示意图

　　扫频技术并不限于测量单口网络的反射参量，利用扫频法还可以测量多口网络的散射参量的幅值，例如，图 8-20 所示的装置就可以用于测量双口网络的插入衰减（或增益）随频率的变化。其中待测网络输入端的正接定向耦合器对输入端的进波 a_1 进行取样，而输出端的正接定向耦合器对输出端的出波 b_2 进行取样。由于其终端接的是匹配负载，所以这样测出的是双口网络的正向传输系数之幅值，。采用此法测量，可以在荧光屏上直接显示在整个频带内的衰减（或增益）特性。

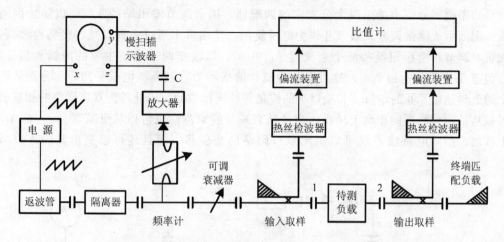

图 8-20 扫频法测双口网络的衰减（或增益）的装置示意图

扫频法不仅比逐点法效率高很多，而且在整个频带内参量变化的情况一目了然。这种仪器特别适用作动态测试。

8.4 微波相位测量

电磁波通过微波传输器件时，除了振幅可能发生变化之外，同时还可能发生相位的变化。振幅变化用传输系数的模来表征，而相位的变化则用它的辐角来表征。例如双口网络的相位移是在负载匹配条件下，其输出端的出波 b_2 和输入端的进波 a_1 之间的相位差，应为

$$\phi_{21} = \arg \frac{b_2}{a_1} = \arg S_{21} \qquad (a_2 = 0)$$

式中：S_{21}——端口 1 到端口 2 的电压传输系数。

在不匹配的情况下，微波元件的输入端进波和输出端出波之间的相位差，不仅与传输系数的辐角有关，而且与器件本身的反射系数以及负载的反射系数等因素有关。

相位测量虽然不属于微波的基本参量测量，但也相当重要。特别是相控阵雷达、相控阵导航等设备中大量使用移相器件，对这些器件相移量的测量是至关重要的。

下面我们简单介绍一下微波相位测量的电桥法和锁相变频法。

（1）电桥比较法

电桥比较法简称为电桥法，其基本原理是用一个经过校准的精密移相器作为比较的标准，利用微波电桥与待测的双口网络的相位移进行比较。图 8-21 所示为电桥比较法测量相位移的装置示意图。由信号源发出的微波信号从作为分功率器的魔 T 电桥 I 的端口 1 馈入，在其端口 2 和 3 的两个分支波导中激起等幅同相波。这样就将微波信号分为完全相同的两路，其中一路通过被测元件输入到魔 T II 的端口 3；另一路通过精密

移相器输入到魔T II 的端口 2。以上两个分支中都串接了一个可调衰减器用来改变两路信号的振幅；分别串接在两个分支中的调配器，用来调节输出端的匹配，以防止因负载失配而引入测量误差。魔T II 作为电桥使用，其端口 4 通过去耦衰减器接到检波器。测量时调节精密移相器和两个衰减器 A_1 和 A_2，以改变两个通道中波的振幅和相位，直到魔T电桥 II 达到平衡，这可以从检流计的指示为零判断。电桥平衡后，分别从两个通道到达魔T II 的端口 2 和端口 3 的波是等幅同相位的。因此待测双口网络的相移就可以从精密移相器的刻度上读出，而且其衰减（或增益）也可以从衰减器 A_2（或 A_1）上读出。所以电桥法不仅可以测出双口网络的相位移，而且还可以测出其插入衰减（或增益）。

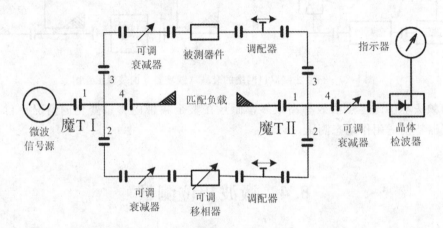

图 8-21 电桥比较法测量相位移的装置示意图

但是上述测量方法中有一个问题需要专门考虑：实际上可调衰减器 A_1 和 A_2 在产生衰减的同时，也会产生附加的相移，而且在调节衰减量时附加相移的数值会发生变化。因此按上述原理测量时，待测双口网络的相位移并不准确地等于精密移相器的测量读数，还要计及两个衰减器的附加相位移。如果不考虑这个因素就会造成测量误差。解决这个问题的方法是事先测出衰减器的附加相位移，为此可将衰减器的输出端用金属片短路，然后用驻波测量线测出其输入端的电场强度最小点的位置确定其驻波相位 $\bar{l}_{min}$，改变衰减量，逐点测出 $\bar{l}_{min}$ 的改变量 $\Delta\bar{l}_{min}$，则在衰减器两端匹配条件下，其附加的相位移显然是：

$$\Delta\varphi = \frac{1}{2}4\pi\Delta\bar{l}_{min} = 2\pi \cdot \Delta\bar{l}_{min} = 2\pi\frac{\Delta l_{min}}{\lambda_g}$$

其中，系数 1/2 是考虑到微波信号往返两次而引入的。用这种方法就可以确定可调衰减器在不同衰减量时的附加相位移，测量时将这种附加相位移考虑进去，就可以消除上述因素所造成的误差。

（2）锁相变频法

锁相变频法测量相位的基本原理是将待测的微波信号变换为中频信号，然后利用由普通电子线路组成的中频相位计测量相位差。为了使中频信号与原来的微波信号保持确定的相位关系，采用锁相变频技术，以保证在变频时保持原来的相位关系不变。

如图 8-22 所示为锁相变频法测量微波相位的简化框图。由微波信号发生器输出的信号，经过功率分配器分成两路等幅同相波，一路经过已知相位移的参考网络（例如，可以是一段已知电长度的传输线）和来自锁相环路的信号混频后，经过中放输入到中频相位计，这一路的信号相位是由参考网络决定的，作为比较基准之用。另一路经过被测网络与同一个锁相环路的输出信号混频后，也经过中放送至相位计，这一路的相位是由被测网络决定的。经过这样的安排之后，如果两个混频器的相位都被锁定，而且两个中频放大器的相位移相同，在这种条件下中频相位计测出的就是两个通道中微波信号的相位差，也就是以参考网络为基准的被测网络的相位移。

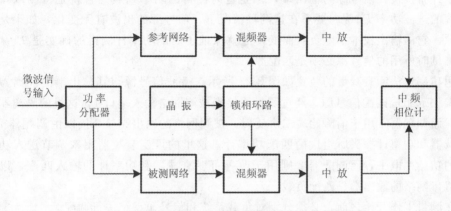

图 8-22　锁相变频法测量微波相位的简化框图

这个方法的特点是可以实现扫频测量。当信号频率改变时，锁相环路的输出信号频率可以自动跟踪作相应变化，这样就可以用于扫频测量，并可提高测量精度。这种测量相位的方法在自动微波网络分析仪中得到了应用。

8.5　衰减量的测量

衰减量是双口网络的一个重要的特性参量，它是微波信号在通过双口网络时其振幅衰减的定量表示。双口网络衰减量的定义为

$$L(\mathrm{dB}) = 10\lg\frac{P_1}{P_2} = 10\lg\frac{1}{|S_{21}|^2}$$

式中：P_1——双口网络输入端口的输入功率：

P_2——输出端口的输出功率。

这里必须指出：上述定义是在双口网络的输出端口接以匹配负载条件下给出的，否则如果负载失配，上述定义就不成立。这一点在测量衰减量时必须特别注意。

由上式可见，如果测出了双口网络的散射参量 S_{21} 的模，则就可以算出其衰减量，但是除了这类方法以外，还有一些另外的测量双口网络衰减量的方法，下面择要介绍几种常用的方法。

8.5.1 功率比法

功率比法是根据衰减量的定义式，以测量功率比 P_1/P_2 来确定衰减量的一种方法。这种方法的原理很简单，采用一个调到匹配的功率计作为负载，接到被测双口网络的输出端，由于这时的负载是匹配的，故满足衰减量定义所要求的匹配负载条件，而且负载匹配时当然没有反射，所以这时功率计测得的就是双口网络输出端接匹配负载的出波功率 P_2。为了测出输入端的进波功率 P_1，可将待测网络拆下，将这个已调好匹配的功率计直接接在信号源的输出端，但是这时测得的功率到底是否就是待测双口网络输入端的进波功率 P_1 呢？要看在这两种情况下，信号源的出波有无变化，如果是匹配信号源，它的输出根本不随负载而变，这就保证了匹配功率计测得的确实是 P_1。因此要求测量时所用的信号源必须是匹配源。

用功率比法测衰减量的装置如图 8-23 所示。微波信号源与其输出端的隔离器和调配器 1 一起组成匹配信号源，经过测量线接到被测网络输入端口 1，这里的隔离器用于去祸，而调配器 1 用于消除始端二次反射。被测网络的输出端口 2 接以由调配器 2、可变衰减器和功率计探头所组成的匹配功率计。这里的可变衰减器用来调节送入功率计探头的功。率电平，而调配器 2 则用于改善可变衰减器和功率计的输入匹配，以保证待测双口网络的输出端是匹配负载。

在测量工作开始之前，必须分别对负载系统和信号源系统进行调配。

首先对负载系统进行调配，为此拆下双口网络，把端口 2 与端口 1 直接连接起来，调整匹配器 2，使负载系统的驻波系数降到 1.02 以下，这时可以认为已经获得了所要求的匹配功率计。

然后对信号源进行调匹配。这里我们必须弄清楚什么是"匹配信号源"，按照定义它就是在其输出端"看进去"无二次反射的信号源，匹配信号源的输出不随负载而变。按理用隔离器去耦以后，信号源已基本上匹配，但可能还有一些剩余的反射，所以还需要经过调配器 1 再调匹配，以便尽可能消除反射。

对信号源调匹配可以采用以下两种方法。

（1）将信号源的电源断开使之不工作，然后将图 8-23 中测量线左方的整个信号源系统当作负载，而在测量线的右端接上另一个相同频率的信号源，组成测试系统。调节调配器 1，使得原有信号源"看进去"的（向左看）驻波比不大于 1.02，这样就可以认为它已经是匹配信号源了。

（2）在图 8-23 的测量线终端接以短路活塞，形成全反射，移动活塞，反射波的相位就在改变，如果信号源系统不匹配，则其输入功率就要发生变化，这种变化可以由测量线的探针跟踪驻波的波腹测出。调节调配器 1 使得活塞在半波长范围内移动时，用测量线探针跟踪测得的驻波波腹的检波电流 I_{0max} 保持不变，表明这时信号源的入射波已不随负载而变，就可以认为它已经是匹配信号源了。

在完成了对测量系统的调配以后，就可以开始测量。采用图 8-23 所示的测量装置，测量时须将测量线的探针提起，使匹配信号源与待测双口网络的输入端口直接连接；将已调好匹配的负载系统（包括调配器 2、可调衰减器与功率计）接在待测双口网络的输出端，记下这时功率计的读数 P_2。然后拆下待测双口网络，将调好匹配的负载系统直接与匹配信号源相连接，这时功率计的读数就是 P_1。

将测得的 P_1 与 P_2 代入公式中，即可算出衰减量。

功率比法的测量误差主要决定于系统失配误差和功率计的测量误差。

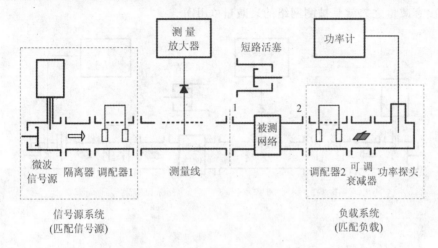

图 8-23　功率比法测衰减量的装置示意图

8.5.2　替代法

替代法是用已校准的标准衰减器的衰减量替代被测双口网络的衰减量来进行测量的一种方法。为此在微波信号源和检测装置之间的适当部位接入一个经过校准的标准精密衰减器作为替代之用，测量时先不接入被测网络，将标准衰减器调整到适当的衰减量，使功率检测系统指示到某一基准电平。然后将波测网络接入，同时相应地减小标准衰减器的衰减量，使检测系统的指示仍等于原来的基准电平。显然，被测网络的衰减量就等于标准衰减器的前后两次衰减量之差。

根据所用标准衰减器工作频率的不同，可分为高频替代法、中频替代法和低频替代法三种，分述如下。

（1）高频替代法

所谓高频替代法就是采用精密的微波衰减器当作测量标准作为替代之用，为此常采用旋转极化式标准衰减器，它是一种精密的绝对定标吸收式衰减器，常被用来作为微波衰减量的国家计量标准，所以这种方法实际上是直接利用衰减量的标准进行测量，其结果一般是比较准确可靠的。

高频替代法测量衰减量的装置示意图如图 8-24 所示，测量装置中的信号源系统与负载系统与前面功率比法所用的基本相同，只是采用检波器和测量放大器代替功率计作指示器。在被测双口网络之后接入了一个微波标准可调衰减器，通常采用旋转极化式精密可调衰减器。

在进行测量之前，同样应对测量系统调匹配，以构成匹配负载系统与匹配信号源，调匹配的方法与前面功率比法的相同。

系统调配之后，就可以开始测量。在图 8-24 的测量系统中，先不接入被测双口网络，调节标准可变衰减器使测量放大器有适当读数，记下此时标准衰减器的衰减量 L_1 和基准电平。然后再接入被测网络，调节标准可变衰减器使测量放大器读数和上次记下的基准电平相同，记下这时标准衰减器的衰减量 L_2。

两次衰减量之差就是被测网络的衰减量（dB）。

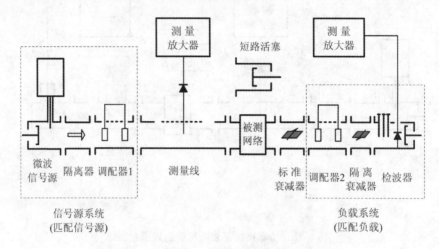

图 8-24　高频替代法测量衰减量的装置示意图

由于晶体检波器的灵敏度较低，故采用晶体检波器作为检测装置，一般仅能测量到约 30dB 的衰减量。需要测量更大衰减量时，采用高灵敏度的微波接收机或频谱分析仪作为检测装置，可测到 70～80dB 的衰减量。

高频替代法的特点是既不需要测量功率，也不要测量功率比，其检测仪器仅作为监视基准电平之用。由于避免了误差较大的测功率，所以这种方法的准确度较高。实际上，高频替代法是直接与衰减量的计量标准相比较，其误差仅决定于系统的匹配程度与标准衰减器的定标准确度。如在测量时对所用系统进行仔细的调匹配，则这种方法是很准确的，因而这是一种校准精密衰减器的常用方法。

（2）中频替代法

中频替代法的基本原理是采用工作于中频的标准衰减器作替代之用，为此可将被测微波网络的输出信号与本振信号混频，得到中频信号，然后在中频进行测量。

中频替代法测衰减量的装置示意图如图 8-25 所示，作为替代用的标准中频可变衰减器，接在超外差检测系统的中频电路中，其两端的阻抗变换网络是为了保证标准中频衰减器所要求的匹配条件的。

测量被测网络衰减量的方法和高频替代法基本上相同，只是在调整测量电路时，需要用中频阻抗电桥来调节阻抗变换网络，使标准衰减器的两边匹配。在未接入被测网络时，调节中频标准可变衰减器，使指示器有一定读数。然后接入被测网络，再调节标准衰减器使指示器的指示保持不变。前后两次测量时标准可变衰减器的衰减量之差就是被测网络的衰减量。

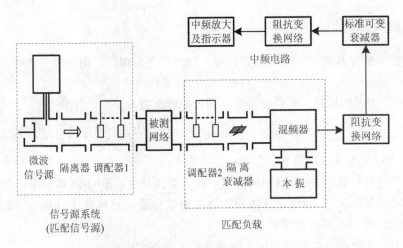

图 8-25 中频替代法测衰减量的装置示意图

中频替代法和高频替代法比较，其优点是用同一个中频标准衰减器可以测量各种不同波段的微波网络，而高频替代法中的微波标准衰减器必须对于每一个波段都配备一台。中频替代法的缺点是由于受到晶体混频器的非线性的限制，其准确度和可测的衰减量范围都不如高频替代法。

（3）低频替代法

低频替代法采用低频标准衰减器作为替代。其工作原理和所采用的测量系统与中频替代法相类似，区别仅在于低频替代法不是将微波信号变为中频而是利用晶体检波器的平方律检波把加有低频调制的微波信号变为低频信号，采用低频电路进行测量。在晶体检波器与作为低频信号指示器的测量放大器之间接入低频标准衰减器，在未接和接入微波被测网络的两种情况下，调节低频标准可变衰减器使测量放大器的读数保持不变，两次测量的标准衰减器衰减量之差就是被测网络的衰减量。

低频替代法的优点是标准衰减器可用无感电阻制成，比较简单。它的主要误差决定于检波器的平方律特性误差以及可变衰减器的误差。低频替代法一般仅用于测量不大于 20dB 的衰减量。最后指出，一般的测量双口网络衰减量的方法，都可以用来测量放大器的增益。实际上放大器在一定条件下也可以看成为一个双口网络，由于它对信号具有放大作用，故其输出端的输出功率 P_2 大于输入端的输入功率 P_1。因此和测量衰减量一样，对于放大器只要设法测出 P_1、P_2 或比值 P_2/P_1 就可以算出增益的数值。在微波放大器的热测中，测量增益是一个主要测试项目。

8.6 频谱分析与微波频谱仪

在微波测量中，有时需要观测信号的频谱（如在微波管的热测中），所采用的仪器称为频谱仪。在本节中我们简单介绍频谱分析及微波频谱仪的基本原理。

8.6.1 频谱分析

根据数学中的傅里叶（Fourier，1768—1830）变换理论，周期时间函数

$$f(t) = f(t+T)$$

（其中 T 为时间周期）可以分解为下列傅里叶级数

$$f(t) = \frac{a_0}{2} + \sum_{n=1}^{\infty} [a_n \cos(n\Omega t) + b_n \sin(n\Omega t)] = \frac{A_0}{2} + \sum_{n=1}^{\infty} A_n \cos(n\Omega t + \varphi_n)]$$

其中，$\Omega = 2\pi/T$ 为基波角频率。

上式中的第一项 $A_0/2$ 不随时间而变，称为直流分量，$n=1$ 的第一项是角频率为 Ω 的基波分量；其余 $n>1$ 的所有各项均为高次谐波分量，其角频率分别为 $n\Omega$，A_n 是 n 次谐波的振幅值，φ_n 是 n 次谐波的初相位。

上式中的各个系数很容易利用三角函数的正交性求出为

$$a_n = \frac{2}{T} \int_{\frac{T}{2}}^{\frac{T}{2}} f(t) \cos(n\Omega t) \, dt$$

$$b_n = \frac{2}{T} \int_{\frac{T}{2}}^{\frac{T}{2}} f(t) \sin(n\Omega t) \, dt$$

$$A_n = \sqrt{a_n^2 + b_n^2}$$

$$\tan\varphi_n = \frac{b_n}{a_n} \qquad (n = 0, 1, 2, \cdots)$$

上面公式的关系表明：一个随时间作周期变化的信号既可以用时间函数 $f(t)$ 表示（称为时域表示）；也可以用其傅里叶展开的各次谐波分量表示（称为频域表示）。由于上述存在的对应关系，这两种表示是等价的，可以互相换算。在原则上，知道了一种表示就可以算出另一种表示。

与以上两种表示相应的就有两种不同的观测周期信号的方法，通常用示波器观测周期信号的波形，在荧光屏上看到的是时间函数 $f(t)$，这是时域表示法。用频谱分析仪观测时，在荧光屏上看到的是一根根的所谓"频谱线"，相应于傅里叶表达式中的 A_n（或 A_n^2），所以这是频域表示法。

在低频情况，上述两种方法都可以采用，但以时域法为主，这一方面是因为时间信号 $f(t)$ 比较直观，而且有示波器这种很方便的显示仪器可供应用。当频率提高到微波波段以后，情况发生了变化。由于微波频率一般在吉赫以上，远超过一般示波器的上限频率，所以不可能采用普通示波器直接观测微波信号。采用特殊的技术当然可以提高示波器的上限频率，但这使得仪器结构复杂化，价格昂贵。所以通常观测微波信号都采用频域法，即利用微波频谱分析仪，显示并观测其频谱。

下面举几个具体例子。

作为第一个例子，我们来分析如图 8-26 所示的周期矩形脉冲信号之频谱。这种矩形脉冲信号在 $|t| < T/2$ 范围内的变化规律为

$$f(t) = \begin{cases} V_m & |t| < \tau/2 \\ 0 & |t| < \tau/2 \end{cases}$$

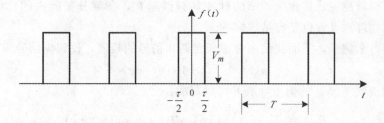

图 8-26　周期矩形脉冲信号频谱

并满足周期条件　　$f(t - T) = f(t)$　　$\left(T = \dfrac{2\pi}{\Omega} = \dfrac{1}{F}\right)$

由于 $f(t)$ 是时间 t 的偶函数，所以傅里叶展开式中将不存在为时间奇函数的正弦项，因此得到

$$a_n = \frac{2}{T}\int_{-\frac{T}{2}}^{\frac{T}{2}} f(t)\cos(n\Omega t)\,\mathrm{d}t = \frac{\Omega V_m}{\pi}\int_{-\frac{\tau}{2}}^{\frac{\tau}{2}} c\cos(n\Omega t)\,\mathrm{d}t =$$

$$\frac{2V_m}{n\pi}\sin\left(n\frac{\Omega\tau}{2}\right) = \frac{2V_m\tau}{T}\cdot\frac{\sin(n\pi\tau\cdot F)}{n\pi\tau\cdot F}$$

故其第 n 次谐波的振幅为

$$A_n = |a_n| = \left(\frac{2V_m\tau}{T}\right)\left|\frac{\sin(n\pi\tau\cdot F)}{n\pi\tau\cdot F}\right|\qquad (n = 0, 1, 2, \cdots)$$

其频谱如图 8-27（a）所示，图（b）所示为功率谱，它正比于

$$A_n^2 = \left(\frac{2V_m\tau}{T}\right)\left|\frac{\sin(n\pi\tau\cdot F)}{n\pi\tau\cdot F}\right|^2$$

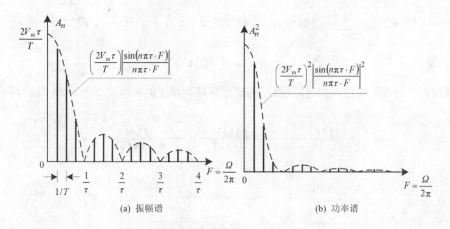

(a) 振幅谱　　　　　　　(b) 功率谱

图 8-27　矩形脉冲的频谱

由图 8-27 可见，矩形脉冲的频谱是一根根分立的谱线，彼此在频率轴上间隔为 $1/T$，其高度决定于由公式给出的包络线，包络线在 $F = 1/\tau,\ 2/\tau,\ 3/\tau,\ \cdots,\ n/\tau,\ \cdots$ 处等于零，从而把整个频谱划分为许多"瓣"。其中，$F \leqslant 1/\tau$ 的一瓣最大，称为"主瓣"，而其余的称为"旁瓣"。从公式可以看出，矩形脉冲波的功率主要集中在主瓣中的较低次谐波内，旁瓣对总功率的贡献很小。由于主瓣的边缘在 $1/\tau$ 处，故脉冲的持续时间 τ

越小，则主瓣就越宽，这意味着窄的脉冲其频谱越宽，高频分量所占的比例越大，这一点直接从物理意义看也是容易理解的。

作为第二个例子，下面我们来考虑任意调幅信号的频谱，设调幅信号为

$$u(t) = f(t)\cos(\omega_0 t + \varphi)$$

其振幅函数 $f(t)$ 的傅里叶展开可以写成：

$$f(t) = \frac{a_0}{2} + \sum_{n=1}^{\infty}[a_n\cos(n\Omega t) + b_n\sin(n\Omega t)] =$$

$$\frac{A_0}{2} + \sum_{n=1}^{\infty} A_n\cos(n\Omega t) + \varphi_n) =$$

$$\frac{1}{2}\sum_{-\infty}^{\infty} A_n\cos(n\Omega t) + \varphi_n)$$

其中，最后一种表示式，允许 n 取负值，故从 $-\infty$ 到 $+\infty$ 求和，在这种表示式中的 A_n、φ_n 仍由公式给出，只是，可以取负值。其频谱与图 8-27 类似，只是以 $\omega = O$ 的纵轴为中心左右对称，而且 $n \neq 0$ 的谱线高度减半。

将上式的第一式代入调幅信号表达式中，并利用三角恒等式可得

$$u(t) = \left\{\frac{a_0}{2} + \sum_{n=1}^{\infty}[a_n\cos(n\Omega t) + b_n\sin(n\Omega t)]\right\}\cos(\omega_0 t + \varphi) =$$

$$\frac{a_0}{2}\cos(\omega_0 t + \varphi) + \frac{1}{2}\sum_{n=1}^{\infty} a_n\{\cos[(\omega_0 + n\Omega)]t + \varphi) + \cos[(\omega_0 - n\Omega)t + \varphi]\} +$$

$$\frac{1}{2}\sum_{n=1}^{\infty} b_n\{\sin(\omega_0 + n\Omega)t + \varphi) - \sin[(\omega_0 - n\Omega)t + \varphi]\} =$$

$$\frac{A_0}{2}\cos(\omega_0 t + \varphi) + \frac{1}{2}\sum_{n=1}^{\infty} A_n\{\cos(\omega_0 + n\Omega)t + \varphi + \varphi_n] + \cos[(\omega_0 - n\Omega)t + \varphi - \varphi_n]\} =$$

$$\frac{1}{2}\sum_{n=-\infty}^{+\infty} A_n\{\cos[(\omega_0 + n\Omega)t + \varphi + \varphi_n]\}$$

根据以上讨论，如图 8-28（a）所示的矩形脉冲调幅波的频谱就如图 8-28（b）所示。

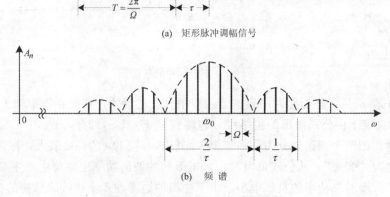

(a) 矩形脉冲调幅信号

(b) 频 谱

图 8-28　矩形脉冲调幅信号的频谱

　　这种矩形脉冲调制的微波信号，在高功率脉冲微波管的输出信号中是常见的，热测时利用微波频谱仪观测其频谱，并根据频谱线的特征和参量"倒过来"推算出其时域变化的情形。

8.6.2　微波频谱分析仪的基本原理

　　微波频谱分析仪主要有扫频超外差式和射频调谐式两种，后者由于灵敏度较低、频率分辨能力较差，所以目前应用较少。下面就扫频超外差式频谱仪的工作原理作一简单介绍。

　　扫频超外差频谱仪可以认为是一部扫频超外差式窄通带接收机和一台示波器的组合，它的框图如图 8-29 所示。

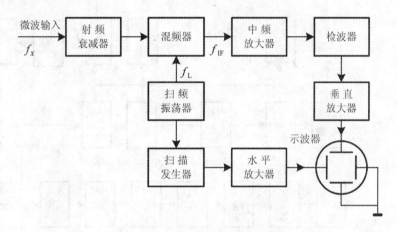

图 8-29　超外差频谱仪组成原理

　　输入的被测信号（频率为 f_x）经过射频衰减器在混频器中与本机振荡的信号（频率为 f_L）相混频，获得中频信号（频率为 $f_{IF} = f_L - f_x$），经过窄带中频放大器放大，再经线性检波而得到一个和输入信号幅值成正比的直流信号，经垂直放大器加至示波管的垂直偏转板上，这就使电子束在垂直方向产生与输入信号振幅值成正比的偏移。这一部分很像一部超外差窄带接收机，和一般的超外差式接收机不同的是，这里的本振是一个电调谐的扫频振荡器（例如，是一个 YIG 铁氧体调谐的晶体管振荡器）。它由一个扫频发生器输出的锯齿波电压来调谐，使本振频率 f_L 在一定范围内作周期的线性变化。同一个锯齿波电压又经过水平放大器，加在示波管的水平偏转板上。这就使电子束在水平方向的偏转正比于扫频振荡器的频率变化。

　　如果被测信号中有几个频率分量，在本振扫频过程中，由于中放的窄通带特性，只允许差频信号通过，故只有当信号频率 f_x 和本振频率 f_L 符合 $f_L - f_x = f_{IF}$ 关系的分量才能通过中频放大器，才能在示波管上显示出来。由于中放的频率 f_{IF} 是固定的，而本振频率 f_L 是连续变化的，在扫频过程中，信号中的各个频率分量都可以顺序在 f_L 变化到满足 $f_L - f_x = f_{IF}$ 的那一瞬间通过中放，从而在示波管的荧光屏上一个个地显示出来，表现为一根根的谱线。

按照上述安排，这些谱线在荧光屏上的水平间隔反映各个频率分量之间的频率差，而谱线的高度在线性检波、线性放大时，正比于它们的振幅值 A_n，这时显示的是振幅谱。如果是平方律检波、线性放大，则谱线的高度正比于各频率分量振幅值之平方 A_n^2，这时显示的是功率谱。如果采用对数放大器，则还可以用对数标度显示。总之，在频谱仪的荧光屏上可以直接看到被测信号的频谱。

图 8-30 给出实际的扫频超外差式频谱仪的框图。图中分为高频部分和显示部分。

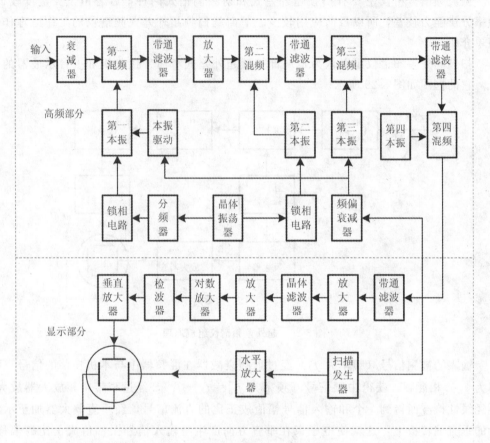

图 8-30　扫频超外差式频谱仪方框图

在高频部分中输入信号经过四级混频，最后将信号输出给显示部分。采用多级混频的方法后，第一级中频频率可以选得较高（2GHz），这样易于抑制镜象干扰，而最后一级中频频率可以选得较低（3.3MHz），这样中频滤波器的通频带可以做得很窄，可以提高频率的分辨能力。为了提高第一本振、第二本振的频率稳定度，抑制寄生调频和相位噪声，采用锁相电路，可将它们的频率分别锁定在 10MHz 晶振经分频后的某一高次谐波或 10MHz 本身的某一高次谐波上。

小　　结

1. 微波测量是对微波信号或微波器件进行性能定量测试的技术。微波电子管的测量通常分为"冷测"和"热测"两类。热测是测量微波管在工作状态（其中有电子发射的"热状态"）的各种参量，如输出功率、效率、频率、增益和负载特性，以及相位、频谱和噪声等。冷测是指在没有电子发射的"冷状态"下，对微波管的高频性能或其高频部件的电参量进行测量，例如，谐振腔和慢波系统的参量测量，以及输入、输出装置的匹配程度的测量等。这些参量的种类虽然很多，但绝大多数可以归结为上述基本参量的各种组合。

2. 微波功率测量是微波测量的基本测量技术之一，所用仪器称为微波功率计。通常按功率大小划分为如下三种量程范围：

　小功率 ——功率电平低于 100mW；

　中功率 —— 功率电平由 100mW～10W；

　大功率 —— 功率电平高于 10W。

3. 频率是微波测量的基本参量之一。因为自由空间波长 λ 和频率 f 有确定的关系（$\lambda = C/f$ 其中 C 为光速），所以波长的测量与频率的测量是等效的，只要测出其中一个参量，另一个参量就可以根据上式换算得到。

微波频率计按其工作原理可分为两类：第一类利用谐振腔的谐振选频特性进行测量，故称为谐振式频率计；第二类利用超外差原理，将微波信号直接与频率标准相比较进行测量，称为外差式频率计。下面将介绍几种谐振式频率计的结构原理和使用方法，并简单介绍外差频率计的基本原理。

4. 驻波测量的目的在于确定微波传输系统在待测负载下的驻波比参数，为此需要测量传输系统中高频电场的沿线分布。驻波测量所采用的仪器称为驻波测量线，简称为测量线。

5. 衰减量是双口网络的一个重要的特性参量，它是微波信号在通过双口网络时其振幅衰减的定量表示。双口网络衰减量的定义为

$$L(\mathrm{dB}) = 10\lg \frac{P_1}{P_2} = 10\lg \frac{1}{\mid S_{21} \mid^2}$$

式中：P_1——双口网络输入端口的输入功率；

　　　P_2——输出端口的输出功率。

6. 在微波测量中，有时需要观测信号的频谱（如在微波管的热测中），所采用的仪器称为频谱仪。

第9章　微波实验

9.1　波导测试系统调整，频率检查

9.1.1　实验目的

1. 了解波导测试系统的组成及正确使用方法；
2. 了解微波信号源的工作方式和检测方法；
3. 能够用吸收式频率计测量工作频率 f_0。

9.1.2　实验内容

1. 系统调整

（1）探针电路调谐；

（2）信号源（YS1125）方波调制和选频放大器（YS3892）功能测试。

2. 利用吸收式频率计（PX16）测量信号源。

9.1.3　实验原理

1. 探针电路调谐

当波导中存在不均匀性或负载不匹配时，波导中将出现驻波。测量驻波特性的仪器为驻波测量线（简称测量线）。探针调节的方法是将探针穿透深度放在适当位置（通常在 1.5～2mm，出厂时已调整并加锁定套）。然后调节探头的调谐活塞（侧立小圆盘）使选放指示最大。调谐的过程就是减小探针反射对驻波图形的影响和提高测量系统灵敏度的过程，这是减小驻波测量误差的关键，必须认真调整。另外当改变信号发生器频率或探针插入深度时，由于探针电纳 Y_p 相应改变，必须重新进行探针调谐。

2. 信号源方波调制及选频放大器功能利用

为了便于观察及分析信号量化，在微波信号源中调制 1kHz 方波，经检波后输入到选频放大器中（选放相当于 1kHz 频率，16Hz 带宽，0～60dB 增益的放大器）。其表头上有 0～1000 刻度，电流量（α 值）、0～10dB 的值及驻波比 1～4 及 4～10 二挡的刻度值，可不需要计算而直接读出，大大省略了测量步骤。因此在选频放大器开机后务请切换至方波调制挡才能正常工作。

3. 吸收式频率计结构简解及工作原理

它是由传输波导与圆柱形谐振腔构成，利用长方形孔作磁耦合。读数机构（千分卡测微头）通过旋转使腔内活塞同步移动所组成。当谐振腔内活塞移动到一定位置，腔的体积刚好使腔谐振于待测信号频率时，就有一部分电磁能量通过长方形耦合孔进入圆柱形谐振腔并损耗在腔壁上，因而使通过传输波导的信号减弱，可以从监视功率装置（选频放大器或功率计，例如，测量线的检波输出至选频放大器及波导负载处连接的功率计上观察到）。此时记录下频率计上端的千分卡测微头的刻度值，再在对照表上找出相应的频率读数。当千分卡测微头一旦离开此位置，功率计或选频放大器表头指示值就恢复到原始值。（参考曲线如图 9-1 所示）

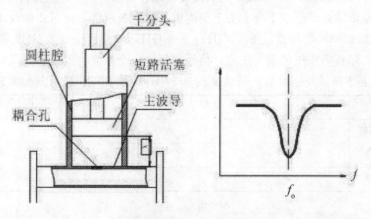

图 9-1 吸收式波长计结构及谐振曲线

9.1.4 实验连接图

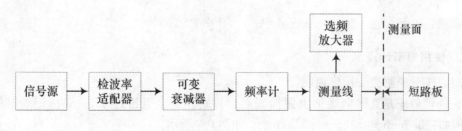

图 9-2 波导测试系统调整实验连接图

9.1.5　实验方法及步骤

1. 检查仪器是否连接正确，参照基本系统连接框图（TC26 测量线后面接上功率计）。

2. 开机检查信号源 YS1125，频率是否显示正常，并调到 9.37GHz，工作状态须选择在"等幅"或"方波"处，方波频率是否在 1000Hz 处。对 YS1125 而言，工作状态锁定在"方波"处。

3. 调节衰减器的旋钮，使测量线中的信号具有适当强度。移动 TC26 探针平台，使选频放大器的指示最大；将选频放大器 YS3892 增益放大选择位置调至 40dB 处，调节选频放大器的"调谐"旋钮，使 YS3892 表针指示最大，然后调谐 TC26 的探头，使YS3892 表头读数再次达到最大。若表针超过刻度可调节选频放大器的"增益电位器"旋钮减小指示，或将"放大选择"旋钮调至 30dB 处。

4. 移动 TC26 探针平台，可观察选放的指针到从大到小及从小到大的周期变化（即波腹与波节交替出现）此时系统即处于正常待测状态。

5. 调节 YS3892 增益电位器使表针处于满刻度处，旋转 PX16A 上的千分卡测微头，在刻度指示值的 9.3～9.4GHz 处放慢旋转动作，会有一个明显表针跌落点，该跌落处即是实际频率点。观察千分卡头上刻度值，对照表量值，便可正确读出频率。

6. 为巩固知识，可选择在 9.37GHz、8.6 GHz、9 GHz、9.6 GHz 再重复上述步骤，读取各实际频率并作记录。注意：信号源每换一个频率，就需要对系统再次调谐。

7. 完成上述测试及记录后，再恢复到 9.37 GHz 处，以便进行其他实验。

f/GHz	8.6	9	9.37	9.6
YS1125 显示值				
PX16 刻度值				
PX16 实际值				

9.1.6　实验注意事项

1. 在测量信号源频率时，可以按以下方法记录数据

标称 f：9.37GHz

实测：$f_0 =$　　　　　　　误差率：$\delta = \left| \dfrac{f}{f_0} \right| \times 100\%$

2. 使用频率计提示

（1）千分卡测微头标记说明

正确读值应是直筒刻度加上圆筒刻度，特别注意：当超过 0.5mm 标记线时的刻度。例如：3.5mm＋0.32mm＝3.82mm，如图 9-3 所示。

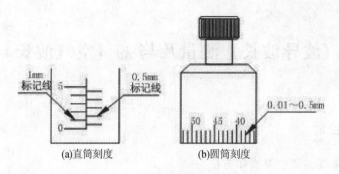

图 9-3　筒刻度

（2）分度系数定义

当所测频率刻度不在定标值时，需进行分度系数计算：

分度系数＝｜f_1－f_2｜（相邻频率节距差）/10（十等分）

举例：当 f ＝ 9.37 GHz 已知 f_1 ＝ 9.3（定标刻度 9.51mm）

已知 f_2 ＝ 9.4（定标刻度 9.11mm）

分度系数 ＝ 9.51－9.11/10 ＝ 0.4

而 f＝9.37GHz 刻度可用二种方法计算：

a. 刻度（9.37GHz）＝刻度（9.4GHz）＋3 个（分度系数）＝9.11+0.4×3＝9.23

b. 刻度（9.37GHz）＝刻度（9.3GHz）－7 个（分度系数）＝9.51-0.4×7＝9.23

则典型值 9.37GHz 的刻度为 9.23mm

举例，如图 9-4 所示。

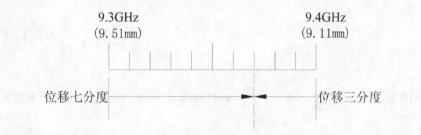

图 9-4　分度系数定义图解

特别注意，不同的频率计，相同频率所对应的刻度是不同的。

3. 信号发生器：开机后务请切换至方波调制挡才能正常工作。

4. 当改变信号发生器频率或探针插入深度时，由于探针电纳 Y_p 相应改变，必须重新进行探针调谐。

5. 波导可变衰减器：与选放配合使用，一般置在大于 20dB 衰减量。

6. 频率计：在 9.3～9.4GHz 附近找出吸收峰。

7. 测量方法：观察选放的表针是否稳定，测量结果与要求是否吻合。

9.2 λ_g（波导波长）测量及与 λ_0（空气波长）的关系

9.2.1 实验目的

1. 掌握测量线的调整及操作方法；
2. 比较电磁波在波导中传输及空气中传输的不同，深化微波特征。

9.2.2 实验内容

1. 测出信号源的频率为 9.37 GHz、8.6 GHz、9 GHz、9.6 GHz 时的波导波长；
2. 验证波导波长与空气波长的关系。

9.2.3 实验原理

根据驻波分布特征，在波导系统中能量传输是以电场磁场交替行进而不是在自由空间直线传输。若系统终端短路时，在传输系统中会形成纯驻波分布状态，在这种情况下，两个波节点间的距离为波导波长的一半。

9.2.4 实验连接图

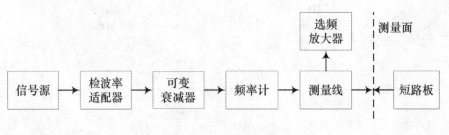

图 9-5　实验连接图

9.2.5 测试方法及步骤

1. 参照系统连接方框图连接好装置，调整系统，使系统处于正常工作状态（在 TC26 上连接短路板，使系统处于全反射状态）；
2. 先粗略找出一个波节点，再将 YS3892 的"放大选择"逐步调至 50dB 或 60dB 处，使节点特征相当明显，以找到节点的精确位置。（例如，113.5mm）记下该波节点在测量线标尺上的刻度值；记为 D_{min1}，并再移动 TC26 探针座按上方法找出另一个波节点 D_{min2}（可关小 YS3892 "放大选择"开关至 30 或 40dB，以便粗略寻找另一个波节点，再放大至 50dB 或 60dB 处找出 D_{min2}）同样在标尺上读出刻度值并把数据记录到表格中（例如，135.9mm）。

f /GHz	9.37	8.6	9	9.6
D_{min1} /mm				
D_{min2} /mm				
λ_g /mm				
λ_0 /mm				

3. 计算当 $f=9.37$GHz 时的波导波长及空气波长

$$\lambda_g = 2(D_{min2} - D_{min1}), \lambda_0 = \frac{C}{f}$$

式中：λ_0——空气波长。

注意：$D_{min2} - D_{min1}$ 为两个波节点的距离长度，根据原理确认为半波长。

4. 验证波导波长与空气波长的关系

即：验证

$$\lambda_g = \frac{\lambda_0}{1 - \left(\frac{\lambda_0}{2a}\right)^2}$$

其中，$a=22.86$mm，$b=10.16$mm。

5. 为强化概念，信号源可选择在 8.6 GHz、9 GHz、9.6 GHz，再重复上述步骤，记录数据并计算验证波导波长与空气波长的关系。

注意：当微波信号源工作频率改变时，测量线必须重新调整。

9.3 驻波比测量

9.3.1 实验目的

1. 熟悉掌握驻波测量及测量线的操作方法；
2. 熟悉掌握用直接法测量小驻波比；
3. 熟悉掌握用等指示法测量大驻波比。

9.3.2 实验原理

驻波测量是微波测量中最基本和最重要的内容之一。测量驻波比的方法与仪器种类繁多，本实验讨论运用驻波测量线，根据直接法、等指示度法测量大、中、小驻波比。

1. 直接法测量驻波比（适用于驻波比小于 10 的情况）

直接测量沿线驻波的最大和最小场强，根据驻波比定义式直接求出电压驻波比的方法称为直接法。该方法适用于测量中、小电压驻波比。

驻波比定义为电场最大值与最小值之比，即

$$\rho = \frac{E_{\max}}{E_{\min}}$$

当使用测量线内的检波晶体为平方律时，可由选频放大器读数（α）直接计算，即

$$\rho = \frac{\alpha_{\max}}{\alpha_{\min}}$$

由于选频放大器表头刻度内已有换算或驻波比值，所以，只要将波腹调节至满刻度值（$\rho=1$）然后找出波节点，此时可直接读出驻波比量值（即波节点对应的驻波刻度）。

2. 等指示度法（又称为二倍最小法，适用于驻波比大于 10 的情况）

假定测量线内的检波晶体为平方律时，只需测出读数为最小点两倍的两点的距离（W）及已知波导波长（λg）即可计算

$$\rho = \sqrt{1 + \frac{1}{\sin^2\left(\dfrac{\pi W}{\lambda_g}\right)}}\,，\quad \text{当 } \rho \geqslant 10 \text{ 时，可简化为 } \rho \approx \frac{\lambda_g}{\pi W}$$

9.3.3　测试方法

1. 大驻波比测试

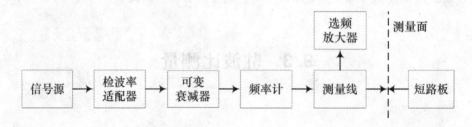

图 9-6　大驻波比测试实验连接图

（1）参照系统连接方框图连接好装置（在 TC26 上连接短路板，使系统处于全反射状态），调整测试系统；

（2）在 TC26 上架上百分表附件，信号源频率调至 9.37 GHz。

（3）调整系统并找出波节点，此时尽可能开大 YS3892 放大选择至 50dB 或 60dB 处，在接近波节点时（注意朝源的单一方向移动），找出波节点的读数并记录数据 $\alpha_{\min}$。然后慢慢向右移动 TC26 探针座，找到 $2\alpha_{\min}$ 点，这时将百分表顶上，转动百分表外圈调节至 "0" 刻度，再慢慢向左移动 TC26 探针座过了节点（最小指示）后再重新回到 YS3892 表头刻度 $2\alpha_{\min}$ 处，此时记录百分表读数，此读数即为 W。

（4）为了减小误差，重复上述步骤五次，测出 5 个值，将数据计于表中。

次数	α_{min}	$2\alpha_{min}$	W/mm	$\overline{W}$/mm
1				
2				
3				
4				
5				

（5）已知 λ_g，而 π 是常数，就可按公式 $\rho \approx \dfrac{\lambda_g}{\pi W}$ 得到大驻波比，举例如图 9-7 所示。

当 $f=9.37\text{GHz}$；$\lambda_g=44.8\text{mm}$

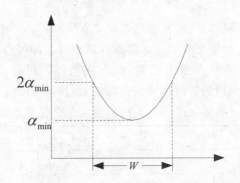

图 9-7 大驻波比测量原理曲线

$W=0.28\text{mm}$ 时，则 $\rho = \dfrac{44.8}{3.14 \times 0.28} \approx 50$

注：以上方法有两种称谓：（1）等指示读法；（2）两倍最小法。

图 9-8 中驻波比测试实验连接图

2. 中驻波比测试

（1）参照系统连接方框图连接好装置，调整测试系统，使系统处于正常工作状态；

（2）当驻波小于 5 时可直接在 YS3892 选频放大器上测出量值，表头上有一个经过换算的驻波比刻度，如图 9-9 所示。

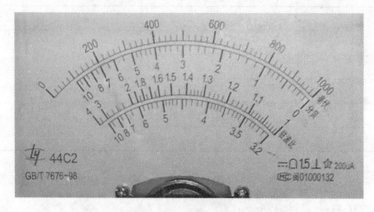

图 9-9　选频放大器表头刻度

（3）按上述方法连接后，找出波腹点，调节 YS3892 增益电位器使表头满刻度，即驻波为"1"时，移动探针座至波节点，即读数最小时，即可直接在表头驻波比刻度中读出驻波比量值。若驻波节点指示已超过"4"范围，可将"放大选择"增益增加 10dB，可直读 $\rho < 10$ 范围内的量值。举例：串接 L_0 后 $S \approx 1.9$，串接 C_0 后 $S \approx 1.3$。

（4）为了减小误差，重复上述步骤 5 次，测出 5 个驻波比值，将数据计于表中。

次数	S	$\bar{S}$
1		
2		
3		
4		
5		

3. 小驻波比测试

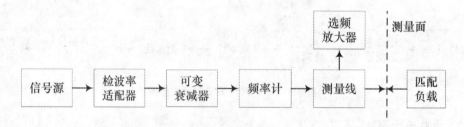

图 9-10　小驻波比测试实验连接图

（1）方法同上，实际上上述方法是在完全匹配状况下，有意串接上容性膜片、感性膜片，破坏传输场结构，增大驻波比，因此当这些因素排除后，驻波就变得非常小。

（2）测量时因波腹、波节不敏感，所以需要仔细认定波腹位置，然后正确读出波节处的驻波刻度（小驻波比测试最好用节点位移法，将另作介绍）。

9.3.4　实验注意事项

1. 做实验之前，须先调整测量线。
2. 在独立做实验时，需要先测出波导波长。
3. 根据波导波长 λ_g 及二倍最小点间距离 W 的测量方法，二者均不能作等精度直接测量数据。为化简计算，本实验中计算驻波比的相对误差时，可将 λ_g 和 W 作等精度直接测量数据处理。

9.4　S 曲线小驻波比测量

9.4.1　实验目的

1. 掌握极小驻波比的测量方法（节点偏移法）；
2. 熟悉驻波匹配技术。

原理公式：$S = 1 + \dfrac{2\pi\Delta}{\lambda_g}$ 　　　（$\Delta \leqslant 0.03\lambda_g$）

9.4.2　原理简述

根据驻波分布的规律，采用测量驻波分布位置偏移大小的方法，即运用可变短路器的位移同样可以确定驻波系数，节点位移法就是根据此而测量无耗二端口网络的驻波系数

9.4.3　连接框图

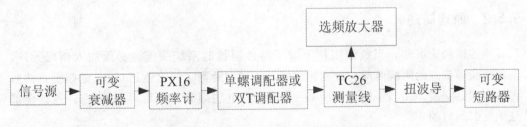

图 9-11　曲线小驻波比测量实验连接图

9.4.4　测量方法

1. 可变短路器置于"0"刻度，先不接扭波导。根据已掌握的调配技术（节点抬高法）调节单螺调配器的相移及螺钉上下位移，使源驻波 $S \leqslant 1.03$。

2. 在短路器前端串接被测扭波导，再用已掌握的方法找出波长 $\lambda_g/2$（半波长），找出两个波节点的位置（即测量线探针滑座的距离）。

3. 停留在一个波节点上。此时开始逐步调节可变短路器的刻度值，可在 YS3892 表头刻度上看到从小到大的变化（短路器刻度的变化值，应与测量线 $\lambda_g/2$ 吻合）。

4. 重新将短路器回复到"0"刻度，在测量线的 $\lambda_g/2$ 位置内找出波腹点，调节 YS3892 选频放大器增益使指针指向驻波比刻度 1.05 处。

5. 按每移动 2mm 刻度的程序，改变可变短路器的刻度。随后同步移动 TC26 测量线探针滑座（注意向一个方向移动）可以看到波腹指示会在 1.05 附近变化。记下指示值。

6. 在变化 $\lambda_g/2$ 短路器刻度位置，例如 0～24mm（9.37GHz 时半波长约为 23mm）。可连续记录下波腹值在 1.12～1.02 处变化，其变化规律极象横向的 S 曲线，故称 S 曲线法。此时将最大值减去最小值并除 2（算术平均值）即

$$S = \frac{S_{\max} - S_{\min}}{2} = \frac{1.12 - 1.02}{2} = 1.05$$

就可以认定扭波导的驻波比为 1.05。

提示：此方法是用波腹脉动来反映串接被测扭波导的小驻波特征，而对系统的要求十分高：①源驻波$\leqslant$1.03；②TC26 的剩余驻波$\leqslant$1.03，才能保证测量的精度。

9.5　调配技术

9.5.1　实验目的

1. 掌握调匹配的基本原理和方法；
2. 提高调匹配的操作技巧。

9.5.2　原理简述

由传输理论可知，当负载阻抗不等于特性阻抗时系统失配。必须加入调配元件，使系统获得良好的阻抗匹配。改变相移时，相当于沿等驻波比达到 $G=1$ 的圆上，然后再改变螺钉深度，相当于等电导圆 $G=1$ 变化其电纳部分。最后可得 $B \rightarrow 0$，达到全部抵消反射的目的。

9.5.3　系统连接图

方法一：

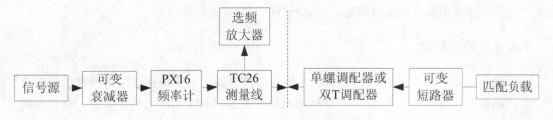

图 9-12 调配技术实验方法一系统连接图

方法二：

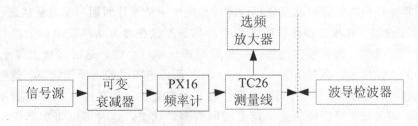

图 9-13 调配技术实验方法二系统连接图

9.5.4 测试方法

(1) 利用单螺调配器或双路（E−HT）调配器（方法 1）将已破坏的匹配 状态，如串接 Lo（感性膜片）的合成驻波 $S \approx 1.9$ 或串接 Co（容性膜片）的合成驻波 $S \approx 1.3$。通过调节滑座位置（改变相移）及调节指针深度（改变导纳），使驻波比 $S < 1.1$ 即可。方法为一边调节，一边观察 YS3892 选频放大器的表头指针在处于波节点位置时，不断向指示大的方向移动，原则上相移变化较为明显，导纳变化作为辅助修正，在此过程中也要移动 TC26 探头滑座在节点位置附近反复观察。有时效果相反，则不断修正原先调配器的动作，直到满足 $S < 1.1$ 甚至 $S < 1.05$。

(2) 检波器本身就带有短路活塞及调谐螺钉的单端口元件，方法 2 该器件调配的难度大大超过第一种方法，只有在熟练掌握第一种方法的基础上才能开展第二种方法操作。（提示：波导检波器 Q9 输出孔相反方向的那个调谐螺钉最为敏感，与短路活塞联动，将波幅、波节间的摆动越调越窄最终达到 $S < 1.1$ 甚至 $S < 1.05$，即达到实验目的）。

9.6 衰减测量

9.6.1 实验目的

(1) 学会正确使用功率计，掌握用平方律检波法测量衰减量。

(2) 掌握用功率比较法测量可变衰减器的衰减量。

（3）掌握用晶体检波器测量可变衰减器的衰减量。

9.6.2 原理简述

（1）GX2C－1 数显功率计是一款智能多功能仪器。主要特点是采用微波二极管作为传感器的核心元件，并通过 CPU 处理电路使其具有自动调零、校正设置、量程自动换挡、dBm/W 读数切换，效率补偿设置等。使用方法如下：

a. 自动调零：在功率测量状态时，按调零键（第 4 个键），这时功率计进入了调零操作状态。此时，调零指示灯点亮，在显示窗上显示动态的 '－'，表示正在调零过程中。调零操作由功率计自动完成，调零操作完成后功率计回到功率测量状态。

b. 校正设置：在校正操作时应将功率传感器连接在参考功率输出口上，然后由面板设置为校正操作。首先按住设置键，然后再按住第三个键，这时面板上显示 '－' 逐渐增加的动态显示，当显示为 '－－－－' 后即进入了校正操作状态。这时，调零/校正指示灯（Z/R）和远控灯同时点亮，在显示窗上显示动态的 '－'，表示正在校正过程中。如果校正操作成功显示窗上将回到测量状态，这时可以将功率传感器从参考功率输出口上撤下，仪器即可进行测量工作。

通过以上两个操作仪器即可进行正常测量。当然仪器还有其他功能，例如，效率校正（频响）、dBm/W 读数切换等，请参照产品说明书的详细说明。

（2）衰减测量的方法很多，常用的是功率计的功率比较法及调配好满足平方律检波的适配器串接在被测件前，通过 TC26 测量线的检波装置可直接读出选频放大器上的 dB 读数（改变增益大小）。这两种方法中，前者使用比较方便，后者要满足晶体检波管的平方律检波特征。对检波器的平方律检波的调整也有相当要求，一般均在出厂时调好。可以根据仪器的配置及教学大纲要求灵活安排。

9.6.3 测试方法（功率比较法）

1. 功率比较法

方法一：

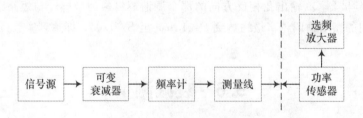

图 9-14 功率比较法实验连接图

（1）参照系统连接框图连接好装置，调整系统，使系统处于正常工作状态。

（2）将信号源工作方法置于等幅，将可变率减器全部退到零刻度，记下功率计指示值为 $P_{基}$。

（3）调节可变衰减器的刻度值（见刻度/衰减量对照表）依此记录功率计显示的功

率值 $P_测$ 填入下表。

标称值/dB	0	3	6	9	12	15	18	21	24	27	30
功率读数/mW	$P_基$	P_1	P_2	...							
计算后实测值/dB											

（4）用下公式算出各功率值对应的衰减量 A 填入上表中。

$$A = 10\lg \frac{P_基}{P_测}(\text{dB})$$

另外，也可采用功率计的绝对功率 dBm 挡测（此时切换功率计面板上第二个按键，指示读数自动显示 dBm 挡）。当可变衰减器全部退出时（即刻度值为'零'时）读功率计的 dBm 挡数值，这个数值为起始值。如下表的 17.77 dBm 读数。然后，调节可变衰减器的刻度值（见刻度/衰减量对照表），依此记录绝对功率值。将起始值直接减去绝对功率读数就可直接得出实际衰减量。

标称值/dB	0	3	6	9	12	15	18	21	24	27	30
绝对功率读数/dBm	17.77										
计算后实测值/dBm											

以上表格为分别使用功率（W）挡与（dBm）挡的数据，比较利用不同方法，在使用同一系统，同一衰减器时所测得的数据是否结果基本吻合。

方法二：

可直接利用系统中的可变衰减器测得数据可省略一个被测可变衰减器。

（1）将可变衰减器退到零刻度，记录此时功率计的读数。

（2）调节可变衰减器的刻度值（见刻度/衰减量对照表），依此记录功率值。

标称值/dB	0	3	6	9	12	15	18	21	24	27	30
功率读数/mW											
计算后实测值/dB											

（3）依据记录数据计算出被测衰减器的衰减量。

另外，也可采用功率计的绝对功率 dBm 挡测（此时切换功率计面板上第二个按键，指示读数自动显示 dBm 挡）。当可变衰减器全部退出时（即刻度值为'零'时）读功率计的 dBm 挡数值，这个数值为起始值。如下表的 17.77 dBm 读数。然后，调节可变衰减器的刻度值（见刻度/衰减量对照表），依此记录绝对功率值。将起始值直接减去绝对功率读数就可直接得出实际衰减量。

标称值/dB	0	3	6	9	12	15	18	21	24	27	30
绝对功率读数/dBm	17.77										
计算后实测值/dBm											

以上表格为分别使用功率（W）挡与（dBm）挡的数据，比较利用不同方法，在

使用同一系统，同一衰减器时所测得的数据是否基本吻合。

2. 检波电平增益法

图 9-15　检波电平增益法实验连接图

（1）参照系统连接框图连接好装置，调整系统，使系统处于正常工作状态。匹配负载（$\rho<1.1$）接在 TC26 测量端，输出信号连接在 YS3892 上。

（2）将波导可变衰减器刻度置于零位（逆时针方向退到"0"刻度）。

（3）调节 YS3892 增益电位器使表头指针置于分贝刻度 0dB 处，"放大选择"置于 30 dB 或 40 dB 挡，若信号偏小可调节 YS1125 功率输出，满足测试要求。

（4）根据波导可变衰减器的（衰减值/刻度）对照曲线表所列刻度值分别旋至相应位置，可分别在 YS3892 选频放大器的 dB 值刻度线上读出相应的衰减量值。若达不到 10dB 刻度范围时，可将 YS3892 "放大选择"挡增大 10 dB，（此时表头指示 dB 值加上增加的 dB 值，就是实际衰减量）依次类推可观察 3～27dB 全部量值。

9.6.4　实验注意事项

（1）实验中使用功率计，首先要校准功率计。

（2）在检波电平增益法测试中，尽可能让检波晶体管工作状态处于平方律检波范围内，（即 YS3892 选频放大器的"放大选择"挡 dB 值控制在 40～60 范围内）这样读数可保持较好线性。

9.7　定向耦合器性能测量

9.7.1　实验目的

（1）运用已掌握功率比较法来测试定向耦合器性能。

（2）了解定向耦合器的基本参数：耦合度（C）、方向性（D）及主辅线驻波比。

（3）通过已调配（$S<1.1$）的晶体检波器与选频放大器配合，用电平增益法测定向耦合器参数。

9.7.2 实验原理

定向耦合器是微波测量和其他微波系统中的常用元件，因此，熟悉定向耦合器的特性，掌握其测量方法很重要。

定向耦合器是一种有方向性的微波功率分配器件，通常有波导、同轴线、带状线及微带线等几种类型。定向耦合器包含主线和副线两部分，在主线中传输的微波功率经过小孔或间隙等耦合元件，将一部分功率耦合到副线中去，由于波的干涉和叠加，使功率仅沿副线中的一个方向传输（称"正方向"），而在另一方向几乎没有（或极少）功率传输（称"反方向"）。

定向耦合器的特性参量主要是（1）耦合度 C，（2）方向性 D，（3）主副线驻波比。

（1）耦合度及其测量

输入至主线的功率与副线中正向传输的功率之比称为定向耦合器的耦合度 C

$$C = 10\log \frac{P_1}{P_3}(\text{dB})$$

其中，P_1、P_3 分别为主线输入端的功率、副线正方向传输的功率。

本实验测定某十字缝定向耦合器的耦合度，首先测量主波导输入端的功率，然后将耦合器正向接入测量系统，测出副波导正向输出端的功率，则耦合度 C 可根据公式 $C = 10\log \dfrac{P_1}{P_3}$（dB）计算。

（2）方向性及其测量

副线中正方向传输的功率与反方向传输的功率之比称为定向耦合器的方向性 D

$$D = 10\log \frac{P_3}{P_4}(\text{dB})$$

其中，P_3、P_4 分别为耦合至副线正方向传输的功率、耦合至副线反方向传输的功率。

有时，反映定向程度的指标也用隔离度来表示。隔离度表示输入至主线的功率与副线反方向传输的功率之比，即

$$D' = 10\log \frac{P_1}{P_4}(\text{dB})$$

根据以上定义可知

$$D = 10\log \frac{P_3}{P_4} = 10\log \frac{P_1}{P_4} - 10\log \frac{P_1}{P_3} = D' - C$$

故定向耦合器的方向性等于隔离度与耦合度之差。

一个理想的定向耦合器，方向性为无穷大，即功率由主线端"1"输入，则副线仅端"3"有输出，而端"4"无输出；反之，若功率由主线端"2"输入，副线仅端"4"有输出，端"3"无输出。然而实际情况并非如此，即功率由端"1"输入，端"4"还有一定的输出，所以方向性为一有限值。

9.7.3 连接框图

（1）主线驻波测量：$S \leqslant 1.25$

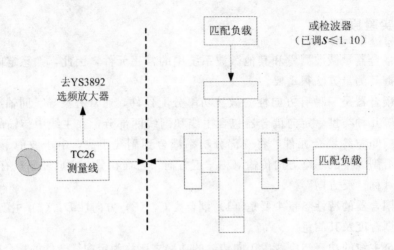

图 9-16 定向耦合器性能实验连接图一

（2）副线驻波测量：$S \leqslant 1.25$

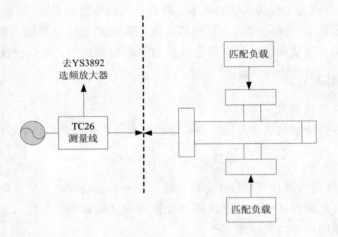

图 9-17 定向耦合器性能实验连接图二

（3）基础（初始）量测定

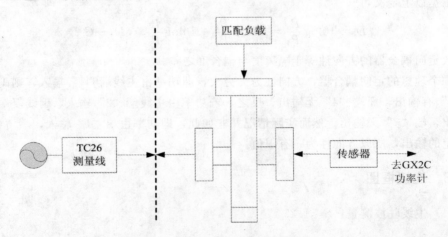

图 9-18 定向耦合器性能实验连接图三

（4）测耦合度（正接）$C \approx 22\text{dB}$（$\pm 2\text{dB}$）

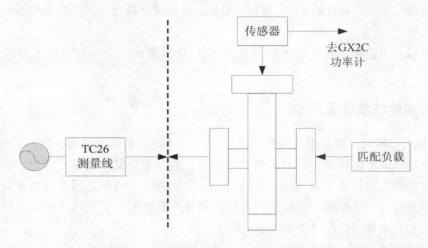

图 9-19　定向耦合器性能实验连接图四

（5）测方向性（反接）$A \geqslant 37\text{dB}$

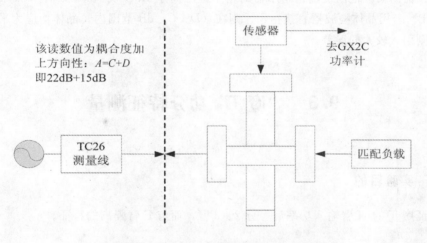

图 9-20　定向耦合器性能实验连接图五

9.7.4　测试内容与步骤

1.9.7.3 节中第（1）、（2）项驻波比测量

驻波比测量可按照已学的驻波基础测试方法，用测量线找出波腹、波节，通过调节选频放大器的增益调节旋钮使波腹点处于驻波刻度值"1"位置（即正好满刻度），再移动测量线调到波节点，直读驻波刻度量值，就是所测定向耦合器的主、副线驻波比。

2.9.7.3 节中第（3）项是寻找初始功率值

调节可变衰减器使 GX2C－1 功率计指示值处于 10mW 处，此时可进行 9.7.3 节中第（4）、（5）项测试，请按连接框图所示正确位置接上被测定向耦合器，运用已掌握的功率比较法测出，并计算出 dB 值相应量值，验证定向耦合器的二项关键指标，耦合度和方向性。

也可以利用功率计的绝对功率值（dBm），直接得出相应量值（参考衰减实验内容）。

9.7.5　实验注意事项

1. 反向连接时，到达主波导端"1"的功率如果全部被匹配负载吸收，则副波导输出端的功率就表示定向耦合器的方向性。然而，当匹配负载性能不完善时，它引起的微弱反射功率也将从端"3"输出，因而，端"3"的输出功率是由方向性及负载失配两个因素所决定，将影响方向性的测量。故测量方向性时，主线需用性能良好的匹配负载，在精密测量时可改用滑动匹配负载法。

2. 要精确测量定向耦合器的方向性，必须满足：（1）微波信号源；有做够的输出，即能测量 $(D+C)$ dB 的衰减量，通常要求约大于 100mW 的输出功率。（2）要求精密可变衰减器的衰减范围或输出指示器的指示范围高于 DdB（当 $D>C$ 时），而低于 $(D+C)$ dB。若用晶体检波器直接指示，则在 $(D+C)$ dB 范围内，晶体均应为平方律检波，否则引入较大的误差。

9.8　"魔 T"功分特征测量

9.8.1　实验目的

验证魔 T 的 H 臂输入功率后等分 2、3 臂，而与 E 臂隔离的特征。

9.8.2　实验原理

魔 T 是一个混合型接头，也叫边出口型或者 E—H 型 T 型接头。在图示 H 臂（臂 1）和主波管（臂 2 和臂 3）形成一个 H 平面 T 型接头。E 臂（臂 4）和主波导形成一个 E 平面 T 型接头。故又称双 T，是一个互易互损耗四端口 S 矩阵可证明，只要 1、4 臂同时得到匹配，只 2、3 臂也自动获得正配，反之亦然。E 臂和 H 臂之间固有隔离。反向臂 2、3 之间彼此隔离，即从任一臂输入信号都不能从对臂输出，只能从旁臂输出。信号从 H 臂输入，同相分给 2、3 臂，E 臂输入则反相等分给 2、3 臂，由于互易性原理，若信号从反向臂 2、3 同相输入，则 E 臂得到它们的差信号，H 臂得到它们的和信号。反之 2、3 臂反相输入，则 E 臂得到和信号，H 臂得到差信号。

当输出的微波信号进入魔 T 的 H 臂（1 臂），同相等分给 2、3 臂，而不能进入 E 臂（4 臂）。

9.8.3　连接框图（示意图为功率比较法；图片及测试方法为检波电平增益比）

方法一：功率比较法

（1）初始功率确认（10mW）

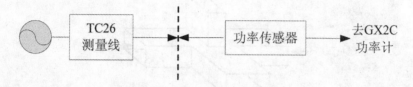

图 9-21　功率比较法实验连接图一

（2）半功率（3dB 衰减）

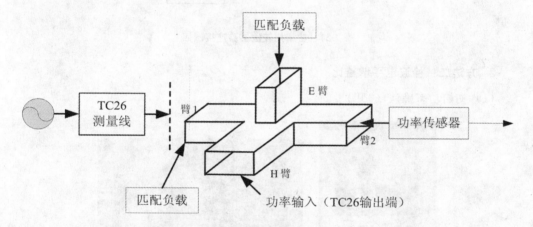

图 9-22　功率比较法实验连接图二

（3）半功率（3dB 衰减）

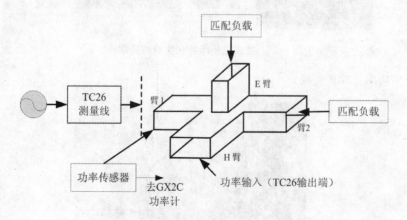

图 9-23　功率比较法实验连接图三

（4）隔离度（$D \geqslant 28\text{dB}$）

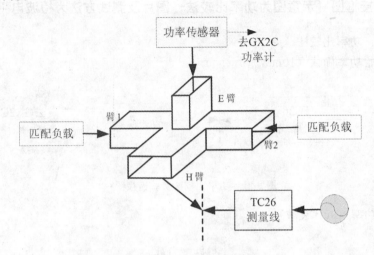

图 9-24　功率比较法实验连接图四

2. 方法二：检波电平增益比

（1）初始功率确认（0dB）

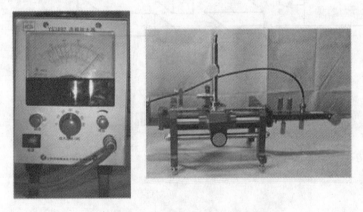

图 9-25　检波电平增益比实验连接图一

（2）半功率（3dB 衰减）

图 9-26　检波电平增益比实验连接图二

（3）半功率（3dB 衰减）

图 9-27　检波电平增益比实验连接图三

（4）隔离度（$D \geqslant 28\text{dB}$）

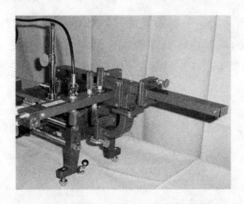

图 9-28　检波电平增益比实验连接图四

9.8.4　测试方法

1. 方法一：功率比较法

（1）参照系统连接框图连接好装置，调整系统，使系统处于正常工作状态。

（2）调节可变衰减器使 GX2C－1 功率计指示值处于 10mW 处，此时可进行第②、③、④项测试。请按连接方框图所示正确位置接上功率计和匹配负载，分别记录"魔T"的臂 2、3、4 的数据。

方法二：检波电平增益比

先在 YS3892 选频放大器上调整基准零电平（检波器调配后 $S \leqslant 1.1$，其方法请参照实验七定向耦合器性能测量介绍），增益挡位调到 30dB 处，调节增益旋钮使表针满刻度（第三行的分贝刻度"0"dB），然后接上被测魔 T 的 H 臂 1 端，分别测量对称双臂第 2 端及第 3 端，可观察到指针均跌至一半左右（即 3dB 刻度处），验证魔 T 的功分功能，然后将第 1 端与第 4 端调换，输出指示很小，开大选频放大器增益挡位，约在

50dB 处可观察到表头指针落在刻度范围内，将两者相加即得：$D \geqslant 28dB$。

提示：当测隔离度时臂 2 或臂 3 可能与台面距离过长，可在 TC26 测量端处连接上 E 面弯波导。

9.9 魔 T 和差特征测量

9.9.1 实验目的

验证魔 T 的两臂输入特性。

9.9.2 实验原理

"魔 T"的输入特性：从任一臂输入的高频能量，在其他各臂都是匹配的条件下，只能平均地耦合到相邻的两臂中，而不能耦合到相对的臂中；从相对的两个臂中同时输入高频能量，其余两臂输出的场强，一为两输入臂场强之和，一为两输入臂场强之差。

9.9.3 连接框图

（1）初始功率确认（10mW）

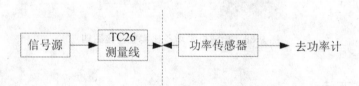

图 9-29　魔 T 和差特征测量实验连接图一

（2）和差特性测量

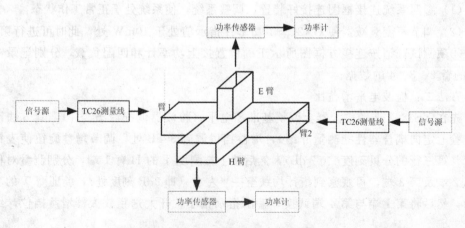

图 9-30　魔 T 和差特征测量实验连接图二

9.9.4 测试方法

（1）参照系统连接框图连接好装置，调整系统，使系统处于正常工作状态。

（2）调节可变衰减器使 GX2C－1 功率计指示值处于 10mW 处，此时可进行第②项测试。请按连接框图所示正确连接系统，分别记录"魔 T"的 E 臂和 H 臂处功率计的数据。

（3）用同样的方法测出当能量从 E 臂和 H 臂输入时，臂 1 和臂 2 的输出能量，并记录数据。

9.10　阻抗测量（归一化阻抗测试实例）

9.10.1　实验目的

1. 了解微波电磁场的矢量概念。
2. 掌握 Smith 圆图的使用方法。

9.10.2　实验原理

传输线驻波分布情况和终端负载直接有关。当在波导测试系统中垂直放置铜片（称为膜片），理论分析表明当膜片厚度 t 满足 $\delta \leqslant t \leqslant \lambda_g$（$\delta$ 是膜片的趋肤深度）它的等效电路为一并联导纳 $Y=G+jB$，使电磁波传输引起不连续。当膜片的宽边（b'）小于标准波导 b（此时窄边 a 不变），开槽处电场更为集中，有电容作用，称为容性膜片。而当膜片的窄边（a'）小于标准波导 a（此时宽边 b 不变），有电感作用，称为感性膜片。本方法是采用匹配负载法来测量膜片阻抗。只要测出此时波导匹配系统的驻波比 S，波导波长 λ_g 和节点位移 l，就可以利用 Smith 圆图求得归一化阻抗：$\tilde{Z}=R+jX$

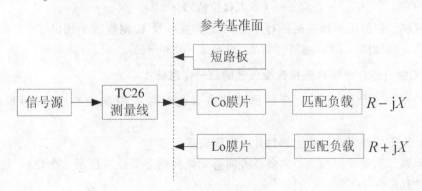

图 9-31　阻抗测量系统连接框图

9.10.3　系统连接及测量方法：测量线的测量端接上短路板

1. 先测出 λ_g（波导波长）：两节点间距为半波长（利用二倍最小法，又称等指示度法）。

众所周知：$\lambda_g = 2\left(D_{min_2} - D_{min_1}\right)$ 假设：f：9.37GHz，测出 $\lambda_g \approx 44.80$mm，即：$2(135.9 - 113.5) = 44.80$mm。

2. 确定参考面的刻度值：

（1）测量线探头座移到中间位置。

（2）测量线输出端仍接上短路板。

（3）找出波节点（尽可能开大选频放大器增益 60dB 挡处），记下标尺位置"113.5mm"。

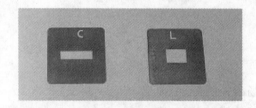

图 9-32　测量连接图及容性膜片和感性膜片

3. 测量容性膜片＋匹配负载的归一化阻抗：

（1）拆下短路板，连接上容性片＋匹配负载（此时起始刻度值：113.5mm）。

（2）调节测量线探头座，向负载方向移动，找出波节点（指示最小处），读出标尺"95.3mm"，记下此读数。

（3）测出容性片＋匹配负载的驻波比 $S \approx 1.3$。

（4）按原理标出阻抗圆图移位值：$l = \dfrac{d}{\lambda_g} = \dfrac{18.2}{44.8} \approx 0.41$

（$d = 113.5 - 95.3 = 18.2$mm（节点移位值））

（5）将阻抗圆图标尺逆时针对在 0.41 处，在标尺 K 刻度线上找出 $S = 1.3$ 处的交集点，读出实轴值 0.88，虚轴值 0.2，得出 $\tilde{Z} = 0.88 - j0.2$（归一化阻抗）。

4. 测容（感）性膜片连接匹配负载的归一化阻抗：

（1）在测量线中间的位置找出波节点（此时接上短路板），记下标尺的位置"113.5mm"。

（2）拆下短路板，连接上感性片＋匹配负载。

（3）调节测量线探头座，向负载方向移动，找出波节点（指示最小处），负载读出标尺值"108.5mm"。

（4）测出感性片＋匹配负载的驻波比 $S \approx 1.9$。

（5）按原理：标出阻抗圆图移位值：$l = \dfrac{d}{\lambda_g} = \dfrac{5}{44.80} \approx 0.1116$

（$d = 113.5 - 108.5 = 5\text{mm}$（节点移位值））

（6）将阻抗圆图标尺顺时针对在 0.1116 处，在标尺 K 刻度上找出 $S = 1.9$ 处的交集点，读出实轴值 0.76，虚轴值 0.5，得出 $\widetilde{Z} = 0.76 + j0.5$（归一化阻抗）。

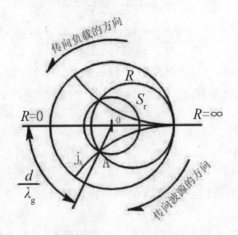

图 9-33　阻抗圆图

9.11　二端口网络 S 参数测量

9.11.1　实验目的

掌握用三点法测量二端口微波网络器件的散射参量（即 S 参数）。

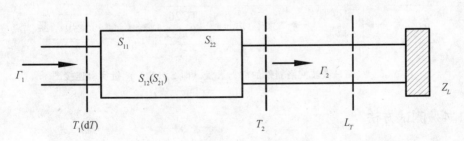

图 9-34　二端口网络测量示意图

9.11.2　原理简述

三点法是将待测网络的输出面依次短路（反射系数为 -1）、开路（反射系数为 1）和接匹配负载（反射系数为 0）三种状态。并在输入端面依次测量反射系数的方法。将测得的数据代入下列公式就可得出 [S] 参量，对于互易二端口网络中 $S_{12}=S_{21}$ 只要求出 S_{11}、S_{22}、S_{12} 三个量就可以了。

公式：

$$S_{11}=\Gamma_{1L}$$

$$S_{22}=\frac{\Gamma_{10}-\Gamma_{1L}+\Gamma_{1S}}{\Gamma_{10}-\Gamma_{1S}}$$

$$S_{12}^2=\frac{2\,(\Gamma_{1L}-\Gamma_{1S})\,(\Gamma_{10}-\Gamma_{1L})}{\Gamma_{10}-\Gamma_{1S}}$$

Γ_{1S}—短路时反射系数；Γ_{10}—开路时反射系数；
Γ_{1L}—匹配负载时反射系数

公式：

$$\Gamma_1 = |\,\Gamma_1\,|\;e^{j\Psi}$$

$$\Psi = 720 \cdot \left(\frac{d}{\lambda_g}\right) - 180°$$

$\Gamma1$—输入端的反射系数；$e^{j\Psi}$—滞后相角（辐角）
而 $d= |\,d_T-d_{\min}\,|$

以上就是三点测量法。只要在终端接上可变短路器，在 $\lambda_g/2$ 范围内，每移动一次活塞位置，就可测得一个反射系数。在理论上可以证明：这组反射系数在复平面上是个圆。

9.11.3　连接框图

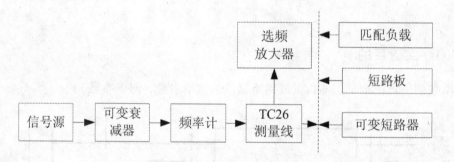

图 9-35　二端口微波网络器件的散射参量（即 S 参数）测量实验连接图

9.11.4　测试方法

（1）信号发生器工作频率 f：9.37GHz，在 TC26 测量线输出端接上短路板，测出 λ_{g1}（波导波长），并确定该节点基准位置 dT，保持不动。

（2）测量线输出端换上可变短路器，从 "0" 刻度开始旋出，此时选频放大器指针有一个缓慢上升又渐渐下降的过程，直至又出现一个波节点，此时记下可变短路器刻度值 L_{T1}。

（3）继续上述动作，又在可变短路器上找到另一个波节点 L_{T2}。根据 L_{T1} 及 L_{T2} 计

算出另一个 λ_{g2}（波导波长）。

（4）上述数据确认后，就可以串接一个被测可变衰减器，用来测它的散射参量。连接图如图 9-35 所示。

测量步骤：

a. 在测量线与可变短路器间串接上被测衰减器（衰减量约 3dB 左右）。

b. 可变短路器置于 L_{T1} 位置，用功率衰减法测出驻波比（被测可变衰减器）S。并找出相邻（向源方向的）波节点位置 $d_{\min}$ 按公式计算出 Γ_{1S} 值。即 $|\Gamma| = \dfrac{S-1}{S+1}$ 和 ψ（相角）

c. 将可变短路器置于 $\left(L_{T1} + \dfrac{\lambda_g}{4}\right)$ 位置（即波腹点相当于开路状态）。用上述同样方法测出的 S 代入公式，求得 Γ_{10} 值。

d. 取下可变短路器，接上匹配负载，同样测出 S 及 Γ_{1L} 值。

e. 根据理论公式可计算出该可变衰减器的散射参量 S_{11}、S_{12}、S_{21} 和 S_{22}。

9.12　检波器特性校准

9.12.1　实验目的

（1）TC26 测量线中含的检波器对测量结果影响很大，检波器只有满足 $n=2$（检波率）时，才符合平方律的线性变化。

（2）通过 $\lambda_g/4$ 波长的距离，从波节到波腹过程中检波律测定，达到 $S = \sqrt{\dfrac{I_{\max}}{I_{\min}}}$ 目标值。

9.12.2　原理简述

在微波测试系统中，微波能量通常是经过二极管检波后（如测量线及晶体检波架）送到指示器（如选频放大器或示波器等）。所以要进行检波器晶体定标。满足 $n=2$ 的平方律检波特性，才能保证检波后的测量数据的线性，提高测试的精度和正确性。

9.12.3 系统连接图

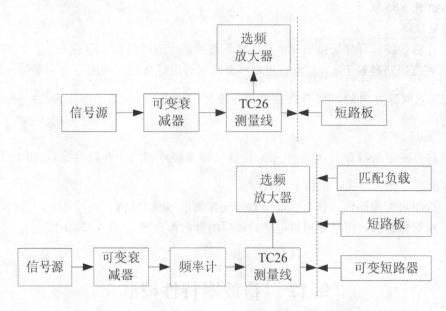

图 9-36 检波器特性校准实验连接图

9.12.4 测试方法

1. 根据实验二的方法，先测出 λ_g，然后平均分割电场强度 0～1.0 的 10 个测试点，见表。

电场强度 $\sin\dfrac{2\pi}{\lambda_g}$	L/mm	电流	电场强度 $\sin\dfrac{2\pi}{\lambda_g}$	L/mm	电流
0.0	0.0 =		0.6	$\lambda_g/9.8$ =	
0.1	$\lambda_g/63.0$ =		0.7	$\lambda_g/8.1$ =	
0.2	$\lambda_g/31.3$ =		0.8	$\lambda_g/6.8$ =	
0.3	$\lambda_g/20.6$ =		0.9	$\lambda_g/5.6$ =	
0.4	$\lambda_g/12.0$ =		1.0	$\lambda_g/4.0$ =	
0.5	$\lambda_g/9.8$ =				

2. 在 TC26 中间位置先找出一个波腹点，调整 YS3892 选频放大器的增益电位器，使表头满刻度，按算出的 L 位置记录相对应的电流值（满刻度值为 1000）并绘制曲线。

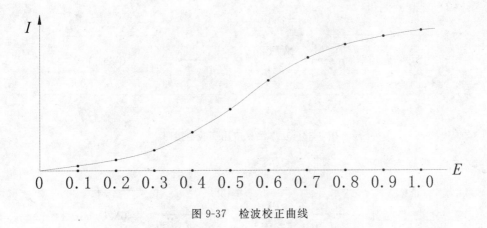

图 9-37　检波校正曲线

9.13　功率测量应用

9.13.1　实验目的

1. 熟悉功率比对和电平的关系
2. 熟练应用功率比对法进行测量

9.13.2　连接框图

第（1）项定向耦合器测量

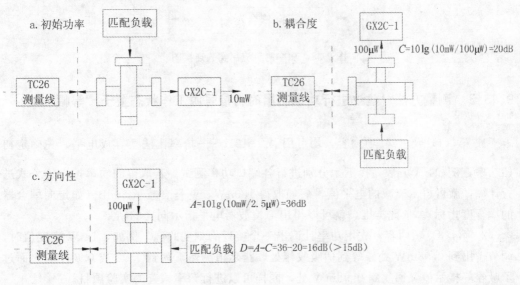

图 9-38　功率测量应用实验连接图

第（2）项衰减测量

图 9-38　功率测量应用实验连接图

第（3）项频率测量

图 9-38　功率测量应用实验连接图

第（4）项功率范围扩展

图 9-38　功率测量应用实验连接图

第（5）项测量在线驻波

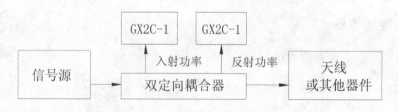

图 9-38　功率测量应用实验连接图

9.13.3　测量方法（建议进行功率测量时将信号源工作状态置于"等幅"处）

1. 第（1）及（2）项内容，均可用 $A_。= 10 \lg \dfrac{P_初}{P_检}$ 功率比法换算成电平。先确定初始功率，例如，10mW，接下来分别进行各端口功率测试。若取得的功率按上述公式进行计算，就可得出衰减的电平值，假如取得 $100\mu W$，就是衰减了 20dB（如定向耦合器的耦合度指标）。依此类推，就可以得出与检波器电平指示同样的结果。

2. 第（3）项内容，先用功率计读出一个接近满刻度的值。例如，1mW 满度值时，调节输出到 0.98mW 处。等到达吸收峰处，指示值突然下跌到 0.92 或 0.8 左右，而过了吸收峰指示值又回复到 0.98mW 处，同样可以进行频率检查的实验项目。

3. 第（4）项功率扩展。串接相应的大功率衰减器或定向耦合器的付线端（此时该定向耦合器的耦合度便是衰减值）。除了图示的例子可测 100W 大功率，同样地，如十字定向耦合器的耦合度指标为 20dB，此时 GX2C－1 的测量功率可扩大 100 倍，即 100mW×100＝10W。

4. 第（5）项测试。利用双定向耦合器的高方向性（一般达到 30dB 以上时隔离度好）可以分别测出入射功率和反射功率，按下式求得 Γ（反射系数）$\Gamma = \dfrac{P_{入射}}{P_{反射}}$　而

$$S = \frac{1+\Gamma}{1-\Gamma}$$

计算出驻波或查 Γ/S 对照表就可以得到驻波比。通常以监视反射功率为主（越小越好）。此法常用于在线调整天线的驻波比，使发射功率尽可能达到高效利用。

9.14　角锥天线测量

9.14.1　实验目的

通过对典型面天线（角锥天线）的方向图测量，可直观方便地了解天线场的特征。将抽象的理论进行量化，提高学生的理论水平和动手能力。

9.14.2　原理简述

微波天线的主要技术参数：

1. 方向性

（1）方向图

天线的方向图是一个立体图形。它的特性可以使用两个互相垂直的平面（E 平面和 H 平面）内方向性图来描述。

天线方向图能直观地反映出天线辐射能量集中程度、方向图越尖锐，表示辐射能量越集中，相反则能量分散。若天线将电磁能量均匀地向四周辐射，方向图就变成一球面，称作无方向性，这就是一理想点源在空中辐射场。天线方向性图可通过测试来绘制，如测得的是功率，即可绘出功率方向图，如测得的是场强，则绘出场强方向图，但两者图形形状是完全一样的。通常天线方向有多个叶瓣，其中最大辐射方向的叶瓣称主瓣，其余称副瓣（或旁瓣）。在方向图中主瓣中信息是我们最关心的。

a. 方向图主瓣宽度

方向图主瓣宽度是指半功率点（功率下降为最大辐射方向功率一半之点）之间宽度，它是主瓣最大值"1"下降到"0.5"处两点与零点连线形成的夹角，用 $2\theta_{0.5}$ 来表示。

b. 方向图主瓣零点角

方向图零点是指主瓣两侧零辐射方向之间夹角，用 $2\theta_0$ 来表示。

c. 方向图副瓣电平

方向图副瓣电平表示副瓣功率电平相对于主瓣功率电平的比值，一般用分贝（dB）来表示，即

$$副瓣电平 = 10\lg\frac{功率方向图副瓣最大值}{功率方向图主瓣最大值}dB$$

一般希望副瓣电平越低（即负值越大）越好。

（2）方向系数

方向系数 D 是表示辐射能量集中程度（即方向图主瓣的尖锐程度）的一个参数，通常以理想的各向同性天线作为比较的标准。所谓理想的各向同性天线是指，在空间各方向的辐射强度都相等的天线，其方向图为一个球体。

方向系数表示：在接收点产生相等电场强度（最大辐射方向上）的条件下，各向同性天线的总辐射功率 $P_{\Sigma 0}$。比定向天线总辐射功率 P_Σ 提高的倍数，即

$$D = P_{\Sigma 0}/P_\Sigma \qquad （相同电场强度）$$

由上式可见，天线方向性越强，则在最大辐射方向同一接收点要产生相同的场强所需要的总辐射功率就越小，D 就越大。所以，方向系数表明了天线辐射能量的集中程度。

2. 效率

天线的效率 η_A 是表明天线转换能量有效程度的参数，它等于辐射功率 P_Σ 与输入功率 P_A 之比，再乘以百分数，即 $\eta_A = P_\Sigma/P_A$。

因为天线在转换能量过程中，天线的导线电阻和绝缘介质都要损耗功率，用 P_d 来表示。天线的输入功率一部分辐射出去，另一部分损耗掉，即 $P_A = P_\Sigma + P_d$。天线损耗功率的大小，可以用一个等效的损耗电阻 R_D 来表示，即

$$R_D = P_d/I_A^2$$

因此天线的效率就可以用下式来表示

$$\eta_A = P_\Sigma/P_A = P_\Sigma/(P_\Sigma + P_d) = 1/[1 + (P_d/P_\Sigma)] = 1/[1 + (R_d/R_\Sigma)]$$

可见，由于损耗的存在，η_A 总小于 1。辐射电阻越大，损耗电阻越小，则 η_A 越高。在实际维护工作中，保持天线完好无损，接触良好和清洁等都是提高天线效率的重要措施。因为天线变形会引起辐射能力的减弱，天线上不清洁会增加损耗功率。

3. 增益系数（增益）

在给定方向上（通常指天线主瓣最大辐射方向上）同一接收点产生相等辐射场强条件下，理想的无损耗各向同性天线的总输入功率 P_{A0}（即 $P_{A0} = P_{\Sigma 0}$）与定向天线的总输入功率 P_A 之比，叫做天线的增益系数，用 G 表示

$$G = P_{A0}/P_A = P_{\Sigma 0}/P_A$$

由于实际的定向天线中有损耗，辐射功率比输入功率小，即 $P_{\Sigma 0} < P_A$，所以同一天线的增益系数小于方向系数。增益系数和方向系数的关系为：

$$G = P_{\Sigma 0}/P_A = (P_{\Sigma 0}/P_{\Sigma})(P_{\Sigma}/P_A) = D\eta_A$$

可见，增益系数是方向系数和效率的积。增益系数比方向系数能更全面的反映天线的特性。

4. 天线阻抗

天线阻抗是指天线输入端口向天线辐射口方向看过去的输入阻抗，它取决于天线结构和工作频率。只有天线的输入阻抗与馈线阻抗良好匹配时，天线的转换效率才最高，否则将在天线输入端口上产生反射，在馈线上形成驻波，从而增加了传输损耗。大多数天线输入阻抗的匹配是在工程设计中采用近似计算，然后通过实验测量，修正来确定的。

5. 天线极化

天线极化是指天线最大辐射方向上和电场强度（E）矢量的取向。线极化是一种比较常用的极化方式，线极化又可分为"垂直极化"和"水平极化"，前者电场矢量与地面垂直，后者则与地面平行。

6. 频带宽度

天线所有的点参数都与工作频率有关，任何天线的工作频率都有一定范围。当工作频率偏离中心工作频率 f_0 时，天线的电参数将变差。天线的频带宽度是指天线可以正常工作的频率范围，在这范围内天线的方向图，增益、阻抗等技术参数都在指标允许的范围内变化。

本实验测量系统采用的天线是一对角锥喇叭天线。这是一种广泛使用的微波天线，它具有结构简单，馈电方便，频带较宽，增益高等整体优点，不仅在微波通信工程中大量用作反射面天线的馈源，且还用来作为其他天线进行校正和测量的通用标准天线。

喇叭天线是由逐渐张开的波导构成，逐渐张开的过渡段既可以保证波导与空间的良好匹配，又可以获得较大口径尺寸，以加强辐射的方向性。本实验采用的宽边和窄边同时展开而成的角锥喇叭天线。

角锥喇叭天线的主要技术参数为

$$G = 0.51\frac{4\pi a_P \cdot b_P}{\lambda^2}; \quad (2\theta_{0.5})_H = 53°\frac{\lambda}{b_P}; \quad (2\theta_{0.5})_E = 80°\frac{\lambda}{a_P}$$

式中：①G 为天线增益，λ 为工作波长；

②a_P（H 面）及 b_P（E 面）为角锥天线辐射端口的尺寸。

我们实验选用的角锥喇叭天线的口径（E×H）尺寸为 $145 \times 115\text{mm}^2$，输入端口为标准 BJ－100 波导，

经上式计算得：

（1）工作频率范围：$8.2 \sim 12.4\text{GHz}$；

（2）天线增益（9.37GHz）：约 23dB；

（3）$(2\theta_{0.5})_E = 80°\frac{\lambda}{a_P} = 14.7°$，$(2\theta_{0.5})_H = 53°\frac{\lambda}{b_P} = 17°$（9.37GHz）。

根据计算，实验天线的主瓣（E 及 H 面）展开角度均小于 $20°$，故天线的支架刻度

读数较密集，需仔细校对。

9.14.3　天线测量实验系统的建立

严格的微波天线测量是在不反射微波的微波暗室，或四周空旷的场地中进行。在实验室条件下进行天线测量也需要有比较开阔的场地，测量系统的四周尽量多留空间，在这空间里不能设置有反射，特别是金属反射物体。下列介绍的是一组工作频率为9.37GHz的天线实验测量系统。利用两只全对称角锥天线，使发射端转动方向，接收端输出检波信号方式。

1. 系统连接

信号源工作频率为9.37GHz，天线测量实验系统连接如图9-39所示。

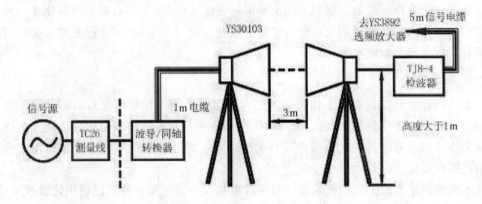

图 9-39　天线测量实验系统连接示意图

器件：① YS30103 角锥天线 2 只；

② 波导/同轴转换器 1 只；

③ L16—50JJ 高性能电缆（1m）1 根；

④ Q9—JJ 信号电缆（5m）1 根。

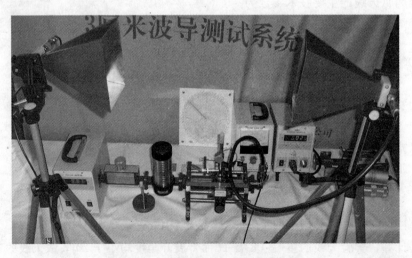

图 9-40　天线测量实验系统连接实图

2. 测试实验系统的阻抗匹配情况

通常连接后的测试系统需要进行系统阻抗匹配测量和调整，使系统中各元件保持阻抗连续（匹配），降低反射损耗，提高传输效率，保证测量精度。但在我们这个实验系统中，所选用的各种波导元件及同轴元件，都是按标准设计，精密制造，连接系统总的驻波系数在 1.5 以下，损耗也控制在允许范围内。所以系统只要连接可靠无须进行调整工作就能保证测量精度。

3. 测试实验系统中两天线间距离及架设高度的选择

在测试实验系统中，天线架设的距离和高度选择恰当与否将影响到测量参数的正确性。如两天线间距越近，发射天线发射的球面波的波阵面（即等相位面）在被测接收天线口径面上引起的相位差越大。造成方向性和增益测量的数值失真越大。相反，天线间距离越大，发射的电磁波在接收天线处越趋于平面波，测得的数值失真越小。这是由于近场区天线增益及方向图与远场区天线电参数理论不一致造成的。

为此在进行天线参数测量实验之前，必须对天线架设位置作合理的选择。

（1）天线间距离

在本实验中，角锥天线口径面上场为余弦分布，当工作频率为 9.37GHz，$\lambda = 32\text{mm}$，角锥天线 E 面展开边长为 145mm 代入得

$$r_{\min} \geqslant \frac{4d^2}{\lambda} = 2810\text{mm} = 2.81\text{m}（取 3\text{m}）$$

（2）天线架设的高度

众所周知，当高度 $h_{\min} \geqslant h_1$ 时，地面的反射波处于主瓣角零点边界范围以外，进不了接收天线。一般情况下，微波天线都具有一定方向性，特别对有方向性的角锥喇叭天线能满足。假设天线口径面上增强分布是均匀的，两喇叭天线又相同，则天线的主瓣零点角 $2\theta_0 \leqslant \frac{\pi}{3}$。又若角锥喇叭天线口径上场为余弦分布，则 $h_{\min} \geqslant \frac{3}{4} \frac{\lambda \cdot r_{\min}}{d}$。

本实验中 $\lambda = 32\text{mm}$，$r_{\min} = 3000\text{mm}$，$d = 145\text{mm}$；

$$h_{\min} \geqslant \frac{3}{4} \frac{\lambda \cdot r_{\min}}{d} = \frac{3}{4} \frac{32 \times 3000}{145} = 480\text{mm}（取 0.5\text{m}）。$$

9.14.4　测试实验

1. 天线增益系数测量

（1）测量原理

假设发射天线和接收天线的增益分别为 G_1、G_2，两天线架设在同一轴线上，且距离 $r \geqslant r_{\min}$，高度 $h \geqslant h_{\min}$，系统匹配良好。则发射天线发射的功率 $P_发$ 在接收天线处的功率密度为：$W = \dfrac{P_发 \cdot G_1}{4\pi r^2}$

接收天线的有效面积为：$S_e = \dfrac{G_2 \cdot \lambda^2}{4\pi}$。

这样天线收到的功率为：$P_{收} = W \cdot S_e = \dfrac{G_1 \cdot G_2 \cdot \lambda^2}{(4\pi r)^2} \cdot P_{发}$。

假设用一个已知增益的标准天线来作为接收天线，在已知工作频率（λ），和天线架设距离 r 的情况下，只要测量发送和接收功率的量值，就可以得到发射天线的增益系数，反之用已知增益的发射天线就可得接收天线的增益系数。在通信工程中，这是一种最常用的天线增益测量方法。

在我们实验中，接收和发射用两个相同的角锥喇叭，虽然它们的增益都未知，但由于：$G_1 = G_2 = G_A$ 则得

$$G_A = \frac{4\pi r}{\lambda} \cdot \sqrt{\frac{P_{收}}{P_{发}}}$$

我们只要用功率计分别测得发射天线的发射功率 $P_{发}$ 和接收天线的最大接收功率 $P_{收}$，就可得到待测天线的增益系数。

（2）测试方法

a. 依据框图连接好测试系统，两天线的 E 面垂直于地面架设高度，为了便于操作取 1m（>0.5m），且两天线尽量保持同一轴线。测试系统四周要尽量多留空间。

b. 开启信号源点源开关；信号调制为连续波输出。这时信号源应有 9.37GHz 微波功率信号输送到发射天线。

c. 开启功率计点源，预热 3min 后进行仪器零点校正，然后接到发送部分定向耦合器的耦合输出端口，（耦合器的耦合系数 C 事先已经过校正）。测得功率为 P_1，则 P_1 为发射天线的发射功率。

d. 调节发射端可变衰减器，调节衰减器使 P_1 为一个适当的数值，并记录。

e. 把功率计连到接收天线输出口。

f. 调节接收上、下、左、右位置，使在功率计上读到功率指示最大值，为 P_s。

g. 把测得的发射功率 P_1 和接收功率 P_s 代入式进行计算，得到实验中角锥喇叭天线的增益系数，并换算成 dB 值。

2. 天线方向性图测量

（1）方法一

a. 保持测试增益时仪器设备的工作状态。

b. 固定接收天线垂直位置不变。

c. 进一步细调接收天线水平位置，测量最大的接收功率电平 P_0，并记录。

d. 做方向旋转，以每 1°～2° 为一间隔点，测量功率，直接测量值为零。把测得值记录在表中。

e. 接收天线恢复到起点测量的中心位置，然后向右以 1°～2° 为一间隔点，同样方法测量功率，记录于表中。

f. 以天线最大接收功率 P_0 为基准，计算每测量点的电功率与 P_0 的比值，记录于表中，这就是方向图的数值。

g. 继续向左/向右，测得天线方向图副瓣电平和位置，记录于表中。

h. 把表中方向图系数标入坐标图中，点与点之间用圆滑曲线连线，即得到角锥喇

叭天线水平方向（E 面）方向图。

i. 在坐标图的方向图中，找出曲线与坐标 0.5 之交与坐标 0 联系即得 E 面方向性图上角度（$2\theta_{0.5}$），同样可得 $2\theta_0$ 的角度。

j. 接收天线恢复到测量起始位置（即最大接收位置），固定水平方向位置，用同样方法，变化垂直角度，测量垂直方向（H 面）的方向性数据，并得到垂直方向性图及 $(2\theta_{0.5})_H$，$(2\theta_0)_H$ 夹角。

角度/（°）	−18	−16	−14	−12	−10	−8	−6	−4	−2	0	2	4	6	8	10	12	14	16	18
接收功率 / （mw/μW）																			
方向图系数										1									

（2）方法二

按图示连接好测试系统，两天线的 E 面垂直于地面（图示为 H 面，可调整到 E 面），同一高度不低于 1m（理论值大于 0.5m），两天线间距为 3m（理论值 2.81m），两天线尽可能保持同一轴线上，四周避免大面积金属反射物，以免影响测试及伤害人身。两天线支架、水平位置刻度及垂直位置刻度都指示为"0"标记保持不变，观察 YS3892 选频放大器指示值最大（适当调整天线角度），一般选择为 40dB 挡，调节增益电位器至满刻度，即"0dB"处，因为两天线全对称放置，接收天线保持不变（有检波器的那端），发射天线左方向移动，每隔 2°记一挡数据，直至超过 20°为止，接下来归 0 后向右转动，每隔 2°记下数据，直至 20°为止。将所记电平变化记录表格内，将表格数填入坐标图内，得出水平波方向图，依此类推，固定天线水平标尺的 0°刻度，将天线上、下角度标尺转动 20°，也同样绘出垂直波方向图，由此而建立角锥天线的主辨天线指向图。

角　　度	−20	−18	−16	−14	−12	−10	−8	−6	−4	−2	
接收电平/dB											
角　　度	0	2	4	6	8	10	12	14	16	18	20
接收电平/dB											

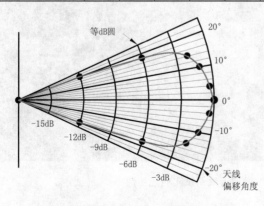

注：若有需要也可以进行
① 天线增益测试；
② 天线驻波比测试。

图 9-41　天线指向示意图（坐标值轨迹）

比较上述两种方法：

方法一，用功率计直接读数，它的优点是：直接、方便，缺点是功率量程范围较小，在 $2\theta_0$ 附近不易读到精确数据。

方法二，采用选频放大器，它的测量动态范围较大，容易观察。

9.15　微带天线的测试

9.15.1　实验目的

1. 了解微带天线的特征。
2. 掌握微带天线增益测量。

9.15.2　原理简述

在进行了喇叭天线的方向性测量和增益测量的前提下，将已知天线的增益作为标准天线增益值与被测的微带天线进行比对测试。即在相同测试场内，得出被测微带天线的增益，并可粗略地了解微带天线的方向概念。

9.15.3　实验连接示意图

图 9-42　微带天线测试实验连接图

9.15.4　测试方法

按图示连接好测试系统（可参考角锥天线测试框图）。得出角锥天线的增益，作为参照标准。将接收用的那只角锥天线移下，换上被测微带天线（四元阵列圆极化）。观察选频放大器增益变化或功率计的量值变化。

按公式计算出被测微带天线的增益

$$G_{\text{AUT}} = \frac{P_{\text{AUT}}}{P_{\text{REF}}} \cdot G_{\text{REF}}$$

式中：P_{AUT}——待测天线功率；

P_{REF}——已测角锥天线功率；

G_{REF}——参考角锥天线增益。

即在原标准增益基础上乘上效率系数（效率比）。

小　结

微波实验的目的和要求是学习微波基本知识和掌握微波基本测量技术，学习用微波作为观测手段研究物理现象。

附录 实验测量仪表及元器件使用说明

YS1125 信号发生器使用说明

一、概述

YS1125 信号发生器是微波高精度的频率合成源，其工作频率为 8.60GHz～9.60GHz，以 1 或者 10MHz 为步进，可连续调节。本仪器专供高校微波实验室作为 3cm 波导测试系统的信号源。本仪器具有输出功率大、信号稳定并适合长时间系统测试，另外本仪器还具有体积小、重量轻、携带和使用简单等特点。

二、技术参数

1. 频率范围：8.60GHz～9.60GHz。

2. 本振频率偏差容限：$\leqslant \pm 5$ppm（10^{-6}）（包括不准确度和不稳定度）。

3. 本振源相位噪声：-75dB/Hz（10kHz），-95 dB/Hz（100kHz）。

4. 本振泄漏：$\leqslant -50$dBm。

5. 输出功率：$\geqslant +15$dBm。

6. 输出功率稳定度：± 1.5dB（$-10\sim +60$℃）。

7. 接口：FB100（22.86mm×10.16mm）。

8. 输出口驻波比：$\leqslant 1.25$。

9. 工作环境温度：$-30\sim 60$℃）。

10. 内调制信号：方波 1000Hz± 10Hz，$\leqslant 0.5S$（前后沿）。

11. 外形尺寸：130mm（宽）×170mm（高）×190mm（深）。

12. 点源电压：AC 90～240V；50Hz± 2.5Hz；功耗$\leqslant 20$VA。

13. 重量：约 3kg。

三、调节控制机构的作用

面板调节控制机构作用如下：

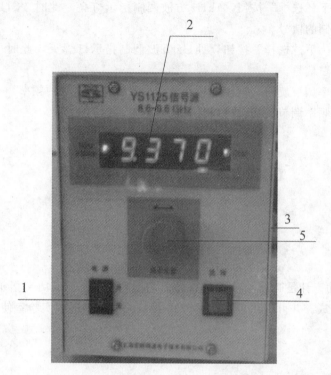

1. 电源开关：当仪器接上电源后，将电源开关置于"开"位置时，仪器即进入工作状态。通过规定的预热时间，仪器即可正常工作。

2. 显示窗：通过 LED 数码管和 LED 指示灯，分别显示工作频率和 1kHz 方波调制/连续波输出状态。

3. 功率输出连接器：该连接器输出工作信号，连接器型式采用波导型 BJ－100。

4. 工作状态选择键：安该键可以在 LED 指示灯的指示下，在 1kHz 方波调制和连续波之间选择想要的工作状态。

5. 频率调节旋钮：旋转该旋钮，使工作频率以 1MHz 或者 10MHz 的步节进行改变。

6. 提手：通过提手可以方便地携带仪器。

四、使用方法

1. 注意事项

为了提高仪器的使用效率，在输出端必须接上负载才能开机工作。在一般情况下，开机就能工作。如作精确测量时，建议预热 30min 后使用。

2. 使用方法

（1）电源开关置于"开"时，数码管频率读数 . ××GHz，表示已有"等副"输出。

（2）再按一下"选择"按钮，1kHz方波调制指示灯亮，此时YS1125信号发生器输出带有方波调制的信号。

（3）若再按一下"选择"按钮，1kHz方波调制指示灯熄灭，此时YS1125信号发生器输出"等副"信号。

（4）调节频率调节旋钮，可以在频率范围内改变输出信号的频率。

（5）按一下频率调节旋钮，可以选择频率调节步速的位置。

GX2C−1功率计使用说明

一、概述

GX2C−1功率计是微波功率测量仪器。它是由GX2C−1功率指示器和YS11801功率传感器所组成。并可由用户选购RS232接口。可供工厂和实验室使用。

二、技术参数

1. 频率范围：50MHz～12.4GHz。

2. 功率测量范围：$0.1\mu W$～100mW。

3. 测量精度：工作误差±8％。

4. 电压驻波比：S≤1.4。

5. 可承受平均功率为：1min的超额功率试验。

6. 功率基准：50MHz 1.00mW±0.015mW。

7. 显示方式：W方式和dBm方式。

8. 电源：交流市电约220V，50Hz，12W。

9. 主机外形尺寸：130mm（宽）×160mm（高）×250mm（深）。

10. 重量：约1kg。

三、调节控制机构的作用

前后面板调节控制机构作用如下：

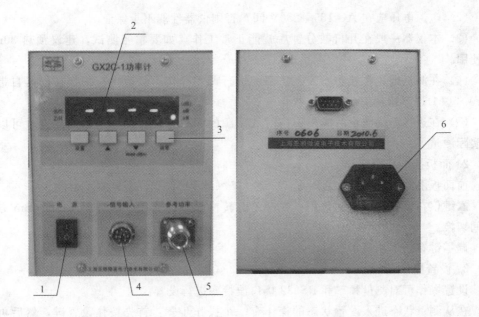

1. 电源开关：控制功率计的开启和关闭。当功率计接上电源后，将电源开关切换至"开"状态，功率计则进入工作状态。

2. LED显示窗：显示功率测量读数。显示屏左端的LED指示灯指示功率计的工作状态（远控及调零等）；右端的LED指示灯指示功率测量的单位（μW、mW及dBm）。4位LED数码管显示功率测量读数。

3. 键盘：键盘包括设置、▲（加1）、▼（减1）和调零共4个，具体操作方法详见面板操作条款。

4. 传感器输入口：传感器由此输入口输入信号。

5. 参考功率输出口：该输出口输出50MHz/1.00mW的参考功率信号。仅在调零操作时关闭。

6. 电源插座。

四、结构特征

GX2C－1功率计的指示器部分外形尺寸为130mm（宽）×160mm（高）×250mm（深），仪器的显示部分为LED显示屏，前面板按键采用导电橡胶工艺，其控制方式均采用按键菜单式操作。整个结构方式的组成是为了便于维护和生产。通道板部分采用电屏蔽结构以减小杂散电磁场的干扰。仪器的后面板为电源的输入插口和测量信号连接部分。

五、使用方法

1. 注意事项

（1）在使用本仪器前，应先阅读仪器的说明书，并熟悉操作方法。

（2）电源电压应在 AC 185～250V 间，否则仪器性能不予保证。

（3）本仪器一般在开机数分钟后就能正常工作，如要精密测试，建议预热 30min 后使用。

（4）在测量前先在探头不接入功率前进行调零操作，然后将探头接在仪器自带的 1mW/50MHz 基准源上进行校正操作。

（5）在进行精确测量时应根据当时被测源的频率来设置功率指示器。这时可以进行实际测量了。

2. 面板操作使用部分

前面板上共有设置键、▲（加 1）键、▼（减 1）键和调零键共 4 个。

▲键仅在设置操作时起作用；▼键还有转换显示的作用，即在 Watt 和 dBm 方式之间切换。

调零键在功率测量状态时用于调零操作。

3. 设置操作

设置操作可对测量频率和 RS232 接口波特率进行设置。

在从测量状态进入设置状态的操作有一个操作步骤：首先按住设置键，然后再按住调零键，这时面板上显示"－"逐渐增加的动态显示，当显示为"－－－－"后将显示频率设置的界面"FrXX"，此时应同时释放设置键和调零键。

频率设置范围为 0～12，0 表示 50 MHz，其他则以 GHz 作为单位。在操作中，通过▲键和▼键在波特率 1200、2400、4800 和 9600 之间进行选择。

一旦设定后在下一次设定前被设置的参数不会改变。再次按设置键后，即进入功率测量状态了。

4. 调零操作

在功率测量状态时，按调零键，这时功率计进入了调零操作状态。此时，调零指示灯点亮，在显示窗上显示动态的"－"，表示正在调零过程中。调零操作由功率计自动完成，调零操作完成后功率计回到功率测量状态。注意：调零操作时，必需撤除外加功率信号，以保证调零操作的正确。

5. 校正操作

仪器在需精确测量前可以进行校正操作。在校正操作时应将功率传感器连接在参考功率输出口上，然后由面板设置为校正操作。

从面板上选择校正操作的方法与设置操作类似，其操作步骤为：首先按住设置键，然后再按住▼键，这时面板上显示"－"逐渐增加的动态显示，当显示为"－－－－"后即进入了校正操作状态。这时，调零/校正指示灯（Z/R）点亮，在显示窗上显示动态的"－"，表示正在校正过程中。如果校正操作成功显示窗上将回到测量状态，这时可以将功率传感器从参考功率输出口上撤下，仪器即可进行测量工作。如果显示窗上显示"Ｅｒｒ"字样，表示校正操作失败。这时可以再进行一次校正操作，如果再次操作失败，则说明仪器产生故障。

六、检修与维修

1. 故障类型及排除方法

序号	故障现象	故障可能部位	排除方法
1	不能开机（电源指示灯不亮）	保险丝断	调换保险丝
		电源部分故障	检查电源的输入部分
			更换损坏元件
2	不能开机（电源指示灯绿灯不亮）	前面板电源按键损坏	更换电源按键
		与前面板的连接线接触不良	插好连接线或更换连接线
3	显示器不正常（显示不亮）	LED 屏故障	LED 屏
		与前面板的连接线接触不良	插好连接线或更换连接线
4	显示 Err	调零操作出错	调零操作时应该使用探头脱离功率源
		校正操作出错	校正操作时没有将探头接入仪器自带的 1mW 基准源上，或仪器上设定的探头类型与正在使用的探头类型不一致
5	显示 over	测量数据溢出	降低功率源功率至合适的量
6	工作不正常	传感器故障	更换传感器
		按键板故障	更换按键板
		电源部分故障	检查电源的输出部分
			更换损坏元件
		主控板故障	检查主控板
			更换损坏元件
			更换主控板
7	基准功率无输出或功率超差	50MHz 基准功率停振	更换损坏元件
		基准功率超差	重新调节基准功率，在常温时应调至 ±mW5％

2. 仪器的维护

a. 本仪器定期检查，发现故障及时修理；

b. 本仪器不用时应加罩盖，存放在干燥的室内，各附件应妥善放置；

c. 仪器操作时，按各控制键不应过度用力，以免损坏。

警示：YS11801 传感器最大输入功率 100MW。

YS3892 选频放大器使用说明

一、概述

YS3892 选频放大器是一种能检测微弱信号的精密测量放大器。它与信号源和测量线配套使用，可以测量驻波比等。本仪器是微波测量系统中不可或缺的设备。

二、技术性能

1. 技术指标

（1）工作频率：1000Hz；

（2）灵敏度：电表满度偏转的情况下，不低于 0.5mV；

（3）表头刻度：刻度 0～1000mV，分贝 0～10dB，驻波比 1～4、3～10；

（4）放大器量程：0～60dB，每 10dB±0.5dB 步进，0～5dB±0.2dB，0～5dB 连续可调；

（5）电源：交流市电～220V，50Hz，10W；

（6）外形尺寸：130mm（宽）×160mm（高）×250mm（深）；

（7）重量：约 1kg。

2. 工作条件

（1）环境温度：0～40℃；

（2）相对湿度：80% 以下；

（3）应避免强磁场和机械振动的影响。

三、调节机构的作用

前面板调节控制机构作用如下：

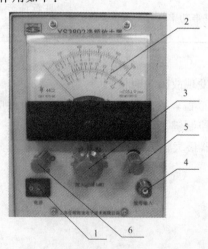

1. 电源开关：在电源开关的上端按下，使开关指示灯点亮，仪器即进入了开机状态；在开机状态时将电源开关的下端按下，即仪器的电源被关闭。

2. 表头：是仪器的指示器，可作刻度为 0~1000mV 的指示；可作刻度为 0~10dB 衰减指示；另可作刻度为 1~4 及 3.2~10 的驻波比指示用。

3. 放大选择开关：该选择开关的范围为 0~60dB，以 10dB 为一步节，供测量时选择使用。

4. 信号输入连接器：连接器为 BNC 形式，被测信号就从这个连接器纳入，供仪器测量、分析。

5. 增益控制旋钮：该控制旋钮可在 0~5dB 范围内连续调节。顺时针调节时，增益放大；逆时针调节时，增益降低。

6. 频率调谐旋钮：当仪器在接收到输入信号后，可调节该调谐旋钮，使仪器获得最大的灵敏度。

四、使用

1. 准备工作

（1）检查供电电源的电压是否正确。

（2）在电源不接通时，观察仪器的表头上指针是否指示为零。如果指针距零点有偏差时，则调节表头上的机械调零旋钮，使指针指示为零。

（3）放大选择开关的位置最好不要选择在 50dB 和 60dB 位置上，因为在刚开始工作时，由于对被测信号的幅度不够了解，而因被测信号过大使表头损坏。

（4）增益控制按钮尽可能放在中间位置。

（5）频率调谐旋钮也可能放在中间位置。

（6）通电后，预热 15~30min 后再进行系统测试。

2. 仪器的使用

（1）输入信号从"信号输入连接器"接入。

（2）根据被测信号的强弱来适当选择"放大选择开关"的位置，0dB 挡可输入的信号幅度为最大。

（3）每次测量前，可以使用"频率调谐旋钮"将输入信号的频率和仪器的选通频率调谐到最佳状态。调节时可以观察表头上表针的位置来判断，判断的依据是使表针指示到当时的最大值。

（4）"增益控制按钮"可和"放大选择开关"一起来控制信号放大量的大小，使表头上的指针指向一个适当的位置，为测量时提供一个相对的基准。

3. 驻波比的测量：

按一般的驻波比测量法，可直接在仪器表头上的驻波比刻度 1~4 上读出被测负载的驻波比。当驻波比读数大于 3.2 时，"放大选择开关"可顺时针方向调整一挡，然后在驻波比刻度 3.2~10 上读出驻波比。

五、维护和维修

仪器使用中发现表头超过指示范围并打表头时，首先应调节"放大选择开关"，逐挡降低分贝指示读数，使表头的指示范围回到正常位置。如果"放大选择开关"降低到 0dB 位置时，上述情况仍然存在的话，则应该停止使用，待找到原因并排除后再进行使用。

TC26 3cm 波导测量线使用说明

一、概述

TC26 型三厘米波导测量线是探测 3cm 波段的波导中驻波分布情况的仪器。它通常用来测量波导元件、波导系统的驻波系数、阻抗，还可测量波导波长、相移等多种参数，是一种通用的微波测量仪器。

二、主要技术指标

1. 工作频率范围"8.2GHz～12.4GHz。
2. 合成电压驻波系数：≤1.03。
3. 探针插入波导深度：1.5mm 时，测量线的不平稳度不大于 ± 2.5%（0.0375mm）。
4. 探头行程：95mm。
5. 波导规格：BJ－100（波导内口尺寸：22.86mm×10.16mm）。
6. 连接法兰规格：FB－100。
7. 外形尺寸：247mm×170mm×144mm。

三、工作原理和结构

3cm 波导测量线有开槽波导、可调谐探头和滑架组成。开槽波导中的场由探头取样，探头的移动靠滑架上的传动装置，探头的输出送到显示装置，就可以显示沿波导轴线的电磁场变化信息。

测量线开槽波导是一段精密加工的开槽直波导，此槽位于波导宽边的正中央，平行于波导轴线，不切割高频电流，因此对波导内的磁场分布影响很小，此外，槽段还有阶梯匹配段，两段法兰具有尺寸精确的定位和连接孔，从而保证开槽波导有很低的剩余驻波系数。

调谐探头由检波二极管、1/4 短路谐振调节装置、弹簧、探针和外壳组成，安放在滑架的探头插孔中。调谐探头的输出为 Q_9 接头。

该调谐探头可根据所测频率，调节到输出最大，方便精确测量。其探针深度可调节，在必要时作为辅助设备，开展其他应用。

滑架各部分的名称、作用说明如下：

1. 水平调整螺钉：用于调整测量线高度。

2. 百分表止挡螺钉：细调百分表读数的起始点。

3. 可以止挡：粗调百分表读数。

4. 刻度表：指示探针位置。

5. 百分表插孔：插百分表用。

6. 探头插孔：装调谐探头。

7. 探头座：可沿开槽线移动。

8. 游标：与刻度尺重合，提高探针位置读数分辨率。

9. 手柄：旋转手柄，可使探头座沿开槽线移动。

10. 探头座锁紧螺钉：将调谐探头固定于探头插孔中。

11. 夹紧螺钉：安装夹紧百分表用。

12. 止挡固定螺钉：将可移止挡 3 固定在所要求的位置上。

调谐探头安装到滑架上的方法如下：

把调谐探头放入滑架的探头插孔，拧紧锁紧螺钉，即可把调谐探头固定紧。探针插入波导中的深度，用户可根据情况适当调整。一般取 1.5mm。

四、仪器的使用

测量线可用来测量开槽线上各点的相对场强及参考面位置，从而计算传输线上的电压驻波系数及其复数阻抗。根据需要，我们在书中只介绍驻波系数的测量方法，如何确定参考面位置，怎样镜像检波律的修正，给出常用的测量框图等。

五、使用环境要求

作者贮存场地温度在 5～45℃，相对湿度 20％～90％的通风室内，要避免阳光直接射在本仪器上，室内应防止烟雾、煤气、酸碱及会产生腐蚀的其他物质侵入。不使用时要覆盖上防尘布。

PX16 型频率计使用说明

一、用途

本仪器供 3cm 频段微波测试中作测试频率使用。

二、主要技术特性

1. 工作频率范围：8.2～12.4GHz

2. 频率计定标误差：不大于 0.003。

三、结构与使用说明

本频率计是由传输波导和圆柱形谐振腔构成，利用长方形孔磁耦合方式激励 H_{11} 型波，活塞为二节抗流形式，转动机构使用丝杆丝母转动，读数机构在旋转时同腔内活塞同步。

此频率计是吸收式的，当检查频率时，应该调到晶体检波后指示为谷值位置。

四、维护

1. 本仪器暂时不工作时，应将其罩起来以防灰尘，较长期不使用时，应用塑料罩将波导两端盖好，放在存放盒里。

2. 绝对防止撞击、跌落，以免变形，受损或降低精度。

3. 旋转传动机构至撞刹时，再不能使劲旋转，以免损坏撞刹。

其他元器件的使用说明

一、结构及工作原理

1. 可变衰减器

波导宽边中央开有一条槽，槽内插入一片镀镍铬的玻璃吸收片，它的插入深度可以由调节装置改变，调节装置包括读数圆筒、弹簧、圆珠和导向杆等。

2. 晶体检波器

体检波器是由前置三螺钉调配器，晶体管座和调节活塞组成。晶体管座是一节可以插入晶体管的波导，它包括必要的紧固装置和插入装置，云母片被用来作为高频通路电容，当晶体管插入时，相当于在波导中引入一个电的探针，感应电压经过晶体检波，它的输出接到指示器上，可以得到微波功率的相对指示，调节活塞用来使晶体处于驻波的谷点以得到最大指示。

3. 定向耦合器

定向耦合器的外部成十字形，它的耦合元件是主副波导相对宽边之间的一对十字槽，能量通过一对十字槽耦合到副波导中，当主波导的能量沿正方向传输时，副波导耦合所得到能量在它传输方向是叠加的，而与此相反的方向则相互抵消，副波导中的这一端装有一匹配负载，以吸收未能抵消尽的能量。

4. 可变短路器

可变短路器由短路活塞与一套传动读数装置构成。活塞为两节抗流形式，传动丝杆带动活塞作相对于波导轴线传动，并由读数装置上读得其相对行程。

5. 匹配负载

匹配负载是一个接近于全吸收的波导终端，有一片劈形的镍铬的玻璃片放在波导的轴线位置，吸收片相对于法兰的距离是固定的。

6. EH 阻抗调配器

EH 阻抗调配器由一节双波导和两只调节活塞构成。调节活塞是簧片式的接触活塞，调节 E 面活塞，等于串联电抗变化，调节 H 面活塞等于并联电纳变化，两者配合使用。

7. 波导—同轴转换器

波导—同轴转换器是在一段空波导终端短路面焊接一只同轴 N 型接头，耦合元件是一插入波导内的探针，并使短路面的反射与探针的反射相互抵消以达到匹配。

8. 90°H 面弯波导

90°H 面弯波导是采用平缓弧形转弯，改变波导宽边的轴线方向。

二、使用和维修

1. 波导元件在接入系统而暂时不工作时，应将系统罩起来以防灰尘，较长时间不使用时，应将波导元件卸下，两端用塑料罩罩好，放在存放盒中。

2. 当发现波导内有灰尘时，可以用较软的纺织物伸入擦拭，但应避免尖硬的物体伸入波导。带有吸收片，晶体的元件不允许擦拭，以免损坏。

3. 如果发现元件的传动部分转动不顺畅时，可以适当地加一些润滑油。

4. 所有波导元件不应拆卸，以免影响精度。

5. 所有波导元件绝对防止撞击、跌落，以免变形或降低精度。

6. 晶体管最好不要经常拔出，更换晶体管时应将金属盖帽取下，插入晶体管时内孔必须对准。

参 考 文 献

1　孙道礼. 微波技术［M］. 哈尔滨：哈尔滨工业大学出版社，1989.

2　梅金国. 机载 PD 雷达原理［M］. 北京：军事科学出版社，2001.

3　盛振华. 电磁场微波技术与天线［M］. 北京：国防工业出版社，2001.

4　郭辉萍. 微波技术与天线学习指导［M］. 西安：西安电子科技大学出版社，2003.

5　王擎柱. 微波技术基础［M］. 信阳：空军第一航空学院，2002.

6　吴群. 微波技术［M］. 哈尔滨：哈尔滨工业大学出版社，2006.

7　波扎. 微波工程［M］. 张肇仪，等，译. 北京：电子工业出版社，2015.

8　胡明春. 雷达微波新技术［M］. 北京：电子工业出版社，2013.

9　闫润卿. 微波技术基础［M］. 北京：北京理工大学出版社，2011.

10　朱建清. 电磁波原理与微波工程基础［M］. 北京：电子工业出版社，2011.

11　雷振亚. 微波工程导论［M］. 北京：科学出版社，2010.

12　赵同刚. 电磁场与微波技术测量及仿真［M］. 北京：清华大学出版社，2014.

13　栾秀珍. 微波技术［M］. 北京：北京邮电大学出版社，2009.

14　顾继慧. 微波技术［M］. 北京：科学出版社，2015.

15　李媛. 电磁场与微波技术［M］. 北京：北京邮电大学出版社，2010.

16　王培章. 现代微波工程测量［M］. 北京：电子工业出版社，2014.

17　李秀萍. 微波技术［M］. 北京：电子工业出版社，2013.

18　全绍辉. 微波技术基础一本通［M］. 北京：清华大学出版社，2013.

19　龚书喜. 微波技术与天线［M］. 北京：高等教育出版社，2014.

20　李绪益. 微波技术与微波电路［M］. 广州：华南理工大学出版社，2007.

21　井庆丰. 微波与卫星通信技术［M］. 北京：国防工业出版社，2011.

22　徐锐敏. 微波技术基础［M］. 北京：科学出版社，2009.

23　周希朗. 电磁场理论与微波技术基础［M］：2 版. 南京：东南大学出版社，2010.

24　董金明. 微波技术［M］. 北京：机械工业出版社，2010.

25　曹祥玉. 微波技术与天线［M］. 西安：西安电子科技大学出版社，2008.

26 王新稳. 微波技术与天线［M］. 北京：电子工业出版社，2016.

27 丁荣林. 微波技术与天线［M］. 北京：机械工业出版社，2013.

28 黄玉兰. 电磁场与微波技术［M］. 北京：人民邮电出版社，2012.

29 吴永乐. 微波射频器件和天线的精细设计与实现［M］. 北京：电子工业出版社，2015.

30 黄伟等. 射频/微波功率新型器件导论［M］. 上海：复旦大学出版社，2013.